建设工程质量监督人员培训教材丛书

# 建设工程质量监督培训教材

## （安装部分）

河南省建设厅　组织编写

中国建筑工业出版社

图书在版编目(CIP)数据

建设工程质量监督培训教材.安装部分/河南省建设厅组织编写.—北京：中国建筑工业出版社,2006
（建设工程质量监督人员培训教材丛书）
ISBN 7-112-08711-2

Ⅰ.建… Ⅱ.河… Ⅲ.①建筑工程—工程质量—技术监督—技术培训—教材②建筑安装工程—工程质量—技术监督—技术培训—教材 Ⅳ.TU712

中国版本图书馆 CIP 数据核字(2006)第 130228 号

　　本丛书共分土建部分、安装部分和法律法规、案例分析、附录部分三册。本册为安装部分，内容包括建筑安装工程质量监督基础知识、工程质量行为和工程质量实体监督。全书共分五章，分别是建筑给水排水及采暖工程，建筑电气工程，智能建筑工程，通风与空调工程和电梯工程。

　　本丛书内容详尽，覆盖面广，是建设工程质量监督人员培训考核的依据，也可供各级建设工程质量监督人员继续教育学习时使用。

\* \* \*

责任编辑：常　燕

建设工程质量监督人员培训教材丛书
**建设工程质量监督培训教材**
（安装部分）
**河南省建设厅　组织编写**
\*
中国建筑工业出版社出版、发行(北京西郊百万庄)
新　华　书　店　经　销
北京富生印刷厂印刷
\*
开本：787×1092 毫米　1/16　印张：13½　字数：325 千字
2006 年 11 月第一版　2006 年 11 月第一次印刷
印数：1—5000 册　定价：**30.00** 元
<u>ISBN 7-112-08711-2</u>
(15375)
**版权所有　翻印必究**
如有印装质量问题，可寄本社退换
（邮政编码 100037）

本社网址：http://www.cabp.com.cn
网上书店：http://www.china-building.com.cn

# 《建设工程质量监督人员培训教材丛书》

## 审定委员会

主任委员：何　雄
副主任委员：朱长喜　张　达　张　申
委　　员：吴松勤　张　鹏　杨玉江　马耀辉　范　涛　千战应
　　　　　王晓惠　关　罡　解　伟　周国民　顾孝同　陈　震
　　　　　孔　伟　曹乃冈　李亦工

## 编写委员会

主任委员：何　雄
副主任委员：千战应　王晓惠
委　　员：关　罡　解　伟　曹乃冈　李亦工　贾志尧　周国民
　　　　　陈　震　孔　伟　顾孝同　许世明　唐碧凤　柴　琳
编写人员：（按姓氏笔画为序）
　　　　　千战应　王晓惠　孔　伟　王云飞　申明芳　关　罡
　　　　　孙钢柱　许世明　朱恺真　李亦工　李树山　李增亮
　　　　　陈　震　汪天舒　杨建中　张德伟　张继文　周国民
　　　　　顾孝同　徐宏峰　徐晓捷　徐宁克　柴　琳　栾景阳
　　　　　贾志尧　酒　江　曹乃冈　解　伟
统稿人员：千战应　王晓惠

# 前　言

　　为规范建设工程质量监督人员培训与考核工作,全面提高建设工程质量监督人员的业务素质和培训质量,河南省建设厅组织编写了《建设工程质量监督人员培训教材丛书》。本丛书共分土建部分,安装部分,法律法规、案例分析、附录部分三册。土建部分包括:工程质量监督基础知识、工程质量行为和工程质量实体监督;安装部分包括:建筑安装工程质量监督基础知识、工程质量行为和工程质量实体监督;法律法规、案例分析、附录部分包括:工程建设法律法规、工程质量监督案例分析和附录。

　　本丛书内容针对建设工程质量监督的特点和主要任务,覆盖了建设工程质量监督的基本要素、基本知识和基本技能,并辅之以参建各方行为监督、工程质量监督案例予以强化培训,招标投标、项目代建、工程合同、造价和清欠等有关政策内容,是建设工程质量监督人员培训与考核的依据,也可供各级建设工程质量监督人员继续教育学习时使用。

　　本丛书的编写,得到了建设部工程质量安全与行业发展司质量处、中建协监督分会,郑州、洛阳、南阳、安阳等市建设工程质量监督站,郑州大学、华北水利水电学院、机械工业第六设计研究院、河南省建筑科学研究院等部门的大力支持和帮助,在此一并表示感谢,由于编写的时间较紧,难免有错误和不足之处,敬请批评指正。

# 目 录

## 第一章 建筑给水排水及采暖工程 ………………………………………………… 1
- 第一节 室内给水系统及辅助设备安装 ……………………………………… 1
- 第二节 室内排水(雨水)系统安装 …………………………………………… 11
- 第三节 卫生器具安装 ………………………………………………………… 19
- 第四节 室内采暖系统及辅助设备安装 ……………………………………… 23
- 第五节 室外工程(给水、排水和供热工程)系统安装 ……………………… 28
- 第六节 建筑中水系统要求及游泳池水系统安装 …………………………… 34
- 第七节 自动喷水灭火系统工程 ……………………………………………… 35

## 第二章 建筑电气工程 …………………………………………………………… 44
- 第一节 成套配电柜、屏、台、箱、盘安装 …………………………………… 44
- 第二节 封闭式插接母线安装 ………………………………………………… 50
- 第三节 电缆桥架安装和桥架内电缆敷设 …………………………………… 51
- 第四节 电缆沟内和电缆竖井内的电缆敷设 ………………………………… 54
- 第五节 导管和线槽安装 ……………………………………………………… 56
- 第六节 电线、电缆穿管和线槽敷线 ………………………………………… 63
- 第七节 电缆头制作、接线和线路绝缘测试 ………………………………… 64
- 第八节 照明灯具 ……………………………………………………………… 66
- 第九节 开关、插座、风扇安装 ……………………………………………… 69
- 第十节 建筑物照明通电试运行 ……………………………………………… 72
- 第十一节 接地装置安装 ……………………………………………………… 73
- 第十二节 避雷引下线和变配电室接地干线敷设 …………………………… 74
- 第十三节 接闪器安装 ………………………………………………………… 76
- 第十四节 等电位联结 ………………………………………………………… 77
- 第十五节 变压器安装 ………………………………………………………… 80
- 第十六节 柴油发电机组发电机 ……………………………………………… 82
- 第十七节 不间断(UPS)电源 ………………………………………………… 84
- 第十八节 低压电动机、电加热器及执行机构安装 ………………………… 85

## 第三章 智能建筑工程 …………………………………………………………… 88
- 第一节 通信网络系统 ………………………………………………………… 88
- 第二节 计算机网络系统 ……………………………………………………… 93
- 第三节 建筑设备监控系统 …………………………………………………… 95
- 第四节 火灾自动报警及消防联动系统 ……………………………………… 102
- 第五节 安全防范系统 ………………………………………………………… 109

第六节　综合布线系统 …… 114
　　第七节　智能化系统集成 …… 118
　　第八节　电源与接地 …… 120
　　第九节　环境检测 …… 122
第四章　通风与空调工程 …… 126
　　第一节　风管制作 …… 126
　　第二节　风管部件与消声器制作 …… 141
　　第三节　风管系统安装 …… 145
　　第四节　通风与空调设备安装 …… 158
　　第五节　空调制冷系统安装 …… 164
　　第六节　空调水系统管道与设备安装 …… 169
　　第七节　防腐与绝热 …… 174
　　第八节　系统调试与综合效能测定 …… 177
第五章　电梯工程 …… 188
　　第一节　设备进场验收 …… 188
　　第二节　土建交接检验 …… 188
　　第三节　驱动主机 …… 190
　　第四节　导轨 …… 192
　　第五节　门系统 …… 193
　　第六节　轿厢 …… 194
　　第七节　对重（平衡重） …… 195
　　第八节　安全部件 …… 196
　　第九节　悬挂装置、随行电缆、补偿装置 …… 199
　　第十节　电气装置 …… 201
　　第十一节　整机安装验收 …… 202

# 第一章 建筑给水排水及采暖工程

## 第一节 室内给水系统及辅助设备安装

### 一、材料质量要求

（一）给水管道及配件必须具有中文质量合格证明文件，质量证明文件包括产品出厂合格证或质量保证书、检验报告、试验报告、进口产品或材料的商检证明和说明书等，质量证明文件应反映工程材料的品种、规格、数量、性能指标并与实际进场材料相符。

（二）给水管道及配件材料进场时做检查验收，对照质量证明文件对材料的品种、规格、外观等进行检查验收；材料的品种符合设计，标识、规格、型号及性能检测报告应符合产品国家技术标准，包装完好，表面无划痕及外力冲击破损；经监理工程师核查确认，形成记录。

（三）室内给水镀锌钢管产品质量应符合《低压流体输送用镀锌钢管》GB 3091 的标准。

1. 钢管内外壁镀锌均匀，无锈蚀、飞刺，管件无偏扣、乱扣、丝扣不全或角度不准等现象。

2. 钢管外壁标记应符合下列要求：不带螺纹公称口径为 40mm 的普通镀锌炉焊钢管应标记为锌炉管光 – 40 – GB/T 3091—2001；带锥形螺纹公称口径为 40mm 的加厚镀锌电焊钢管：锌电管锥厚 – 40 – GB/T 3091—2001。

3. 钢管规格尺寸应符合表 1.1.1。

钢管规格尺寸　　　　　　　　表 1.1.1

| 公称口径(mm) | 外径(mm) | | 普通钢管 | | | 加厚钢管 | | |
|---|---|---|---|---|---|---|---|---|
| | 公称尺寸 | 允差 | 壁厚 | | 理论重量 | 壁厚 | | 理论重量 |
| | | | 公称尺寸 | 允差(%) | | 公称尺寸 | 允差(%) | |
| 15 | 21.3 | ±0.40 | 2.8 | ±12.5 | 1.28 | 3.5 | ±12.5 | 1.54 |
| 20 | 26.9 | ±0.40 | 2.8 | | 1.66 | 3.5 | | 2.02 |
| 25 | 33.7 | ±0.40 | 3.2 | | 2.41 | 4.0 | | 2.93 |
| 32 | 42.4 | ±0.40 | 3.2 | | 3.36 | 4.0 | | 3.79 |
| 40 | 48.3 | ±0.40 | 3.5 | | 3.87 | 4.5 | | 4.86 |
| 50 | 60.3 | ±0.50 | 3.5 | | 5.29 | 4.5 | | 6.19 |

续表

| 公称口径 (mm) | 外径(mm) | | 普通钢管 | | | 加厚钢管 | | |
|---|---|---|---|---|---|---|---|---|
| | 公称尺寸 | 允差 | 壁厚 | | 理论重量 | 壁厚 | | 理论重量 |
| | | | 公称尺寸 | 允差(%) | | 公称尺寸 | 允差(%) | |
| 65 | 76.1 | ±0.50 | 3.8 | ±12.5 | 7.11 | 4.5 | ±12.5 | 7.95 |
| 80 | 88.9 | ±0.50 | 4.0 | | 8.38 | 5.0 | | 10.35 |
| 100 | 114.3 | ±0.50 | 4.0 | | 10.88 | 5.0 | | 13.48 |
| 125 | 139.7 | ±0.50 | 4.0 | | 13.39 | 5.5 | | 18.20 |
| 150 | 168.3 | ±0.50 | 4.5 | | 18.18 | 6.0 | | 24.02 |

普通管的工作压力为1.0MPa，加厚管的工作压力为1.6MPa；管件应符合《镀锌钢管件结构尺寸》GB 3289.1—1982标准。

（四）聚丙烯管（包括无规共聚聚丙烯PP–R、耐冲击共聚聚丙烯PP–B、均聚共聚聚丙烯PP–R）管材、管件产品质量应符合《冷热水用聚丙烯管道系统》GB/T 18742—2002的标准。

1. 管材、管件的内外表面应光滑、平整，无凹陷、气泡、色泽不均、分解变色和其他影响性能的表面缺陷，不应有可见杂质，管材端面应切割平整并与轴线垂直，管件的壁厚不得小于相同管系列S管材的壁厚。

2. 管材应有永久标志（为防止使用过程中出现混乱，不应标志PN值），间隔不超过1m，标志至少应包括生产厂名、产品名称（应注明PP–R或PP–B、PP–R给水管材）、商标、规格及尺寸（管系列S、公称外径$dn$和公称壁厚$en$，如$dn40 \times 20S3.2$）、依据标准号、生产日期；管材包装至少应有商标、产品名称（应注明PP–R或PP–B、PP–R给水管材）、生产厂名、厂址。

（五）交联聚乙烯（PE–X）管材、管件产品质量应符合《冷热水用交联聚乙烯（PE–X）管道系统》GB/T 18992—2003的标准。

1. 管材的内外表面应光滑、平整，无滑痕、凹陷、气泡、色泽不均、分解变色和其他影响性能的表面缺陷，不应有可见杂质，管材端面应切割平整并与轴线垂直。

2. 管材应有牢固的标记（为防止使用过程中出现混乱，不应标志PN值），间隔不超过2m，标志至少应包括生产厂名和/或商标（生产厂为一家标明生产厂名或商标，若数个生产厂家生产同一商标的管材，则应同时标明生产厂名和商标）、产品名称（并注明交联工艺，分过氧化物交联聚乙烯管材PE–Xa，硅烷交联聚乙烯管材PE–Xc，电子束交联聚乙烯管材，偶氮交联聚乙烯管材PE–Xd）、规格及尺寸（管系列S、公称外径$dn$和公称壁厚$en$，如$dn20S3.2$）、用途（符合输送生活饮用水的管材标志Y）、本标准号、生产日期；管材包装至少应有商标、产品名称（并注明交联工艺）、生产厂名、厂址。管系列为S5 $dn$ 为32mm，$en$2.9mm，硅烷交联，可输送生活饮用水的管材应标记为：$S5 de 32 \times 2.9$ PE–Xb Y。

（六）铝塑复合压力管（包括铝管搭接焊式铝塑管、铝管对接焊式铝塑管）产品质量应符合《铝塑复合压力管》GB/T 18997—2003 的标准。

1. 铝塑管的内外表面应清洁、光滑，不应有明显滑伤、凹陷、气泡、杂质等缺陷，外表面不应有颜色不均等现象。

2. 管材应有牢固的标记，间隔不超过 2m，标志至少应包括产品标记(产品标记示例：内外层为高密度交联聚乙烯塑料，嵌入金属层为搭接焊铝管，外径 25mm，作冷热水输送用铝塑管标记为 XPAP.25HA–R.GB/T 18997.1；外层为高密度聚乙烯塑料，内层为高密度交联聚乙烯塑料，嵌入金属层为对接焊铝管的一型管，外径 20mm，作冷热水输送用铝塑管标记为 XPAP1.20HD–R.GB/T 18997.2)，生产企业名称或代号、商标，最大允许工作压力、最高允许工作温度，生产日期或生产批号，盘卷供应时的长度标识，卫生标记。

(七) 给水用聚乙烯(PE)管材产品质量应符合《给水用聚乙烯(PE)管材》GB/T 13663—2000 的标准。建筑给水交联聚乙烯 PE–X 管用管件应符合 CJ/T 138—2001 的标准。

1. 管材的内外表面应清洁、光滑，不允许有明显滑伤、气泡、凹陷、杂质、色泽不均等缺陷，管端面应切割平整并与管轴线垂直。

2. 管材应有永久性标记，间隔不超过 2m，标志至少应包括生产厂名和/或商标、公称外径、标准尺寸比或 SDR、材料等级(PE100、PE80、PE63)、公称压力、生产日期、采用标准号、饮水管标注"水"或 "water"字样。

(八) 给水用硬聚氯乙烯管材产品质量应符合《给水用硬聚氯乙烯管材》GB/T 10002.1—1996 的标准。

1. 管材内外表面应光滑、平整，无凹陷、分解变色线和其他影响性能的表面缺陷。管材不应含有可见杂质，管材端面应切割平整并与轴线垂直。

2. 管材应有永久性标记，每根管材不得少于两处，标志至少应包括生产厂名、厂址；产品名称[应注明(PVC–U)饮用水或(PVC–U)非饮用水]；规格尺寸(包括公称压力、公称外径和壁厚)；本标准号；生产日期。

二、施工技术要求

(一) 卫生和防污染

1. 生活给水系统所涉及的材料如各类管材、管件，生活水池(箱)的内壁防水涂层、箱体材料及组装水箱的密封垫片，接管及密封填料，法兰垫片，接管用的密封橡胶圈，麻丝、铅油、生料带等材料必须达到饮用水卫生标准。

2. 生活饮用水不得因管道产生虹吸回流而受污染，生活饮用水管道的配水件出水口不得被任何液体或杂质所淹没；出水口高出承接用水器溢流边缘的最小间隙，不得小于出水口直径的 2.5 倍；特殊器具不能设置最小空气间隙时，应设置管道倒流防止器或采取其他有效的隔断措施。

3. 从给水管道上直接单独接出消防用水管道时，在消防用水管道的起端；当游泳池、水上游乐池、按摩池、水景观赏池、循环冷却水集水池等的充水或补水管道出口与溢流水位之间的空气间隙小于出水口管径 2.5 倍时，在充(补)水管上；由城市给水管道直接向锅炉、热水机组、水加热器、气压水罐等有压容器或密闭容器注水的注水管上时应在这些用水管道上设置管道倒流防止器或其他有效的防止倒流污染的装置。

4. 严禁生活饮用水管道与大便器(槽)直接连接。

(二) 管道布置和敷设

1. 室内给水管道不应穿越变配电房、电梯机房、通信机房、大中型计算机房、计算机网络中心、音像库房等遇水会损坏设备和引发事故的房间,并应避免在生产设备上方通过,不宜穿越橱窗、壁柜;不得布置在遇水会引起燃烧、爆炸的原料、产品和设备的上面;不得敷设在烟道、风道、电梯井内、排水沟内;不得穿越大便槽和小便槽,且离大便槽和小便槽端部的距离不得小于 500mm。

2. 给水管道暗设时,不得直接敷设在建筑物结构层内;干管和立管应敷设在吊顶、管井、管窿内,支管宜敷设在楼(地)面的找平层内或沿墙敷设在管槽内。

3. 敷设在找平层或管槽内的给水支管的外径不宜大于 25mm,管材宜采用塑料、金属与塑料复合管材或耐腐蚀的金属管材,管材如采用卡套式或卡环式接口连接的管材,宜采用分水器向各卫生器具配水,中途不得有连接配件,两端接口应明露。

4. 管道嵌墙暗敷配合土建预留凹槽,其尺寸设计无规定时,墙槽的深度为 $dn+(20\sim30)$mm、宽度为 $dn+(40\sim60)$mm;水平槽较长或开槽深度超过墙厚的 1/3 时,应征得结构专业的同意;凹槽表面应平整,不得有尖角等突出物,管道应有固定措施;管道试压合格后,墙槽用 M10 级水泥砂浆填补密实。当热水支管直埋时,其表面覆盖的 M10 砂浆层厚度不得少于 20mm。

5. 直埋暗管封蔽后,应在墙面或地面标明暗管的位置和走向;严禁在管位处冲击或钉金属钉等尖锐物体。

6. 塑料给水管道在建筑物内不得与消防管道连接;管道在室内明设时立管应布置在不易受撞击处,如不能避免时,应在管外加保护措施。

7. 室内埋地塑料给水管道敷设应在土建工程回填土夯实以后,重新开挖进行,不得在回填土之前或未经夯实的土层中敷设;敷设管道的沟底应平整,不得有突出的尖硬物体,必要时敷设 100mm 厚的砂垫层;埋地管道回填土时,管周回填土不得夹杂尖硬物直接与管壁接触,应先用砂土或颗粒径不大于 12mm 的土壤回填至管顶上侧 300mm 处,经夯实后方可回填原土,室内埋地管道的埋置深度不宜小于 500mm;管道出地坪处应设置套管,其高度应高出地坪 100mm。

8. 塑料给水管道不得布置在灶台上边缘,明设的塑料给水立管距灶台边缘距离不得小于 400mm,距燃气热水器边缘不宜小于 200mm,达不到此要求时,应有保护措施;不得与水加热器或热水炉直接连接,应有不小于 400mm 的金属管段过渡。

9. 给水管道穿过结构伸缩缝、抗震缝及沉降缝时,应根据情况采取保护措施:
(1) 在墙体两侧采取柔性连接;
(2) 在管道或保温层外皮上、下部留有不小于 150mm 的净空;
(3) 在穿墙处做成方形补偿器,水平安装。

10. 给水管道穿越基础墙时,应设置金属套管;穿地下室外墙或钢筋混凝土水池(箱)壁时,应设防水套管,对有严格防水要求的建筑物,必须采用柔性防水套管;穿越屋面时应有可靠的防水措施,塑料管在穿越部位应设置固定支承;管道穿过墙壁、梁和楼板时,应设置金属或塑料套管。

11. 安装在楼板内的套管,其顶部应高出装饰地面 20mm;安装在卫生间及厨房内的套管,其顶部应高出装饰地面50mm,底部应与楼板底面相平;安装在墙壁内的套管其两端与饰面相平;穿过楼板的套管与管道之间缝隙应用阻燃密实材料和防水油膏填实,端面光滑;穿墙套管与管道之间缝隙宜用阻燃密实材料填实,且端面应光滑;管道的接口不得设在套管内。

12. 给水水平管道应有2‰～5‰的坡度向泄水装置。

13. 冷、热水管道上、下平行安装时热水管应在冷水管上方;垂直平行安装时热水管应在冷水管左侧。

14. 给水引入管与排水出管的水平净距不得小于1m;室内给水与排水管道平行敷设时,两管间的最小水平净距不得小于0.5m;交叉铺设时,垂直净距不得小于0.15m。给水管应铺在排水管上面,若给水管必须铺在排水管的下面时,给水管应加套管,其长度不得小于排水管管径的3倍。

15. 管道上使用冲压弯头时,所使用的冲压弯头外径应与管道外径相同。

16. 弯制钢管的弯曲半径热弯:应不小于管道外径的3.5倍;冷弯:应不小于管道外径的4倍;焊接弯头:应不小于管道外径的1.5倍;冲压弯头应不小于管道外径。

17. 管道及管道支墩(座),严禁铺设在冻土和未经处理的松土上。

18. 高层住宅的垃圾间宜设给水龙头和排水口;其给水管道应单独设置水表,并应采取冬期防冻措施。

19. 管道井的尺寸,应根据管道数量、管径大小、排列方式、维修条件,结合建筑平面和结构形式等合理确定;需进入维修管道的管井,其维修人员的工作通道净宽度不宜小于0.6m;管道井应每层设外开检修门。

20. 管道井的井壁和检修门的耐火极限及管道井的竖向防火隔断应符合消防规范的规定。

21. 给水立管和装有3个或3个以上配水点的支管始端,均应安装可折卸的连接件。

22. 室内给水管道的水压试验必须符合设计要求。当设计未注明时,各种材质的给水管道系统试验压力均为工作压力的1.5倍,但不得小于0.6MPa。

23. 给水系统交付使用前必须进行通水试验并做好记录。

24. 生活给水系统管道在交付使用前必须冲洗和消毒,并经有关部门取样检验,符合国家《生活饮用水标准》方可使用。

(三) 管道防腐和绝热

1. 室内直埋给水管道(塑料管道和复合管道除外)应做防腐处理;埋地管道防腐层材质和结构应符合设计要求。

2. 管道及设备保温层的厚度和平整度的允许偏差应符合表1.1.2的规定。

管道及设备保温层的厚度和平整度的允许偏差　　　　表1.1.2

| 项次 | 项　目 | 允许偏差(mm) | 检验方法 |
| --- | --- | --- | --- |
| 1 | 厚度 | $+0.1\delta$<br>$-0.05\delta$ | 用钢针刺入 |

续表

| 项次 | 项目 | | 允许偏差(mm) | 检验方法 |
|---|---|---|---|---|
| 2 | 表面平整度 | 卷材 | 5 | 用2m靠尺和楔形塞尺检查 |
|  |  | 涂抹 | 10 |  |

注：$\delta$为保温层厚度。

（四）管道连接

1. 给水管道必须采用与管材相适应的管件。
2. 管径小于或等于100mm的镀锌钢管应采用螺纹连接，套丝扣时破坏的镀锌层表面及外露螺纹部分应做防腐处理；管径大于100mm的镀锌钢管应采用法兰或卡套式专用管件连接，镀锌钢管与法兰的焊接处应二次镀锌。
3. 给水塑料管和复合管可以采用橡胶圈接口、粘接接口、热熔连接、专用管件连接及法兰连接等形式；塑料管和复合管与金属管件、阀门等的连接应使用专用管件连接，不得在塑料管上套丝。
4. 给水铸铁管管道应采用水泥捻口或橡胶圈接口方式进行连接。
5. 铜管连接可采用专用接头或焊接，当管径小于22mm时宜采用承插或套管焊接，承口应迎介质流向安装；当管径大于或等于22mm时宜采用对口焊接。
6. 管道接口应符合下列规定：

（1）管道采用粘接接口，管端插入承口的深度不得小于表1.1.3的规定。

管端插入承口的深度　　　　　　表1.1.3

| 公称直径(mm) | 20 | 25 | 32 | 40 | 50 | 75 | 100 | 125 | 150 |
|---|---|---|---|---|---|---|---|---|---|
| 插入深度(mm) | 16 | 19 | 22 | 26 | 31 | 44 | 61 | 69 | 80 |

（2）熔接连接管道的结合面应有一均匀的熔接圈，不得出现局部熔瘤或熔接圈凸凹不匀现象。

（3）采用橡胶圈接口的管道，允许沿曲线敷设，每个接口的最大偏转角不得超过2°。

（4）法兰连接时衬垫不得凸入管内，其外边缘接近螺栓孔为宜。不得安放双垫或偏垫。

（5）连接法兰的螺栓，直径和长度应符合标准，拧紧后，突出螺母的长度不应大于螺杆直径的1/2。

（6）螺纹连接管道安装后的管螺纹根部应有2~3扣的外露螺纹，多余的麻丝应清理干净并做防腐处理。

（7）承插口采用水泥捻口时，油麻必须清洁、填塞密实，水泥应捻入并密实饱满，其接口面凹入承口边缘的深度不得大于2mm。

（8）卡箍（套）式连接两管口端应平整、无缝隙，沟槽应均匀，卡紧螺栓后管道应平直，卡箍（套）安装方向应一致。

(9)沟槽式连接加工成型的沟槽不得损坏管子的镀锌层及内壁各种涂层和内衬层，管端至沟槽段的表面应平整、无凹凸、无滚痕，安装卡箍件过程中应防止橡胶密封圈起皱，安装完毕后应检查确认卡箍件内缘全圆周卡固在沟槽内。

7．管道及管件焊接的焊缝表面质量应符合下列要求：

(1)焊缝外形尺寸应符合图纸和工艺文件的规定，焊缝高度不得低于母材表面，焊缝与母材应圆滑过渡。

(2)焊缝及热影响区表面应无裂纹、未熔合、未焊透、夹渣、弧坑和气孔等缺陷。

(五)管道支吊架

1．管道支、吊、托架的安装，位置正确，埋设应平整牢固；固定支架与管道接触应紧密，固定应牢靠，滑动支架应灵活，滑托与滑槽两侧间应留有 3~5mm 的间隙，纵向移动量应符合设计要求；无热伸长管道的吊架、吊杆应垂直安装，有热伸长管道的吊架、吊杆应向热膨胀的反方向偏移，固定在建筑结构上的管道支、吊架不得影响结构的安全。

2．支、吊架管卡的最小尺寸应按管径确定。当公称外径不大于 $dn50$ 时，管卡最小宽度为24mm；公称外径为 $dn63$ 和 $dn75$ 时，管卡最小宽度为28mm；公称外径为 $dn90$ 和 $dn110$ 时，管卡最小宽度为32mm。

3．管道的各配水点、受力点、法兰连接部位以及穿墙支管节点处，应采取可靠的固定措施；在金属管配件与建筑给水聚丙烯管道连接部位，管卡应设在金属管配件一端；管道穿越楼板时穿越部位，管道与水表、阀门等金属管道附件连接时连接附件两端，安装阀门、水表、浮球阀等给水附件处应设固定支架；当固定支架设在管道上时，与给水附件的净距不宜大于100mm；明敷管道的支、吊架作防膨胀的措施时，应按固定点要求施工。固定支承件应采用专用管件或利用管件固定，管卡与管道表面应为面接触且宜采用橡胶垫隔离。收紧管卡时不得损坏管材外壁。管道配水点管件应采用带螺纹的管配件，且应与墙体固定牢固。

4．塑料给水管道管卡与管道接触应紧密，但不得损伤管道表面；金属管卡与管道之间应采用塑料带或橡胶等隔垫。金属支承件表面应经过耐腐蚀处理，支承件应设在管件或管道附件 50~100mm 处。管道系统分流处应在干管部位一侧增设固定支承件。

5．钢管水平安装的支、吊架间距不应大于表1.1.4的规定。

钢管水平安装的支、吊架间距　　　　表1.1.4

| 公称直径(mm) | | 15 | 20 | 25 | 32 | 40 | 50 | 70 | 80 | 100 | 125 | 150 | 200 | 250 | 300 |
|---|---|---|---|---|---|---|---|---|---|---|---|---|---|---|---|
| 最大间距(m) | 保温管 | 2 | 2.5 | 2.5 | 2.5 | 3 | 3 | 4 | 4 | 4.5 | 6 | 7 | 7 | 8 | 8.5 |
| | 不保温管 | 2.5 | 3 | 3.5 | 4 | 4.5 | 5 | 6 | 6 | 6.5 | 7 | 8 | 9.5 | 11 | 12 |

6．采暖、给水及热水供应系统的复合管垂直或水平安装的支架间距应符合表1.1.5的规定。

7．明敷或暗敷塑料管道的最大支承间距应符合表1.1.6的规定，立管距地 1.20~1.40m 处应设支承。

**采暖、给水及热水供应系统的复合管垂直或水平安装的支架间距** 表1.1.5

| 管径（mm） | | 12 | 14 | 16 | 18 | 20 | 25 | 32 | 40 | 50 | 63 | 75 | 90 | 110 |
|---|---|---|---|---|---|---|---|---|---|---|---|---|---|---|
| 支架的最大间距（m） | 立管 | 0.5 | 0.6 | 0.7 | 0.8 | 0.9 | 1.0 | 1.1 | 1.3 | 1.6 | 1.8 | 2.0 | 2.2 | 2.4 |
| | 水平管 冷水管 | 0.4 | 0.4 | 0.5 | 0.5 | 0.6 | 0.7 | 0.8 | 0.9 | 1.0 | 1.1 | 1.2 | 1.35 | 1.55 |
| | 水平管 热水管 | 0.2 | 0.2 | 0.25 | 0.3 | 0.3 | 0.35 | 0.4 | 0.5 | 0.6 | 0.7 | 0.8 | | |

**明敷或暗敷塑料管道的最大支承间距** 表1.1.6

| 公称外径 dn | | 20 | 25 | 32 | 40 | 50 | 63 | 75 | 90 | 110 | 125 | 160 |
|---|---|---|---|---|---|---|---|---|---|---|---|---|
| 冷水管 | 横管 | 600 | 700 | 800 | 900 | 1000 | 1100 | 1200 | 1350 | 1550 | 1700 | 1900 |
| | 立管 | 850 | 980 | 1100 | 1300 | 1600 | 1800 | 2000 | 2200 | 2400 | 2600 | 2800 |
| 热水管 | 横管 | 300 | 350 | 400 | 500 | 600 | 700 | 800 | 950 | 1100 | 1250 | 1500 |
| | 立管 | 780 | 900 | 1050 | 1180 | 1300 | 1490 | 1600 | 1750 | 1950 | 2050 | 2200 |

8．铜管垂直或水平安装的支架间距应符合表1.1.7的规定。

**铜管垂直或水平安装的支架间距** 表1.1.7

| 公称直径（mm） | | 15 | 20 | 25 | 32 | 40 | 50 | 65 | 80 | 100 | 125 | 150 | 200 |
|---|---|---|---|---|---|---|---|---|---|---|---|---|---|
| 最大间距（m） | 垂直管 | 1.8 | 2.4 | 2.4 | 3.0 | 3.0 | 3.0 | 3.5 | 3.5 | 3.5 | 3.5 | 4.0 | 4.0 |
| | 水平管 | 1.2 | 1.8 | 1.8 | 2.4 | 2.4 | 2.4 | 3.0 | 3.0 | 3.0 | 3.0 | 3.5 | 3.5 |

9．采暖、给水及热水供应系统的金属管道立管管卡楼层高度小于或等于5m,每层必须安装1个;楼层高度大于5m,每层不得少于2个;管卡安装高度,距地面应为1.5～1.8m,2个以上管卡应匀称安装,同一房间管卡应安装在同一高度上。

（六）水表和阀门

1．建筑物的引入管、住户的入户管及公用建筑物内需要计量水量的水管上均应设置水表。住户的分户水表宜相对集中读数,且宜设置于室外;对设置在室内的水表,宜采用远传水表或IC卡水表等智能化水表,水表的口径宜与给水管道接口管径一致。

2．水表应安装在便于检修、不受暴晒、污染和冻结的地方。安装螺翼式水表,表前与阀门应有不小于8倍水表接口直径的直线管段;表外壳距墙表面净距为10～30mm;水表进水口中心标高按设计要求,允许偏差为±10mm。

3．给水管道上使用的阀门材质应耐腐蚀和耐压,不得使用镀铜的铁杆铁心阀门,各类阀门宜装设在便于检修和操作的部位上。

4．给水管道的下列部位应设置阀门,入户管、水表前和各分支立管,室内给水管道向住户、公共卫生间等接出的配水管起点。

5．给水管道的下列管段上应设置止回阀,引入管密闭的水加热器或用水设备的进水管上,水泵出水管上,进出水管合用一条管道的水箱、水池的出水管段上。

6. 阀门安装前,应做强度和严密性试验。试验应在每批(同牌号、同型号、同规格)数量中抽查10%,且不少于1个。对于安装在主干管上起切断作用的闭路阀门,应逐个做强度和严密性试验。

7. 阀门的强度试验压力为公称压力的1.5倍;严密性试验压力为公称压力的1.1倍;试验压力在试验持续时间内应保持不变,且壳体填料及阀瓣密封面无渗漏。阀门试压的试验持续时间应不少于表1.1.8。

阀门试压的试验持续时间　　　　　　　　　　　表1.1.8

| 公称直径(mm) | 最短试验持续时间(s) | | |
|---|---|---|---|
| | 严密性试验 | | 强度试验 |
| | 金属密封 | 非金属密封 | |
| ≤50 | 15 | 15 | 15 |
| 65～200 | 30 | 15 | 60 |
| 250～450 | 60 | 30 | 180 |

8. 给水管道和阀门安装的允许偏差应符合表1.1.9的要求。

给水管道和阀门安装的允许偏差　　　　　　　　表1.1.9

| 项次 | 项目 | | | 允许偏差(mm) | 检验方法 |
|---|---|---|---|---|---|
| 1 | 水平管道纵横方向弯曲 | 钢管 | 每米<br>全长25m以上 | 1<br>≥25 | 用水平尺、直尺、拉线和尺量检查 |
| | | 塑料管<br>复合管 | 每米<br>全长25m以上 | 1.5<br>≥25 | |
| | | 铸铁管 | 每米<br>全长25m以上 | 2<br>≥25 | |
| 2 | 立管垂直度 | 钢管 | 每米<br>5m以上 | 3<br>≥8 | 吊线和尺量检查 |
| | | 塑料管<br>复合管 | 每米<br>5m以上 | 2<br>≥8 | |
| | | 铸铁管 | 每米<br>5m以上 | 3<br>≥10 | |
| 3 | 成排管段和成排阀门 | 在同一平面上间距 | | 3 | 尺量检查 |

(七) 室内消火栓系统

1. 室内消火栓的布置,应保证有两支水枪的充实水柱同时到达室内任何部位。水枪的充实水柱长度应由计算确定,一般不小于7m,但甲、乙类厂房、超过六层的民用建筑、超过四层的厂房和库房内,不应小于10m;高层建筑水枪的充实水柱长度不应小于13m水柱。

2．室内消火栓系统安装完成后应取屋顶层(或水箱间)内试验消火栓和首层取二处消火栓做试射试验,达到设计要求为合格。

3．屋顶消火栓应安装压力表、流量计,试射时测试管网的压力和消火栓出口流量;首层两处相邻消火栓试验两支水枪的充实水柱是否达到该消火栓应该到达的最远点距离。水枪充实水柱的测试规定:从水枪喷嘴起至射流90%的水量穿过直径380mm圆圈为止的一段射流长度。

4．同一建筑物内应采用同一规格的消火栓、水龙带和水枪,每根水龙带的长度不应超过25m,水龙带与水枪和快速接头绑扎好后,应根据箱内构造将水龙带挂放在箱内的挂钉、托盘或支架上。

5．箱式消火栓的栓口应朝外,并不应安装在门轴侧;栓口中心距地面为1.1m,允许偏差±20mm;阀门中心距箱侧(底)面为140mm,距箱后内表面为100mm,允许偏差±5mm;消火栓箱体安装的垂直度允许偏差为3mm;消火栓栓口的朝向应符合设计选用的标准图的要求。

(八) 给水设备安装

1．埋地生活饮用水贮水池周围10m以内,不得有化粪池、污水处理构筑物、渗水井、垃圾堆放点等污染源,周围2m以内不得有污水管和污染物。

2．生活饮用水水池(箱)应与其他用水的水池(箱)分开设置。建筑物内的生活饮用水水池、水箱的池(箱)体应采用独立结构形式,不得利用建筑物的本体结构作为水池和水箱的壁板、底板及顶板。生活饮用水池(箱)的材质、衬砌材料和内壁涂料不得影响水质。建筑物内的生活饮用水水池(箱)宜设在专用房间内,其上房的房间不应有厕所、浴室、盥洗室、厨房、污水处理间等。

3．生活饮用水池(箱)的人孔、通气孔、溢流管应有防止昆虫爬入水池(箱)的措施;进水管应在水池(箱)的溢流水位以上接入,当溢流水位确定有困难时,进水管口的最低点高出溢流边缘的高度等于进水管管径,但最小不应小于25mm,最大可不大于150mm;当进水管口为淹没出流时,管顶应钻孔,孔径不宜小于管径的1/5。孔上宜装设同径的吸气阀或其他能破坏管内产生真空的装置;进出水管布置不得产生水流短路,必要时应设导流装置;不得接纳消防管道试压水、泄压水等回流水或溢流水;泄空管和溢流管的出口,应设置在排水地点附近不得直接与排水构筑物或排水管道相连接,应采取间接排水的方式。

4．水箱支架或底座安装,其尺寸及位置应符合设计规定,埋设平整牢固。水箱安装完毕后,应用水箱贮水重量的三倍重量进行试验。

5．敞口水箱的满水试验和密闭水箱(罐)的水压试验必须符合设计与规范的规定;满水试验静置24h观察,不渗不漏,水压试验在试验压力下10min压力不降,不渗不漏。

6．水泵就位前的基础混凝土强度、坐标、尺寸和螺栓孔位置必须符合设计规定。混凝土应按标准留置试块,进行强度试验,其水泥应按标准进行复试。

7．水泵试运转的轴承温升必须符合设备说明书的规定。

8．立式水泵的减振装置不应采用弹簧减振器。

9. 室内给水设备安装的允许偏差应符合表1.1.10的规定。

室内给水设备安装的允许偏差　　　　　表1.1.10

| 项次 | 项目 | | | 允许偏差(mm) | 检验方法 |
|---|---|---|---|---|---|
| 1 | 静置设备 | 坐标 | | 15 | 经纬仪或拉线、尺量 |
| | | 标高 | | ±5 | 用水准仪、拉线和尺量检查 |
| | | 垂直度(每米) | | 5 | 吊线和尺量检查 |
| 2 | 离心式水泵 | 立式泵体垂直度(每米) | | 0.1 | 水平尺和塞尺检查 |
| | | 卧式泵体水平度(每米) | | 0.1 | 水平尺和塞尺检查 |
| | | 联轴器同心度 | 轴向倾斜(每米) | 0.8 | 在联轴器互相垂直的四个位置上用水准仪、百分表或测微螺钉和塞尺检查 |
| | | | 径向位移 | 0.1 | |

# 第二节　室内排水(雨水)系统安装

## 一、材料质量要求

（一）管道选用

1. 建筑物内排水管道应采用建筑排水塑料管及管件或柔性接口机制排水铸铁管及相应管件。

2. 环境温度可能出现0℃以下的场所、连续排水温度大于40℃或瞬时排水温度大于80℃的排水管道应采用金属排水管。

3. 对防火等级要求高的建筑物、要求环境安静的场所,不宜采用塑料排水管材。

4. 高度超过100m的高层建筑物内,排水管应采用柔性接口机制排水铸铁管及其管件。

5. 柔性接口排水铸铁管直管及管件为灰口铸铁;直管应离心浇筑成型,不得采用砂型立模或横模浇筑工艺生产;管件应为机压砂型浇筑成型。

6. 当采用硬聚氯乙烯螺旋管时,排水立管用挤压成型的硬聚氯乙烯螺旋管,排水横管应采用挤出成型的建筑排水用硬聚氯乙烯管,连接管件及配件应采用注塑成型的硬聚氯乙烯管件。横管接入立管的三通及四通管件必须采用规定的螺母挤压密封圈接头的侧向进水型管件。

7. 承插式柔性接口排水铸铁管的紧固件材料可为热镀锌碳素钢,卡箍式柔性接口排水铸铁管的卡箍材料和紧固件材料均应为不锈钢。

（二）管材质量要求

1. 排水管道及配件必须具有中文质量合格证明文件,质量证明文件包括产品出厂合格证或质量保证书、检验报告、试验报告、进口产品或材料的商检证明和说明书等,质量证明文件应反映工程材料的品种、规格、数量、性能指标并与实际进场材料相符。

2. 排水管道及配件材料进场时做检查验收,对照质量证明文件对材料的品种、规格、外观等进行检查验收;材料的品种符合设计,标识、规格、型号及性能检测报告应符合产品国家技术标准,包装完好,表面无划痕及外力冲击破损;经监理工程师核查确认,形成记录。

(三) 硬聚氯乙烯排水管

室内硬聚氯乙烯排水管道的产品质量应符合《建筑排水硬聚氯乙烯管材》(GB/T 5836.1—92)、《排水用芯层发泡硬聚氯乙烯管材》、GB/T 16800—1997、《建筑排水用硬聚氯乙烯管件》(GB/T 5836.2—92)的标准。

1. 硬聚氯乙烯排水管材、管件内外壁应光滑平整,不允许有气泡、裂口和明显的痕纹、凹陷、色泽不均及分解变色线;管材同一截面壁厚偏差(不得超过14%)、管材弯曲度(不大于1%)两端面应与轴线垂直切平;管件壁厚应不小于同规格管材的壁厚、完整无缺损、浇口及溢边应修除平整。

2. 管材管件上应有明显标志,每根管材应不少于两个永久性明显标志,管材、管件应为同一企业生产,且规格齐全(应有45°或90°斜三通、斜四通)。

硬聚氯乙烯管材外壁应标有:产品名称、本标准编号、产品规格、生产厂名(商标)、生产日期。

芯层发泡管管材外壁应标有:产品标记(XPG－110×3.2 S1 N)(环刚度分S0、S1、S2;外观型式分直管Z、弹性密封连接性管材M、溶剂粘接型管材N)、生产厂名(商标)、厂址和生产日期。

(四) 柔性接口铸铁管

排水用柔性接口铸铁管及管件的产品质量应符合《排水用柔性接口铸铁管及管件》GB/T 12772—1999的标准。

1. 管及管件的内外表面应光洁、平整,不允许有裂缝、冷隔、错位、蜂窝及其他妨碍使用的明显缺陷,承插口密封工作面符合上述要求且不得有连续沟纹麻面和凸出的棱线。

2. 管及管件应铸出或印上制造厂名或商标以及制造日期。

二、施工技术要求

(一) 排水管道布置和敷设

1. 排水管道不得穿过沉降缝、伸缩缝、变形缝、烟道和风道,不得穿越生活饮用水池部位的上方;排水立管不得穿越卧室、病房等对卫生、安静有较高要求的房间,并不宜靠近与卧室相临的内墙;排水管道不宜穿越橱窗、壁柜。

2. 排水管道不得布置在遇水会引起燃烧、爆炸的原料、产品和设备的上面;排水横管不得布置在食堂、饮食业厨房的主副食操作烹调备餐的上方;当受条件限制不能避免时,应采取防护措施。架空管道不得敷设在对生产工艺或卫生有特殊要求的生产厂房内,以及食品和贵重商品仓库、通风小室、变配电间和电梯机房内。

3. 塑料排水管应避免布置在热源附近,如不能避免,并导致管道表面受热温度大于60℃时,应采取隔热措施;塑料排水立管与家用灶具边净距不得小于0.4m。

4. 管道穿越地下室外墙应采取防止渗漏的措施。

5. 住宅的污水排水横管宜设于本层套内。当必须敷设于下一层的套内空间时,其清扫口应设于本层,并应进行夏季管道外壁结露验算,采取相应的防止结露的措施。

6. 大便器排水管最小管径不得小于100mm,多层住宅厨房间的立管管径不宜小于75mm,建筑物内排出管最小管径不得小于50mm。

7. 生活污水塑料管道的坡度必须符合表1.2.1的规定。

**生活污水塑料管道的坡度** 表1.2.1

| 项次 | 管径(mm) | 标准坡度(‰) | 最小坡度(‰) |
|---|---|---|---|
| 1 | 50 | 25 | 12 |
| 2 | 75 | 15 | 8 |
| 3 | 110 | 12 | 6 |
| 4 | 125 | 10 | 5 |
| 5 | 160 | 7 | 4 |

8. 生活污水铸铁管道的坡度必须符合表1.2.2的规定。

**生活污水铸铁管道的坡度** 表1.2.2

| 项次 | 管径(mm) | 标准坡度(‰) | 最小坡度(‰) |
|---|---|---|---|
| 1 | 50 | 35 | 25 |
| 2 | 75 | 25 | 15 |
| 3 | 100 | 20 | 12 |
| 4 | 125 | 15 | 10 |
| 5 | 150 | 10 | 7 |
| 6 | 200 | 8 | 5 |

9. 隐蔽或埋地管道铺设完毕后,经检查其轴线、高程、接口等符合要求后应进行灌水试验。试验时,铸铁管和混凝土管由于其材料本身具有一定的吸水性,满水15min水面允许下降;排水塑料管材料本身不吸收水分,因此满水15min水面不允许出现下降。

10. 排水主立管及水平干管管道均应做通球试验,通球球径不小于排水管道管径的2/3,通球率必须达到100%。

11. 排水管道安装完毕,系统应进行通水。通水试验的水量不小于设计最大用水量的1/3通球试验。

(二)排水管道连接及附件

1. 塑料排水管道采用粘接接口时,管端插入承口的深度不得小于表1.2.3的规定。

**塑料排水管道管端插入承口的深度** 表1.2.3

| 公称直径(mm) | 20 | 25 | 32 | 40 | 50 | 75 | 100 | 125 | 150 |
|---|---|---|---|---|---|---|---|---|---|
| 插入深度(mm) | 16 | 19 | 22 | 26 | 31 | 44 | 61 | 69 | 80 |

2. 排水管道采用橡胶圈接口时，允许沿曲线敷设，每个接口的最大偏转角不得超过2°。

3. 用于室内排水的卫生器具排水管与排水横管垂直连接，应采用90°斜三通；排水管道的横管与立管连接，宜采用45°斜三通或45°斜四通和顺水三通或顺水四通；立管与排出管端部的连接，应采用两个45°弯头或曲率半径不小于4倍管径的90°弯头；排水管应避免在轴线偏置，当受条件限制时，宜用乙字管或两个45°弯头连接；支管接入横干管、立管接入横干管时，宜在横干管管顶或其两侧45°范围内接入。

4. 塑料排水管应根据其管道的伸缩量设置伸缩节，排水横管应设置专用伸缩节。当层高小于或等于4m时，污水立管和通气立管应每层设一伸缩节；当层高大于4m时，其数量应根据管道设计伸缩量和伸缩节允许伸缩量计算确定；污水横支管、横干管、器具通气管、环形通气管和汇合通气管上无汇合管件的直线管段大于2m时，应设伸缩节，但伸缩节之间最大间距不得大于4m。

5. 横管伸缩节应采用锁紧式橡胶圈管件；当管径大于或等于160mm时，横干管宜采用弹性橡胶密封圈连接形式。当设计对伸缩量无规定时，管端插入伸缩节处预留的间隙应为：夏季5~10mm；冬季15~20mm；管道设计伸缩量不应大于表1.2.4中伸缩节的允许伸缩量。

**管道设计伸缩量** 表1.2.4

| 管　径 | 50 | 75 | 90 | 110 | 125 | 160 |
|---|---|---|---|---|---|---|
| 最大允许伸缩量 | 12 | 15 | 20 | 20 | 20 | 25 |

6. 伸缩节设置位置应靠近水流汇合管件，立管穿越楼层处为固定支承且排水支管在楼板之下接入时，伸缩节应设置于水流汇合管件之下；立管穿越楼层处为固定支承且排水支管在楼板之上接入时，伸缩节应设置于水流汇合管件之上；立管穿越楼层处为不固定支承时，伸缩节应设置于水流汇合管件之上或之下；立管上无排水支管接入时，伸缩节可按伸缩节设计间距置于楼层任何部位；横管上设置伸缩节应设于水流汇合管件上游端；立管穿越楼层处为固定支承时，伸缩节不得固定，伸缩节固定支承时，立管穿越楼层处不得固定；伸缩节插口应顺水流方向；埋地或埋设于墙体、混凝土柱体内的管道不应设置伸缩节。

7. 排水立管仅设置伸顶通气管时，最低排水横支管与立管连接处距排水立管管底垂直距离不得小于表1.2.5的规定；排水支管连接在排出管或排水横干管上时，连接点距立管底部下游水平距离不宜小于3.0m，且不得小于1.5m；当靠近排水立管底部的排水支管的连接不能满足上述要求时，排水支管应单独排至室外检查井或采取有效的防反压措施。

**最低排水横支管与立管连接处距排水立管管底垂直距离**　　　　表1.2.5

| 立管连接卫生器具的层数 | 垂 直 距 离 （m） |
|---|---|
| ≤4 | 0.45 |
| 5～6 | 0.75 |
| 7～12 | 1.2 |
| 13～19 | 3.0 |
| ≥20 | 6.0 |

注：当与排出管连接的立管底部放大一号管径或横干管比与之连接的立管大一号管径时，可将表中垂直距离缩小一档。

8. 横支管接入横干管竖直转向管段时，连接点应距转向处以下不得小于0.6m。

9. 在生活排水管道上，在铸铁排水立管上检查口之间的距离不宜大于10m，塑料排水立管宜每六层设置一个检查口；但在建筑物最低层和设有卫生器具的二层以上建筑物的最高层，应设置检查口；当立管水平拐弯或有乙字管时，在该层立管拐弯处和乙字管的上部应设置检查口；在连接2个及2个以上的大便器或3个及3个以上卫生器具的污水横管上应设置清扫口；在连接4个及4个以上的大便器的塑料排水横管上宜设置清扫口；在水流偏转角大于45°的排水横管上，应设置检查口或清扫口（可采用带清扫口的转角配件替代）。

10. 当排水立管底部或排出管上的清扫口至室外检查井中心的最大长度大于表1.2.6的数值时，应在排出管上设清扫口。

**排水立管底部或排出管上的清扫口至室外检查井中心的最大长度**　　　　表1.2.6

| 管径(mm) | 50 | 75 | 100 | 100以上 |
|---|---|---|---|---|
| 最大长度(m) | 10 | 12 | 15 | 20 |

11. 排水横管的直线管段上检查口或清扫口之间的最大距离，应符合表1.2.7的规定。

**排水横管的直线管段上检查口或清扫口之间的最大距离**　　　　表1.2.7

| 管道管径(mm) | 清扫设备种类 | 距离 (m) 生活废水 | 距离 (m) 生活污水 |
|---|---|---|---|
| 50～75 | 检查口 | 15 | 12 |
| 50～75 | 清扫口 | 10 | 8 |
| 100～150 | 检查口 | 20 | 15 |
| 100～150 | 清扫口 | 15 | 10 |
| 200 | 检查口 | 25 | 20 |

12. 在排水管道上设置清扫口,宜将清扫口设置在楼板或地坪上,且与地面相平;排水横管起点的清扫口与其端部相垂直的墙面的距离不得小于0.15m;排水管起点设置堵头代替清扫口时,堵头与墙面应有不小于0.4m的距离(可利用带清扫口弯头配件代替清扫口);在管径小于100mm的排水管道上设置清扫口,其尺寸应与管道同径;管径等于或大于100mm的排水管道上设置清扫口,应采用100mm直径清扫口;铸铁排水管道设置的清扫口,其材质应为铜质;硬聚氯乙烯管道上设置的清扫口应与管道同质;排水横管连接清扫口的连接管管件应与清扫口同径,并采用45°斜三通和45°弯头或有2个45°弯头组合的管件。

13. 在排水立管上设置检查口应在地(楼)面以上1.0m,并应高于该层卫生器具上边缘0.15m;检查口的朝向应便于检修;暗装立管,在检查口处应安装检修门;埋地横管上设置检查口时,检查口应设在砖砌的井内;地下室立管上设置检查口时,检查口应设置在立管底部之上;立管上检查口检查盖应面向便于检查清扫的方位;横干管上的检查口应垂直向上。

(三) 排水管道防护和支吊架

1. 建筑塑料排水管穿越楼层、防火墙、管道井井壁时,应根据建筑物性质、管径和设置条件,以及穿越部位、防火等级等要求设置阻火装置。

2. 建筑排水塑料管道穿越楼层设置阻火装置的条件:

(1) 高层建筑立管穿越楼层时;

(2) 管径:外径大于等于110mm时;

(3) 设置条件:立管明设,或立管虽暗设但管道井是各层防火隔离;

(4) 横管穿越防火墙时;

(5) 阻火装置设置的位置:明设立管的穿越楼板处的下方,支管接入立管穿越管道井壁处,横管穿越防火墙的两侧。如管道井内每层楼板有防火分隔,则可不必设置。管窿的楼层分割如是楼板亦可不装阻火装置。

3. 排水管道在穿越楼层设套管且立管底部架空时,应在立管底部设支墩或其他固定措施。地下室立管与排水管转弯处也应设置支墩或固定措施。

4. 金属排水管道上的吊钩或卡箍应固定在承重结构上。固定件间距:横管不大于2m;立管不大于3m。楼层高度小于或等于4m,立管可安装1个固定件。立管底部的弯管处应设支墩或采取固定措施。

5. 塑料排水管道支、吊架间距应符合表1.2.8的规定。

塑料排水管道支、吊架最大间距(单位:mm)　　　　表1.2.8

| 管径(mm) | 50 | 75 | 110 | 125 | 160 |
|---|---|---|---|---|---|
| 立管 | 1.2 | 1.5 | 2.0 | 2.0 | 2.0 |
| 横管 | 0.5 | 0.75 | 1.10 | 1.30 | 1.6 |

6. 管道支架分滑动支架和固定支架两种。金属排水管道上的吊钩或卡箍应固定在

承重结构上。固定件间距:横管不大于2m;立管不大于3m。楼层高度小于或等于4m,立管可安装1个固定件。

7. 塑料排水管道立管固定支架每层设置一个;立管穿越楼层处固定时,当层高 $H \leqslant 4m(DN \leqslant 50, H \leqslant 3m)$ 时,层间设滑动支架1个;若层高 $H > 4m(DN \leqslant 50, H > 3m)$ 时,层间设滑动支架两个;立管穿越楼层处不固定时,应每层设置固定支架1个;立管在穿越楼层处固定时,立管在伸缩节处不得固定;在伸缩节处固定时,立管穿越楼层处不得固定。排水横管上应在伸缩节处设置固定支架。排水立管底部弯管处应设在支墩或采取固定措施。

8. 管道支、吊、托架的安装,应位置正确,埋设应平整牢固;固定支架与管道接触应紧密,固定应牢靠;滑动支架应灵活,滑托与滑槽两侧间应留有3~5mm的间隙,纵向移动量应符合设计要求;无热伸长管道的吊架、吊杆应垂直安装;有热伸长管道的吊架、吊杆应向热膨胀的反方向偏移;固定在建筑结构上的管道支、吊架不得影响结构的安全;管道及管道支墩(座),严禁铺设在冻土和未经处理的松土上。

9. 管道穿过墙壁和楼板,应设置金属或塑料套管。安装在楼板内的套管,其顶部应高出装饰地面20mm;安装在卫生间及厨房内的套管,其顶部应高出装饰地面50mm,底部应与楼板底面相平;安装在墙壁内的套管其两端与饰面相平。穿过楼板的套管与管道之间应留有3~5mm的缝隙,缝隙宜用阻燃密实材料填实,且端面应(用密封胶封口)光滑。管道的接口不得设在套管内。

(四) 通气管的设置、管材管径和敷设、连接

1. 通气立管不得接纳器具污水、废水和雨水,不得与风道和烟道连接;在建筑物内不得设置吸气阀替代通气管。

2. 连接4个及4个以上卫生器具且横支管的长度大于12m的排水横支管;连接6个及6个以上大便器的污水横支管;设有器具通气管的排水管段应设置环形通气管。

3. 建筑物内各层的排水管道上设有环形通气管时,应设置连接各层环形通气管的主通气立管或副通气立管。

4. 对卫生、安静要求较高的建筑物内,生活排水管道宜设置器具通气管;伸顶通气管不允许或不可能单独伸出屋面时,可设置汇合通气管。

5. 通气管和排水管的连接,应遵守下列规定:

(1) 器具通气管应设在存水弯出口端。在横支管上设环形通气管时,应在其最始端的两个卫生器具间接出,并应在排水支管中心线以上与排水支管呈垂直获45°连接。

(2) 器具通气管、环形通气管应在卫生器具上边缘以上不少于0.15m处按不小于0.01的上升坡度与通气立管相连。

(3) 专用通气立管和主通气立管的上端可在最高层卫生器具上边缘或检查口以上与排水立管通气部分以斜三通连接。下端应在最低排水横支管以下与排水立管以斜三通连接。

(4) 专用通气立管应每隔2层、主通气立管宜每隔8~10层设结合通气管与排水立管连接。结合通气管下端宜在排水横支管以下与排水立管以斜三通连接;上端可在卫生器具上边缘以上不小于0.15m处与通气立管以斜三通连接。

(5) 当用 $H$ 管件替代结合通气管时，$H$ 管与通气管的连接点应设在卫生器具上边缘以上不小于 0.15m 处。

(6) 当污水立管与废水立管合用一根通气立管时，$H$ 管配件可隔层分别与污水立管和废水立管连接。但最低横支管连接点以下应装设结合通气管。

6. 高出屋面的通气管设置应高出屋面不得小于 0.3m，且大于最大积雪厚度，通气管顶端应装设风帽或网罩(注：屋顶有隔热层时，应从隔热层板面算起)；在通气管出口周围 4m 以内有门、窗时，通气管应高出门、窗顶 600mm 或引向无门、窗一侧；在经常有人停留的平屋顶上，通气管应高出屋面 2m，并应根据防雷要求设置防雷装置；通气管口不宜设在建筑物挑出部分(如屋檐檐口、阳台和雨篷等)的下面。

(五) 水封装置与地漏

1. 设备间排水宜排入邻近的洗涤盆、地漏；如不可能时，可设置排水明沟、排水漏斗或容器；间接排水口最小空气间隙，宜按表 1.2.9。

间接排水口最小空气间隙　　　　　　　　　表 1.2.9

| 间接排水管管径(mm) | 排水口最小空气间隙(mm) |
|---|---|
| ≤25 | 50 |
| 32～50 | 100 |
| >50 | 150 |

注：饮料用贮水箱的间接排水口最小空气间隙，不得小于 150mm。

2. 室内排水沟与室外排水管道连接处，应设水封装置。

3. 生活排水管道不宜在建筑物内设检查井。当必须设置时，应采取密闭措施。

4. 厕所、盥洗室、卫生间及其他需经常从地面排水的房间，应设置地漏；地漏应设置在易溅水的器具附近地面的最低处；带水封的地漏水封深度不得小于 50mm。

5. 住宅中布置洗浴器和布置洗衣机的部位应设置地漏，其水封深度不应小于 50mm；布置洗衣机的部位宜采用能防止溢流和干涸的专用地漏。

(六) 雨水管道

1. 屋面排水系统应设置雨水斗。不同设计排水流态、排水特征的屋面雨水排水系统应选用相应的雨水斗；雨水斗管的连接应固定在屋面承重结构上。雨水斗边缘与屋面相连处应严密不漏。连接管管径当设计无要求时，不得小于 100mm。

2. 天沟布置应以伸缩缝、沉降缝、变形缝为分界；坡度不宜小于 0.003。

3. 雨水排水管材选用，重力流排水系统多层建筑宜采用建筑排水塑料管，高层建筑宜采用承压塑料管、金属管；压力流排水系统宜采用内壁较光滑的带内衬的承压排水铸铁管、承压塑料管和钢塑复合管等，其管材工作压力应大于建筑物净高度产生的静水压。用于压力流排水的塑料管，其管材抗环变形外压力应大于 0.15MPa；小区雨水排水系统可选用埋地塑料管、混凝土管或钢筋混凝土管、铸铁管等。

4. 建筑屋面各汇水范围内，雨水排水立管不宜少于 2 根；屋面雨水排水管的转向处宜做顺水连接;屋面排水系统应根据管道直线长度、工作环境、选用管材等情况设置必要的伸缩装置;重力流雨水排水系统中长度大于15m的雨水悬吊管,应设检查口,其间距不宜大于20m,且应布置在便于维修操作处;有埋地排出管的屋面雨水排出管系,立管底部应设清扫口;寒冷地区,雨水立管应布置在室内;雨水管应牢固地固定在建筑物的承重结构上。

5. 高层建筑裙房屋面的雨水应单独排放,阳台排水系统应单独设置。阳台排水立管底部应间接排水。雨水管道不得与生活污水管道相连接;各种雨水管道的最小管径和横管的最小设计坡度宜按表1.2.10。

各种雨水管道的最小管径和横管的最小设计坡度　　　表1.2.10

| 管　别 | 最小管径(mm) | 横管最小设计坡度 | |
|---|---|---|---|
| | | 铸铁管、钢管 | 塑料管 |
| 建筑外墙雨水落水管 | 75(75) | — | — |
| 雨水排水立管 | 100(110) | — | — |
| 重力流排水悬吊管、埋地管 | 75(75) | 0.01 | 0.005 |
| 压力流屋面排水悬吊管 | 50(50) | 0.00 | 0.00 |
| 小区建筑物周围雨水接户管 | 200(225) | 0.005 | 0.003 |
| 小区道路下干管、支管 | 300(315) | 0.003 | 0.0015 |
| 13号沟头的雨水口的连接管 | 200(225) | 0.01 | 0.01 |

注:表中铸铁管管径为公称直径,括号内数据为塑料管外径。

## 第三节　卫生器具安装

### 一、材料质量要求

1. 卫生器具及配件的材质和技术要求,均应符合现行的有关产品标准的规定;进场的卫生器具及配件必须具有中文质量合格证明文件,质量证明文件包括产品出厂合格证或质量保证书、检验报告、试验报告、进口产品或材料的商检证明和说明书等,质量证明文件应反映工程材料的品种、规格、数量、性能指标并与实际进场材料相符。

2. 卫生器具及配件材料进场时做检查验收,对照质量证明文件对材料的品种、规格、外观等进行检查验收;材料的品种符合设计,标识、规格、型号及性能检测报告应符合产品国家技术标准,包装完好,表面无划痕及外力冲击破损;经监理工程师核查确认,形成记录。

3. 大便器均应选用节水型大便器。节水型有两个含义,一是一次冲水量小于6L、而且在此冲水量下能冲干净,另外,新近上市的节水型坐便器,其冲水量分为6L和3L两种,节水效果更好。

4. 卫生器具应配套采用各种耐腐蚀和耐压的节水型阀门及水箱配件。所有节水型卫生器具应有环境监测单位出具的符合环保要求的检测报告。

二、施工技术要求

1. 建筑物的公共厕所、盥洗室、浴室不应布置在餐厅、厨房、食品加工、食品储存、变配电室、发电机房、水池、游泳池等有严格卫生要求或防潮要求用房的直接上层。

2. 住宅卫生间不应直接布置在下层住户的卧室、起居室(厅)和厨房的上层。地下室、半地下室中低于室外地面的卫生器具和地漏的排水管,不应与上部排水管连接,应设置集水坑用污水泵排出。

3. 卫生器具的安装应采用预埋螺栓或膨胀螺栓二种方法安装固定。不允许使用预埋木砖和燕尾铁安装固定。当采用膨胀螺栓固定时,膨胀螺栓直径可与标准图中的预埋螺栓同径。

4. 卫生设备间距:洗脸盆或盥洗槽水嘴中心与侧墙面净距不宜小于0.55m;并列洗脸盆或盥洗槽水嘴中心间距不应小于0.70m;单侧并列洗脸盆或盥洗槽外沿至对面墙的净距不应小于1.25m;双侧并列洗脸盆或盥洗槽外沿之间的净距不应小于1.80m;浴盆长边至对面墙面的净距不应小于0.65m;无障碍盆浴间短边净宽度不应小于2m;并列小便器的中心距离不应小于0.65m。单侧厕所隔间至对面墙面的净距:当采用内开门时,不应小于1.10m;当采用外开门时不应小于1.30m。双侧厕所隔间之间的净距:当采用内开门时,不应小于1.10m;当采用外开门时不应小于1.30m。单侧厕所隔间至对面小便器或小便槽外沿的净距:当采用内开门时,不应小于1.10m;当采用外开门时,不应小于1.30m。

5. 大便器采用延时自闭式冲洗阀时,其产品必须具备延时自闭和虹吸自动破坏两个功能。

6. 公共场所设置小便器时,应采用延时自闭式冲洗阀或自动冲洗装;公共场所的洗手盆宜采用限流节水型装置。

7. 构造内无存水弯的卫生器具与生活污水管道或其他可能产生有害气体的排水管道连接时,必须在排水口以下设存水弯。存水弯的水封深度不得小于50mm。

8. 排水栓和地漏的安装应平正、牢固,低于排水表面,周边无渗漏。地漏水封高度不得小于50mm。无水封地漏的下部管道上应装设存水弯,存水深度不得小于50mm;卫生标准高或非经常使用地漏排水的厂所,应设置密闭地漏。

9. 有饰面的浴盆,应留有通向浴盆排水口的检修门。

10. 小便槽冲洗管,应采用镀锌钢管或硬质塑料管。冲洗孔应斜向下方安装,冲洗水流同墙面成45°角。镀锌钢管钻孔后应进行二次镀锌。

11. 卫生器具安装高度如设计无要求时,应符合表1.3.1的规定。

12. 卫生器具给水配件的安装高度,如设计无要求时,应符合表1.3.2的规定。

13. 连接卫生器具的排水管管径和最小坡度,如设计无要求时,应符合表1.3.3的规定。

卫生器具安装高度　　　　　　　　　　　　　　　　表 1.3.1

| 项次 | 卫生器具名称 | | 卫生器具安装高度(mm) | | 备注 |
|---|---|---|---|---|---|
| | | | 居住和公共建筑 | 幼儿园 | |
| 1 | 污水盆(池) | 架空式 | 800 | 800 | |
| | | 落地式 | 500 | 500 | |
| 2 | 洗涤盆(池) | | 800 | 800 | |
| 3 | 洗脸盆、洗手盆(有塞、无塞) | | 800 | 500 | 自地面至器具上边缘 |
| 4 | 盥洗槽 | | 800 | 500 | |
| 5 | 浴盆 | | ≮520 | | |
| 6 | 蹲式大便器 | 高水箱 | 1800 | 1800 | 自台阶面至高水箱底 |
| | | 低水箱 | 900 | 900 | 自台阶面至低水箱底 |
| 7 | 坐式大便器 | 高水箱 | 1800 | 1800 | 自地面至高水箱底 |
| | | 低水箱 外露排水管式 | 510 | 370 | 自地面至低水箱底 |
| | | 低水箱 虹吸喷射式 | 470 | | |
| 8 | 小便器 | 挂式 | 600 | 450 | 自地面至下边缘 |
| 9 | 小便槽 | | 200 | 150 | 自地面至台阶面 |
| 10 | 大便槽冲洗水箱 | | ≮2000 | | 自台阶面至水箱底 |
| 11 | 妇女卫生盆 | | 360 | | 自地面至器具上边缘 |
| 12 | 化验盆 | | 800 | | 自地面至器具上边缘 |

卫生器具给水配件的安装高度　　　　　　　　　　　表 1.3.2

| 项次 | 给水配件名称 | | 配件中心距地面高度(mm) | 冷热水龙头距离(mm) |
|---|---|---|---|---|
| 1 | 架空式污水盆(池)水龙头 | | 1000 | — |
| 2 | 落地式污水盆(池)水龙头 | | 800 | |
| 3 | 洗涤盆(池)水龙头 | | 1000 | 150 |
| 4 | 住宅集中给水龙头 | | 1000 | — |
| 5 | 洗手盆水龙头 | | 1000 | — |
| 6 | 洗脸盆 | 水龙头(上配水) | 1000 | 150 |
| | | 水龙头(下配水) | 800 | 150 |
| | | 角阀(下配水) | 450 | — |

续表

| 项次 | 给水配件名称 | | 配件中心距地面高度(mm) | 冷热水龙头距离(mm) |
|---|---|---|---|---|
| 7 | 盥洗槽 | 水龙头 | 1000 | 150 |
|  |  | 冷热水管上下并行,其中热水龙头 | 1100 | 150 |
| 8 | 浴盆 | 水龙头(上配水) | 670 | 150 |
| 9 | 淋浴器 | 截止阀 | 1150 | 95 |
|  |  | 混合阀 | 1150 | — |
|  |  | 淋浴喷头下沿 | 2100 | — |
| 10 | 蹲式大便器（台阶面算起） | 高水箱角阀及截止阀 | 2040 | — |
|  |  | 低水箱角阀 | 250 | — |
|  |  | 手动式自闭冲洗阀 | 600 | — |
|  |  | 脚踏式自闭冲洗阀 | 150 | — |
|  |  | 拉管式冲洗阀(从地面算起) | 1600 | — |
|  |  | 带防污助冲器阀门(从地面算起) | 900 | — |
| 11 | 坐式大便器 | 高水箱角阀及截止阀 | 2040 | — |
|  |  | 低水箱角阀 | 150 | — |
| 12 | 大便槽冲洗水箱截止阀(从台阶面算起) | | ≤2400 | — |
| 13 | 立式小便器角阀 | | 1130 | — |
| 14 | 挂式小便器角阀及截止阀 | | 1050 | — |
| 15 | 小便槽多孔冲洗管 | | 1100 | — |
| 16 | 实验室化验水龙头 | | 1000 | — |
| 17 | 妇女卫生盆混合阀 | | 360 | — |

注：装设在幼儿园内的洗手盆、洗脸盆和盥洗槽水嘴中心离地面安装高度应为700mm，其他卫生器具给水配件的安装高度，应按卫生器具实际尺寸相应减少。

连接卫生器具的排水管管径和最小坡度　　表1.3.3

| 项次 | 卫生器具名称 | 排水管管径(mm) | 管道的最小坡度(‰) |
|---|---|---|---|
| 1 | 污水盆(池) | 50 | 25 |
| 2 | 单、双格洗涤盆(池) | 50 | 25 |
| 3 | 洗手盆、洗脸盆 | 32～50 | 20 |

续表

| 项次 | 卫生器具名称 | | 排水管管径(mm) | 管道的最小坡度(‰) |
|---|---|---|---|---|
| 4 | 浴盆 | | 50 | 20 |
| 5 | 淋浴器 | | 50 | 20 |
| 6 | 大便器 | 高、低水箱 | 100 | 12 |
| | | 自闭式冲洗阀 | 100 | 12 |
| | | 拉管式冲洗阀 | 100 | 12 |
| 7 | 小便器 | 手动、自闭式冲洗阀 | 40~50 | 20 |
| | | 自动冲洗水箱 | 40~50 | 20 |
| 8 | 化验盆(无塞) | | 40~50 | 25 |
| 9 | 净身器 | | 40~50 | 20 |
| 10 | 饮水器 | | 20~50 | 10~20 |
| 11 | 家用洗衣机 | | 50(软管为30) | |

14. 卫生器具的支、托架必须防腐良好，安装平稳、牢固，与器具接触紧密、平稳。卫生器具安装完毕后，应用卫生器具盛水重量10倍的试验重量进行荷载试验。

15. 卫生器具给水配件完好无损伤，接口严密，启闭部分灵活、安装位置准确。卫生器具与排水管道连接应采用有橡胶垫片排水栓。与排水横管连接的各卫生器具的受水口和立管均应采取妥善可靠的固定措施，其固定支架、管卡等支撑位置应正确、牢固，与管道的接触应平整，接口应紧密不漏；管道与楼板的接合部位应做挡水坎，确保不渗不漏。

16. 卫生器具交工前做满水试验时，溢流口、溢流管应畅通，卫生器具及接口在试验时间(2h)内无渗漏；通水试验时，通水应畅通无堵塞。

## 第四节 室内采暖系统及辅助设备安装

### 一、材料质量要求

1. 室内采暖系统使用的主要材料、配件、器具和设备必须具有中文质量合格证明文件，质量证明文件包括产品出厂合格证或质量保证书、检验报告、试验报告、进口产品或材料的商检证明和说明书等，质量证明文件应反映工程材料的品种、规格、数量、性能指标并与实际进场材料相符。

2. 室内采暖系统使用的主要材料、配件、器具和设备进场时应做检查验收，对照质量证明文件对材料的品种、规格、外观等进行检查验收；材料的品种符合设计、标识、规格、型号及性能检测报告应符合产品国家技术标准，包装完好，表面无划痕及外力冲击破损；经监理工程师核查确认，形成记录。

3. 管道上使用冲压弯头时，所使用的冲压弯头外径应与管道外径相同。

二、施工技术要求

(一) 管道布置和敷设

1. 穿过建筑物基础、变形缝的采暖管道,以及埋设在建筑结构里的立管,应采取预防由于建筑物下沉而损坏管道的措施。

2. 当采暖管道必须穿过防火墙时,在管道穿过处应采取防火封堵措施,并在管道穿过处采取固定措施使管道可向墙的两侧伸缩。

3. 住宅集中采暖系统中,用于总体调节和检修的设施,不应设置于套内。

4. 新建住宅热水集中采暖系统,应设置分户热计量和室温控制装置。对建筑内的公共用房和公用空间,应单独设置采暖系统,宜设置热计量装置。分户热计量热水集中采暖系统,应在建筑物热力入口处设置热量表、差压或流量调节装置、出污器或过滤器等。户内采暖系统管道的布置条件许可时宜暗埋敷设,但是暗埋管道不应有接头。

5. 散热器采暖系统的供水、回水、供气和凝结水管道,应在热力入口处与通风、空气调节系统;热风采暖和热空气幕系统;热水供应系统;生产供热系统分开。

6. 采暖系统供水、供气干管的末端和回水干管始端的管径,不宜小于20mm,低压蒸汽的供气干管可适当放大。

7. 采暖系统各并联环路,应设置关闭和调节装置。当有冻结危险时,立管或支管上的阀门至干管的距离,不应大于120mm。

8. 多层和高层建筑的热水采暖系统中,每根立管和分支管道的始末端均应设置调节、检修和泄水用的阀门。

9. 焊接钢管的连接:管径小于或等于32mm,应采用螺纹连接;管径大于32mm,应采用焊接。镀锌钢管的连接:管径小于或等于100mm的镀锌钢管应采用螺纹连接,套丝扣时破坏的镀锌层表面及外露螺纹部分应做防腐处理;管径大于100mm的镀锌钢管应采用法兰或卡套式专用管件连接,镀锌钢管与法兰的焊接处应二次镀锌。塑料管和复合管道的连接:应选用配套的管件,连接应符合产品的质量要求。

10. 管道安装坡度,当设计未注明时,气、水同向流动的热水采暖管道和汽、水同时流动的蒸汽管道及凝结水管道,坡度应为3‰,不得小于2‰;气、水逆向流动的热水采暖管道和汽、水逆向流动的蒸汽管道,坡度不应小于5‰;散热器支管的坡度应为1%,坡向应利于排气和泄水。当立管连接两个散热器时,应以最大值确定。在同一场所内的散热器应安装在同一高度。如因条件限制,热水管道(包括水平单管串联系统的散热器连接管、地板内敷设的管道)可无坡度敷设,但管中的水流速度不得小于0.25m/s。

11. 管道固定支架的间距应符合表1.4.1的规定。

管道固定支架的间距 表1.4.1

| 伸缩器形式 | 敷设方式 | 管 径 $D_g$ (mm) | | | | | | | | | | | | | |
|---|---|---|---|---|---|---|---|---|---|---|---|---|---|---|---|
| | | 25 | 32 | 40 | 50 | 70 | 80 | 100 | 125 | 150 | 200 | 250 | 300 | 350 | 400 | 450 |
| 方 形 | 架空、地沟 | 30 | 35 | 45 | 50 | 55 | 60 | 65 | 70 | 80 | 90 | 100 | 115 | 130 | 145 | 160 |
| | 无沟 | 30 | 35 | 45 | 50 | 55 | 60 | 65 | 70 | 70 | 80 | 90 | 100 | 110 | 110 | 125 |

续表

| 伸缩器形式 | 敷设方式 | 管径 $D_g$ (mm) | | | | | | | | | | | | | |
|---|---|---|---|---|---|---|---|---|---|---|---|---|---|---|---|
| | | 25 | 32 | 40 | 50 | 70 | 80 | 100 | 125 | 150 | 200 | 250 | 300 | 350 | 400 | 450 |
| 套筒 | 架空、地沟 | | | | | | | | 50 | 55 | 60 | 70 | 80 | 90 | 100 | 120 |
| | 无沟 | | | | | | | | | 30 | 35 | 50 | 60 | 65 | 65 | 70 | 80 |
| Γ形 | 长边最大间距 | 15 | 18 | 20 | 24 | 24 | 30 | 30 | 30 | 30 | | | | | | |
| | 短边最小间距 | 2 | 1.8 | 3 | 3.5 | 4 | 5 | 5.5 | 6 | 6 | | | | | | |

12. 方形补偿器制作时,应用整根无缝钢管揻制,如需要接口,其接口应设在垂直臂的中间位置,且接口必须焊接。方形补偿器应水平安装,并与管道的坡度一致;如其臂长方向垂直安装必须设排水及泄水装置。

13. 热量表、疏水器、除污器、过滤器及阀门,平衡阀及调节阀,蒸汽减压阀和管道及设备上安全阀的型号、规格、公称压力及安装位置应符合设计要求。采暖系统入口装置及分户热计量系统入口装置,应符合设计要求,安装位置应便于检修、维护和观察。

14. 上供下回式系统的热水干管变径应顶平偏心连接,蒸汽干管变径应底平偏心连接。

15. 在管道干管上焊接垂直或水平分支管道时,干管开孔所产生的钢渣及管壁等废弃物不得残留管内,且分支管道在焊接时不得插入干管内。

16. 膨胀水的膨胀管及循环管上不得安装阀门。

17. 焊接钢管管径大于32mm的管道转弯,在作为自然补偿时应使用煨弯。塑料管及复合管除必须使用直角弯头的场合外应使用管道直接转弯。

18. 管道、金属支架和设备的防腐和涂漆应附着良好,无脱皮、起泡、流淌和漏涂缺陷。

(二) 散热器安装

1. 设置集中采暖系统的普通住宅的室内采暖计算温度,不应低于表1.4.2的规定。

普通住宅的室内采暖计算温度　　　　表1.4.2

| 用　房 | 温度(℃) |
|---|---|
| 卧室、起居室(厅)和卫生间 | 18 |
| 厨　房 | 15 |
| 设采暖的楼梯间和走廊 | 14 |

注:有洗浴器并有集中热水供应系统的卫生间,以按25℃设计。

2. 布置散热器时,散热器宜安装在外墙窗台下,当安装或布置管道有困难时,也可靠内墙安装;两道外门之间的内门斗,不应设置散热器;楼梯间的散热器,宜分配在底层或按一定比例分配在下部各层。散热器宜明装。暗装时装饰罩应有合理的气流通道、足够的通道面积,并方便维修。

3. 幼儿园的散热器必须暗装或加防护罩。

4. 散热器支管长度即立管至散热器中心距离超过 1.5m 时,应在支管上安装管卡。

5. 散热器组对后,以及整组出厂的散热器在安装之前应做水压试验。试验压力如设计无要求时就为工作压力的 1.5 倍,但小于 0.6MPa。散热器组对应平直紧密,组对后的平直度应符合规范的要求。

6. 组对散热器的垫片应使用成品,组对一垫片外露不应大于 1mm;散热器垫片材质当设计无要求时,应采用耐热橡胶。

7. 散热器背面与装饰后的墙内表面安装距离,应符合设计或产品说明书要求。如设计未注明,应为 30mm。散热器支架、托架安装,位置应准确,埋设牢固,数量应符合表 1.4.3 的规定。

散热器支架、托架的数量　　　　　　表 1.4.3

| 项次 | 散热器形式 | 安装方式 | 每组片数 | 上部托钩或卡架数 | 下部托钩或卡架数 | 合计 |
|---|---|---|---|---|---|---|
| 1 | 长翼型 | 挂墙 | 2~4 | 1 | 2 | 3 |
| | | | 5 | 2 | 2 | 4 |
| | | | 6 | 2 | 3 | 5 |
| | | | 7 | 2 | 4 | 6 |
| 2 | 柱形柱翼型 | 挂墙 | 3~8 | 1 | 2 | 3 |
| | | | 9~12 | 1 | 3 | 4 |
| | | | 13~16 | 2 | 4 | 6 |
| | | | 17~20 | 2 | 5 | 7 |
| | | | 21~25 | 2 | 6 | 8 |
| 3 | 柱形柱翼型 | 带足落地 | 3~8 | 1 | — | 1 |
| | | | 8~12 | 1 | — | 1 |
| | | | 13~16 | 2 | — | 2 |
| | | | 17~20 | 2 | — | 2 |
| | | | 21~25 | 2 | — | 2 |

8. 铸铁或钢制散热器表面的防腐及漆面应附着良好,色泽均匀,无脱落、起泡、流淌和漏刷缺陷。

(三) 低温热水地板辐射采暖系统安装

1. 设计加热管埋设在建筑构件内的低温热水辐射采暖系统时,应会同有关专业采取防止建筑物构件龟裂和破损的措施。

2. 低温热水辐射采暖,辐射体表面平均温度,应符合表1.4.4的要求。

低温热水辐射采暖,辐射体表面平均温度　　　表1.4.4

| 设置位置 | 宜采用的温度(℃) | 温度上限值(℃) |
|---|---|---|
| 人员经常停留的地面 | 24~26 | 28 |
| 人员短期停留的地面 | 28~30 | 32 |
| 无人停留的地面 | 35~40 | 42 |
| 房间高度2.5~3.0m的顶棚 | 28~30 | — |
| 房间高度3.1~4.0m的顶棚 | 33~36 | — |
| 距地面1m以下的墙面 | 35 | — |
| 距地面1m以上3.5m以下的墙面 | 45 | — |

3. 低温热水地板辐射采暖的供水温度和回水温度应经计算确定。民用建筑的供水温度不应超过60℃,供水、回水温度差宜小于或等于10℃。

4. 低温热水地板辐射采暖的加热管及其覆盖层与外墙、楼板结构层间应设绝热层;当使用条件允许楼板双向传热时,覆盖层与楼板结构层间可不设绝热层。

5. 低温热水地板辐射采暖系统敷设加热管的覆盖层厚度不宜小于50mm。覆盖层应设伸缩缝,伸缩缝的位置、距离及宽度,应会同有关专业计算确定。加热管穿过伸缩缝时,宜设长度不小于100mm的柔性套管。

6. 低温热水地板辐射采暖系统的阻力应经计算确定。加热管内水的流速不应小于0.25m/s,同一集配装置的每个环路加热管长度应尽量接近,每个环路的阻力不宜超过30kPa。低温热水地板辐射采暖系统分水器前应设阀门及过滤器,集水器后应设阀门;集水器、分水器上应设放气阀;系统配件应采用耐腐蚀材料。

7. 低温热水地板辐射采暖,当绝热层铺设在土壤上时,绝热层下部应做防潮层。在潮湿房间(如卫生间、厨房等)敷设地板辐射采暖系统时,加热管覆盖层上应做防水层。

8. 地面下敷设的盘管埋地部分不应有接头。盘管隐蔽前必须进行水压试验,试验压力为工作压力的1.5倍,但不小于0.6MPa。

9. 加热盘管弯曲部分不得出现硬折弯现象,塑料管曲率半径不应小于管道外径的8倍;复合管曲率半径不应小于管道外径的5倍。

10. 分、集水器型号、规格、公称压力及安装位置,加热盘管管径、间距和长度,防潮层、防水层、隔热层及伸缩缝,填充层强度标号均应符合设计要求。

(四)系统水压试验及调试

1. 采暖系统安装完毕,管道保温之前应进行水压试验,试验压力应符合设计要求。当设计未注明时,应符合下列规定:

(1)蒸汽、热水采暖系统,应以系统顶点工作压力加0.1MPa作水压试验,同时在系统顶点的试验压力不小于0.3MPa。

(2)高温热水采暖系统,试验压力应为系统顶点工作压力加 0.4MPa。

(3)使用塑料管及复合管的热水采暖系统,应以系统顶点工作压力加 0.2MPa 作水压试验,同时在系统顶点的试验压力不小于 0.4MPa。

2. 水压试验方法:

(1)使用钢管及复合管的采暖系统应在试验压力下 10min 内压力降不大于 0.02MPa,降至工作压力后检查,不渗、不漏;

(2)使用塑料管的采暖系统应在试验压力下 1h 内压力降不大于 0.05MPa,然后降压至工作压力的 1.15 倍,稳压 2h,压力降不大于 0.03MPa,同时各连接处不渗、不漏。

3. 系统试压合格后,应对系统进行冲洗并清扫过滤器及除污器。

4. 系统冲洗完毕应充水、加热,进行试运行和调试。

## 第五节 室外工程(给水、排水和供热工程)系统安装

### 一、材料质量要求

1. 室外给水、排水和供热工程使用的主要材料、配件、器具和设备必须具有中文质量合格证明文件,质量证明文件包括产品出厂合格证或质量保证书、检验报告、试验报告、进口产品或材料的商检证明和说明书等,质量证明文件应反映工程材料的品种、规格、数量、性能指标并与实际进场材料相符。

2. 室外给水、排水和供热工程的主要材料、配件、器具和设备进场时应做检查验收,对照质量证明文件对材料的品种、规格、外观等进行检查验收;材料的品种符合设计,标识、规格、型号及性能检测报告应符合产品国家技术标准,包装完好,表面无划痕及外力冲击破损;经监理工程师核查确认,形成记录。

### 二、施工技术要求

(一)室外给水

1. 输送生活给水的管道应采用塑料管、复合管、镀锌钢管或给水铸铁管。塑料管、复合管或给水铸铁管的管材、配件,应是同一厂家的配套产品。

2. 居住小区的室外给水管道,应沿小区内道路平行于建筑物敷设。宜设在人行道、慢车道或草地下;管道外壁距建筑物外墙的净距不宜小于 1m,且不得影响建筑物的基础。居住小区的室外给水管道与其他地下管线及乔木之间的最小净距应符合表 1.5.1 的规定。

居住小区的室外给水管道与其他地下管线及乔木之间的最小净距　　表 1.5.1

| | 给水管 | | 污水管 | | 雨水管 | |
|---|---|---|---|---|---|---|
| | 水平 | 垂直 | 水平 | 垂直 | 水平 | 垂直 |
| 给水管 | 0.5~1.0 | 0.1~0.15 | 0.8~1.5 | 0.1~0.15 | 0.8~1.5 | 0.1~0.15 |
| 污水管 | 0.8~1.5 | 0.1~0.15 | 0.8~1.5 | 0.1~0.15 | 0.8~1.5 | 0.1~0.15 |
| 雨水管 | 0.8~1.5 | 0.1~0.15 | 0.8~1.5 | 0.1~0.15 | 0.8~1.5 | 0.1~0.15 |

续表

|  | 给水管 | | 污水管 | | 雨水管 | |
|---|---|---|---|---|---|---|
|  | 水平 | 垂直 | 水平 | 垂直 | 水平 | 垂直 |
| 低压煤气管 | 0.5~1.0 | 0.1~0.15 | 1.0 | 0.1~0.15 | 1.0 | 0.1~0.15 |
| 直埋式热水管 | 1.0 | 0.1~0.15 | 1.0 | 0.1~0.15 | 1.0 | 0.1~0.15 |
| 热力管沟 | 0.5~1.0 |  | 1.0 |  | 1.0 |  |
| 乔木中心 | 1.0 |  | 1.5 |  | 1.5 |  |
| 电力电缆 | 1.0 | 直埋0.5 穿管0.25 | 1.0 | 直埋0.5 穿管0.25 | 1.0 | 直埋0.5 穿管0.25 |
| 通信电缆 | 1.0 | 直埋0.5 穿管0.25 | 1.0 | 直埋0.5 穿管0.25 | 1.0 | 直埋0.5 穿管0.25 |
| 通信及照明电缆 | 0.5 |  | 1.0 |  | 1.0 |  |

注：1. 净距指管外壁距离，管道交叉设套管时指套管外壁距离，直埋式热力管道保温管壳外壁距离。
2. 塑料管道不得露天架空敷设，架空在室外的给水管道应采取有效措施避免阳光直接照射；在结冻地区应做保温层，保温层的外壳，应密封防渗。
3. 敷设在室外综合管廊(沟)内的给水管道，宜在热水、热力管道下方，冷冻管和排水管的上方。给水管道与各种管道之间的净距应满足安装操作的需要，且不宜小于0.3m。
4. 生活给水管道不宜与输送易燃、可燃或有害的液体或气体的管道同管廊(沟)敷设。

3. 消防水泵接合器及室外消火栓的安装位置、形式必须符合设计要求。室外消火栓的布置原则：

(1) 室外消火栓应沿道路设置，道路宽度超过60m时，宜在道路的两侧设置消火栓，并宜靠近十字路口；

(2) 室外消火栓的间距不应超过120m；

(3) 室外地上式消火栓应有一个直径为150mm或100mm和两个直径为65mm的栓口；室外地下式消火栓应有直径为100mm和65mm的栓口各一个，并有明显的标志；

(4) 室外消火栓应沿高层建筑物均匀布置，消火栓距高层建筑物外墙的距离不宜小于5.00m，并不宜大于40m；

(5) 距道路边的距离不宜大于2.00m；

(6) 连接室外消防给水管道的最小直径不应小于100mm。

4. 高层建筑室内消火栓系统和自动喷水灭火系统应设水泵接合器，消防给水为竖向分区供水时，在消防车供水压力范围内的分区，应分别设置水泵接合器；水泵接合器应设在室外便于消防车使用的地点，距室外消火栓或消防水池的距离宜为15~40m；水泵接合器宜采用地上式；当采用地下式水泵接合器时，应有明显标志。

5. 给水管道在埋地敷设时，管顶应在当地的冰冻线以下0.15m，如必须在冰冻线以上铺设时，应做可靠的保温防潮措施。在无冰冻地区，埋地敷设时，管顶的覆土埋深不得小于500mm,穿越道路部位的埋深不得小于700mm。如果受现场条件限制达不到此要求时,应采取可靠的措施保证管道不被压坏。

6. 给水管道不得直接穿越污水井、化粪池、公共厕所等污染源。若必须穿越时,应加套管进行保护,给水管道在此处不得有接头。

7. 管道接口法兰、卡扣、卡箍等应安装在检查井或地沟内,不应埋在土壤中。

给水系统各种井室内的管道安装,如设计无要求,井壁距法兰或承口的距离:管径≤450mm时,不得小于250mm;管径>450mm时,不得小于350mm。

8. 管网必须进行水压试验,试验压力为工作压力的1.5倍,但不得小于0.6MPa。试验时,应根据室外管网的具体布置情况,分支管、分区进行水压试验,试验管段的长度不宜超过1km。

9. 镀锌钢管、钢管的埋地(外)防腐必须符合设计要求。卷材与管材间应粘贴牢固,无空鼓、滑移、接口不严等。

10. 给水管道在竣工、试压合格后,必须对管道进行冲洗,冲洗时,以流速不小于1.0m/s的冲洗水连续冲洗,直至出水口处浊度、色度与入水口处冲洗水浊度、色度相同为止;饮用水管道还要在冲洗后进行消毒,消毒应采用含量不低于20mg/L氯离子浓度的清洁水浸泡24h,再次冲洗,直至水质管理部门取样化验合格,满足饮用水卫生要求。

11. 管道的坐标、标高、坡度应符合设计要求,管道安装的允许偏差应符合规范规定;管道和金属支架的涂漆应附着良好,无脱皮、起跑、流淌和漏刷等缺陷。

12. 管道连接应符合工艺要求,阀门、水表等安装位置应正确。塑料给水管道上的水表、阀门等设施其重量或启闭装置的扭矩不得作用于管道上,当管径≥50mm时必须设独立的支承装置。给水管道与污水管道在不同标高平行敷设,其垂直间距在500mm以内时,给水管管径小于或等于200mm的,管壁水平距离不得小于1.5m;管径大于200mm的,不得小于3m。

13. 铸铁管承插捻口连接的对口间隙应不小于3mm,捻口用的油麻填料必须清洁,填塞后应捻实,其深度应占整个环型间隙深度的1/3;捻口用水泥强度不低于32.5MPa,接口水泥应密实饱满,其接口水泥面凹入承口边缘的深度不得大于2mm;采用水泥捻口的给水铸铁管,在安装地点有侵蚀性的地下水时,应在接口处涂抹沥青防腐层。最大间隙不得大于表1.5.2的规定。

铸铁管承插捻口连接的最大间隙　　　　　　表1.5.2

| 管径(mm) | 标准环形间隙(mm) | 允许偏差(mm) |
| --- | --- | --- |
| 75～200 | 10 | +3<br>-2 |
| 250～450 | 11 | +4<br>-2 |
| 500 | 12 | +4<br>-2 |

14. 采用橡胶圈接口的埋地给水管道,在土壤中或地下水对橡胶圈有腐蚀的地段,在回填土前应用沥青胶泥、沥青麻丝或沥青锯末等材料封闭橡胶圈接口。橡胶圈接口的管道,每个接口的最大偏转角不得超过表1.5.3的规定。

橡胶圈接口的管道接口的最大偏转角　　　　表1.5.3

| 公称直径(mm) | 100 | 125 | 150 | 200 | 250 | 300 | 350 | 400 |
|---|---|---|---|---|---|---|---|---|
| 允许偏转角度 | 5° | 5° | 5° | 5° | 4° | 4° | 4° | 3° |

15. 消防水泵接合器及室外消火栓系统必须进行水压试验,试验压力为工作压力的1.5倍,但不得小于0.6MPa。管道在竣工前,必须对管道进行冲洗。

16. 消防水泵接合器和消火栓的位置标志应明显,栓口的位置应方便操作。消防水泵接合器和室外消火栓当采用墙壁式时,如设计无要求,进、出水栓口的中心安装高度距地面应为1.10m,其上方应设有防坠物打击的措施。

17. 室外消火栓和消防水泵接合器的各项安装尺寸应符合设计要求,栓口安装高度允许偏差为±20mm。

18. 管沟的基层处理和井室的地基必须符合设计要求。各类井室的井盖应符合设计要求,必须使用重型井圈和井盖,井盖上表面应与路面相平,允许偏差为±5mm。绿化带上和不通车的地方可采用轻型井圈和井盖,井盖的上表面应高出地坪50mm,并在井口周围以2%的坡度向外做水泥砂浆护坡。

19. 重型铸铁或混凝土井圈,不得直接放在井室的砖墙上,砖墙上应做不少于80mm厚的细石混凝土垫层。

(二) 室外排水

1. 室外排水管道应采用混凝土管、钢筋混凝土管、排水铸铁管或塑料管。其规格及质量必须符合现行国家标准及设计要求。当排水温度大于40℃时,应采用金属排水管或耐热塑料管,在条件要求较低的小区雨水可采用暗沟排水。

2. 各种排水井、池应按设计给定的标准图施工,各种排水井和化粪池均应用混凝土做底板(雨水井除外),厚度不小于100mm。

3. 排水管道与建筑物的水平净距,管道埋深浅于建筑物基础时,一般不小于2.5m(压力管不小于5.0m);管道埋深深于建筑物基础时,按计算确定,但不小于3.0m。

4. 排水管道的坡度必须符合设计要求,严禁无坡或倒坡。

5. 管道埋设前必须做灌(闭)水试验和通水试验,排水应畅通,无堵塞,管接口无渗漏。

6. 管道的坐标和标高应符合设计要求,排水管与排水管连接,应用检查井连接;各种不同直径的管道在检查井的连接,宜采用水面或管顶平接;排出管管顶标高,不得低于室外接户管管顶标高;室外排水沟与室外排水管连接处,应设水封装置;当建筑物沉降可能导致排出管道坡时,应采取防道坡措施。

7. 管顶的最小敷土厚度,在车行道下,一般不小于0.7m;无保温措施的生活污水管道或水温与生活污水接近的工业废水管道,管底可埋设在冰冻线以上0.15m;有保温措施或水温较高的管道,管底在冰冻线以上的距离可以加大。在冰冻线内埋设雨水管道,如有防止冰冻膨胀破坏的措施时,可埋设在冰冻线以上。

8. 排水铸铁管采用水泥捻口时,油麻填塞应密实,接口水泥应密实饱满,其接口面凹入承口边缘且深度不得大于2mm。排水铸铁管外壁在安装前应除锈,涂二遍石油沥青漆。

9. 承插接口的排水管道安装时,管道和管件的承口应与水流方向相反。

10. 沟基的处理和井池的底板强度必须符合设计要求。

11. 排水检查井的底板及进、出水管的标高,必须符合设计,其允许偏差为±15mm。检查井的位置,应设在管道交汇处、转弯处、管径或坡度改变处、跌水井及直线管段上每隔一定距离处。检查井在直线管段的最大间距可根据具体情况确定,一般宜按表1.5.4采用;在管道转弯处,检查井内流槽中心线的弯曲半径应按转角大小和管径大小确定,但不宜小于大管管径;位于车行道和经常启闭的检查井,应采用铸铁井盖座;在道路以外时,根据具体情况可高出地面;接入检查井的支管(接户管或连接管)数不宜超过3条。

检查井在直线管段的最大间距　　　　表1.5.4

| 管径(mm) | 最大间距 (m) | |
|---|---|---|
| | 污水管道 | 雨水管道 |
| ≤150 | 20 | 20 |
| 200~400 | 30 | 40 |
| 500~700 | 50 | 60 |
| 800~1000 | 70 | 80 |
| 1100~1500 | 90 | 100 |
| >1500 | 100 | 120 |

12. 化粪池的底板及进、出水管的标高,必须符合设计,其允许偏差为±15mm。化粪池距离地下取水构筑物不得小于30m。化粪池池外壁距建筑物外墙不宜小于5m,并不影响建筑物基础。

(三)室外供热管网

1. 供热管网的管材应按设计要求。当设计未注明时,管径小于或等于40mm时,应使用焊接钢管;管径为50~200mm时,应使用焊接钢管或无缝钢管;管径大于200mm时,应使用螺旋焊接钢管。室外供热管道连接均应采用焊接连接。

2. 平衡阀及调节阀型号、规格及公称压力应符合设计要求。安装后应根据系统要求进行调试,并作出标志。

3. 直埋无补偿供热管道预热伸长及三通加固应符合设计要求。回填前应注意预制保温层外壳及接口的完好性。回填应按要求进行。

4. 补偿器的位置必须符合设计要求,并应按设计要求或产品说明书进行预拉伸。管道固定支架的位置和构造必须符合设计要求。

5. 检查井室、用户入口处管道布置应便于操作及维修,支、吊、托架稳固,并满足设计要求。

6. 直埋管道的保温应符合设计要求,接口在现场发泡时,接头处厚度应于管道保温层厚度一致,接头处保护层必须与管道保护层成一体,符合防潮防水要求。

7. 管道水平敷设其坡度应符合设计要求。

8. 除污器构造应符合设计要求,安装位置和方向应正确。管网冲洗后应清除内部污物。

9. 管道及管件焊接的焊缝外形尺寸应符合图纸和工艺文件的规定,焊缝高度不得低于母材表面,焊缝与母材应圆滑过渡;焊缝及热影响区表面应无裂纹、未熔合、未焊透、夹渣、弧坑和气孔等缺陷。

10. 室外供热管道安装的允许偏差应符合表 1.5.5 的规定。

**室外供热管道安装的允许偏差**　　　　表 1.5.5

| 项次 | 项目 | | 允许偏差 | 检验方法 |
|---|---|---|---|---|
| 1 | 坐标(mm) | 敷设在沟槽内及架空 | 20 | 用水准仪(水平尺)、直尺、拉线 |
| | | 埋地 | 50 | |
| 2 | 标高(mm) | 敷设在沟槽内及架空 | ±10 | 尺量检查 |
| | | 埋地 | ±15 | |
| 3 | 水平管道纵、横方向弯曲(mm) | 每1m 管径≤100mm | 1 | 用水准仪(水平尺)、直尺、拉线和尺量检查 |
| | | 每1m 管径>100mm | 1.5 | |
| | | 全长(25m以上) 管径≤100mm | ≥13 | |
| | | 全长(25m以上) 管径>100mm | ≥25 | |
| 4 | 弯管 | 椭圆率 $\dfrac{D_{max}-D_{min}}{D_{max}}$ 管径≤100mm | 8% | 用外卡钳和尺量检查 |
| | | 椭圆率 管径>100mm | 5% | |
| | | 褶皱不平度(mm) 管径≤100mm | 4 | |
| | | 褶皱不平度(mm) 管径125~200mm | 5 | |
| | | 褶皱不平度(mm) 管径250~400mm | 7 | |

11. 供热管道的供水管或蒸汽管,如设计无规定时,应敷设在载热介质前进方向的右侧或上方。

12. 地沟内的管道安装位置,保温层外表面与沟壁净距为 100~150mm;与沟底净距为 100~200mm;与沟顶(不通行地沟)净距为 50~100mm;与沟顶(半通行和通行地沟)净距为 200~300mm。

13. 架空敷设的供热管道安装高度,如设计无规定时,以保温层外表面计算人行地区,不小于 2.5m;通行车辆地区,不小于 4.5m;跨越铁路,距轨顶不小于 6m。

14. 防锈漆的厚度应均匀,不得有脱皮、起泡、流淌和漏涂等缺陷。

15. 供热管道的水压试验压力应为工作压力的1.5倍,但不得小于0.6MPa。检验方法:在试验压力下10min内压力降不大于0.05MPa,然后降至工作压力下检查,不渗不漏。供热管道作水压试验时,试验管道上的阀门应开启,试验管道与非试验管道应隔断。管道试压合格后,应进行冲洗。

16. 管道冲洗完毕应通水、加热,进行试运行和调试。当不具备加热条件时,应延期进行。检验方法:测量各建筑物热力入口处供回水温度及压力。

## 第六节 建筑中水系统要求及游泳池水系统安装

### 一、材料质量要求

1. 中水及游泳池水系统使用的主要材料、配件、器具和设备必须具有中文质量合格证明文件,质量证明文件包括产品出厂合格证或质量保证书、检验报告、试验报告、进口产品或材料的商检证明和说明书等,质量证明文件应反映工程材料的品种、规格、数量、性能指标并与实际进场材料相符。

2. 中水及游泳池水系统的主要材料、配件、器具和设备进场时应做检查验收,对照质量证明文件对材料的品种、规格、外观等进行检查验收;材料的品种符合设计,标识、规格、型号及性能检测报告应符合产品国家技术标准,包装完好,表面无划痕及外力冲击破损;经监理工程师核查确认,形成记录。

### 二、施工技术要求

1. 中水高位水箱应与生活高位水箱分设在不同的房间内,如条件不允许只能设在同一房间时,与生活高位水箱的净距离应大于2m。

2. 中水给水管道不得装设取水水嘴。便器冲洗宜采用密闭型设备和器具。绿化、浇洒、汽车冲洗宜采用壁式或地下式的给水栓。

3. 中水供水管道严禁与生活饮用水给水管道连接,中水管道外壁应涂浅绿色标志;中水池(箱)、阀门、水表及给水栓均应有"中水"标志。

4. 中水管道不宜暗装于墙体和楼板内。如必须暗装于墙槽内时,必须在管道上有明显且不会脱落的标志。

5. 中水给水管道管材及配件应采用耐腐蚀的给水管管材及附件;与生活饮用水管道、排水管道平行埋设时,其水平净距离不得小于0.5m;交叉埋设时,中水管道应位于生活饮用水管道下面,排水管道的上面,其净距离不应小于0.15m。

6. 游泳池的给水口、回水口、泄水口应采用耐腐蚀的铜、不锈钢、塑料等材料制造。溢流槽、格栅应为耐腐蚀材料制造,并为组装型。安装时其外表面应与池壁或池底面相平。

7. 游泳池的毛发聚集器应采用铜或不锈钢等耐腐蚀材料制造,过滤筒(网)的孔径应不大于3mm,其面积应为连接管截面积的1.5~2倍。

8. 游泳池地面,应采取有效措施防止冲洗排水流入池内。

9. 游泳池循环水系统加药(混凝剂)的药品溶解池、溶液池及定量投加设备应采用耐腐蚀材料制作。输送溶液的管道应采用塑料管、胶管或铜管。

10. 游泳池的浸脚、浸腰消毒池的给水管、投药管、溢流管、循环管和泄空管应采用耐腐蚀材料制成。

## 第七节　自动喷水灭火系统工程

### 一、材料质量要求

1. 自动喷水灭火系统使用的主要材料、配件、器具和设备必须具有中文质量合格证明文件,质量证明文件包括产品出厂合格证或质量保证书、检验报告、试验报告、进口产品或材料的商检证明和说明书等,质量证明文件应反映工程材料的品种、规格、数量、性能指标并与实际进场材料相符。

2. 自动喷水灭火系统的主要材料、配件、器具和设备进场时应做检查验收,对照质量证明文件对材料的品种、规格、外观等进行检查验收;材料的品种符合设计,标识、规格、型号及性能检测报告应符合产品国家技术标准,包装完好,表面无划痕及外力冲击破损;经监理工程师核查确认,形成记录。

3. 自动喷水灭火系统喷头、报警阀、压力开关、水流指示器、消防水泵、水泵接合器等主要系统组件应经国家消防产品质量监督检验中心检测合格;稳压泵、自动排气阀、信号阀、止回阀、泄压阀、减压阀等应经相应国家产品质量监督检验中心检测合格。

4. 管材、管件应进行现场外观检查,表面应无裂纹、缩孔、夹渣、折叠和重皮;螺纹密封面应完整、无损伤、无毛刺;镀锌钢管内外表面的镀锌层不得有脱落、锈蚀等现象;非金属密封垫片应质地柔韧、无老化变质或分层现象,表面应无折损、皱纹等缺陷;法兰密封面应完整光洁,不得有毛刺及径向沟槽;螺纹法兰的螺纹应完整、无损伤。

5. 喷头的型号、规格应符合设计要求;商标、型号、公称动作温度、制造厂及生产年月等标志应齐全;外观应无加工缺陷和机械损伤;喷头螺纹密封面应无伤痕、毛刺、缺丝或断丝的现象;闭式喷头应进行密封性能试验,并以无渗漏、无损伤为合格。试验数量宜从每批中抽查1%,但不得少于5只,试验压力应为3.0MPa;试验时间不得少于3min。当有2只及2只以上不合格时,不得使用该批喷头。当仅有一只不合格时,应再抽查2%,但不得少于10只。重新进行密封性能试验,当仍有不合格时,亦不得使用该批喷头。

6. 阀门的型号、规格应符合设计要求;阀门及其附件应配备齐全,不得有加工缺陷和机械损伤;报警阀除应有商标、型号、规格等标志外,尚应有水流方向的永久性标志;报警阀和控制阀的阀瓣及操作机构应动作灵活,无卡涩现象;阀体内应清洁、无异物堵塞;水力警铃的铃锤应转动灵活,无阻滞现象;报警阀应逐个进行渗漏试验。试验压力应为额定工作压力的2倍,保压时间表为5min。阀瓣处应无渗漏。

7. 压力开关、水流指示器、自动排气阀、减压阀、泄压阀、止回阀、信号阀、水泵接合器等及水位、气压、阀门限位等自动监测装置应有清晰的铭牌、安全操作指示标志和产品说明书;水流指示器、水泵接合器、减压阀、止回阀应有水流方向的永久性标志;安装前应逐个进行主要功能检查,不合格者不得使用。

8. 消防水带和洒水喷头、湿式报警阀、水流指示器、消防用压力开关,除符合上述要求外尚应提供国家强制性产品认证证书。

**二、施工技术要求**

（一）系统组成

1. 自动喷水灭火系统应设有洒水喷头、水流指示器、报警阀组、压力开关等组件和末端试水装置，以及管道、供水设施；

2. 控制管道静压的区段宜分区供水或设减压阀；控制管道动压的区段宜设减压孔板或节流管；

3. 应设有泄水阀（或泄水口）、排气阀（或排气口）和排污口；

4. 干式系统和预作用系统的配水管道应设快速排气阀。有压充气管道的快速排气阀入口前应设电动阀。

（二）洒水喷头

1. 闭式系统的喷头，其公称动作温度宜高于环境最高温度30℃。湿式系统的喷头选型，不作吊顶的场所，当配水支管布置在梁下时，应采用直立型喷头；吊顶下布置的喷头，应采用下垂型喷头或吊顶型喷头；顶板为水平面的轻危险级、中危险级Ⅰ级居室和办公室，可采用边墙型喷头；自动喷水-泡沫联用系统应采用洒水喷头；易受碰撞的部位，应采用带保护罩的喷头或吊顶型喷头。

2. 除吊顶型喷头及吊顶下安装的喷头外，直立型、下垂型标准喷头，其溅水盘与顶板的距离，不应小于75mm，且不应大于150mm。

3. 净空高度大于800mm的闷顶和技术夹层内有可燃物时，应设置喷头。当局部场所设置自动喷水灭火系统时，与相邻不设自动喷水灭火系统场所连通的走道或连通开口的外侧，应设喷头。装设通透性吊顶的场所，喷头应布置在顶板下。

4. 配水管两侧每根配水支管控制的标准喷头数，轻危险级、中危险级场所不应超过8只，同时在吊顶上下安装喷头的配水支管，上下侧均不应超过8只。严重危险级及仓库危险级场所均不应超过6只。

5. 喷头安装应在系统试压、冲洗合格后进行；安装时宜采用专用的弯头、三通，不得对喷头进行拆装、改动，并严禁给喷头附加任何装饰性涂层；喷头安装应使用专用扳手，严禁利用喷头的框架施拧；喷头的框架、溅水盘产生变形或释放原件损伤时，应采用规格、型号相同的喷头更换；当喷头的公称直径小于10mm时，应在配水干管或配水管上安装过滤器；安装在易受机械损伤处的喷头，应加设喷头防护罩。喷头安装时，溅水盘与吊顶、门、窗、洞口或墙面的距离应符合设计要求。

6. 当喷头溅水盘高于附近梁底或高于宽度小于1.2m的通风管道腹面时，喷头溅水盘高于梁底、通风管道腹面的最大垂直距离应符合表1.7.1的规定。当通风管道宽度大于1.2m时，喷头应安装在其腹面以下部位。

**喷头溅水盘高于梁底、通风管道腹面的最大垂直距离** 表1.7.1

| 喷头与梁、通风管道的水平距离(mm) | 喷头溅水盘高于梁底通风管道腹面的最大垂直距离(mm) |
| --- | --- |
| 300～600 | 25 |

续表

| 喷头与梁、通风管道的水平距离(mm) | 喷头溅水盘高于梁底通风管道腹面的最大垂直距离(mm) |
|---|---|
| 600~750 | 75 |
| 750~900 | 75 |
| 900~1050 | 100 |
| 1050~1200 | 150 |
| 1200~1350 | 180 |
| 1350~1500 | 230 |
| 1500~1680 | 280 |
| 1680~1830 | 360 |

7. 当喷头安装在不到顶的隔断附近时，喷头与隔断的水平距离和最小垂直距离应符合表1.7.2的规定。

喷头与隔断的水平距离和最小垂直距离　　　　表1.7.2

| 水平距离(mm) | 150 | 225 | 300 | 375 | 450 | 600 | 750 | >900 |
|---|---|---|---|---|---|---|---|---|
| 最小垂直距离(mm) | 75 | 100 | 150 | 200 | 6.0 | 6.0 | 6.5 | 7.0 |

8. 边墙型喷头的两侧1m及正前方2m范围内，顶板或吊顶下不应有阻挡喷水的障碍物。

（三）报警阀组

1. 一个报警阀组在湿式系统、预作用系统中控制的喷头数不宜超过800只；干式系统不宜超过500只，当配水支管同时安装保护吊顶下方和上方空间的喷头时，应只将数量较多一侧的喷头计入报警阀组控制的喷头总数。每个报警阀组供水的最高与最低位置喷头，其高程差不宜大于50m。

2. 报警阀组安装的位置应符合设计要求；当设计无要求时，报警阀组应安装在便于操作的明显位置，距室内地面高度宜为1.2m；两侧与墙的距离不应小于0.5m；正面与墙的距离不应小于1.2m。安装报警阀组的室内地面应有排水设施。

3. 连接报警阀进出口的控制阀应采用信号阀。当不采用信号阀时，控制阀应设锁定阀位的锁具。

4. 报警阀组的安装应先安装水源控制阀、报警阀，然后再进行报警阀辅助管道的连接。水源控制阀、报警阀与配水干管的连接，应使水流方向一致。

5. 湿式报警阀组的安装应使报警阀前后的管道中能顺利充满水；压力波动时，水力警铃不应发生误报警；报警水流通路上的过滤器应安装在延迟器前，而且是便于排渣操作的位置。

6. 干式报警阀组应安装在不发生冰冻的场所；安装完成后，应向报警阀气室注入高度为 50～100mm 的清水；充气连接管接口应在报警阀气室充注水位以上部位，且充气连接管的直径不应小于 15mm；止回阀、截止阀应安装在充气连接管上；气源设备的安装应符合设计要求和国家现行有关标准的规定。

7. 报警阀充水一侧和充气一侧、空气压缩机的气泵和储气罐上、加速排气装置上应安装压力表。

8. 水力警铃的工作压力不应小于 0.05MPa，并应设在有人值班的地点附近；与报警阀连接的管道，其管径应为 20mm，总长不宜大于 20m。

9. 水力警铃应安装在公共通道或值班室附近的外墙上，且应安装检修、测试用的阀门。水力警铃和报警阀的连接应采用镀锌钢管，当镀锌钢管的公称直径为 15mm 时，其长度不应大于 6m；当镀锌钢管的公称直径为 20mm 时，其长度不应大于 20m；安装后的水力警铃启动压力不应小于 0.05MPa。

（四）水流指示器、压力开关及末端试水装置

1. 除报警阀组控制的喷头只保护不超过防火分区面积的同层场所外，每个防火分区、每个楼层均应设水流指示器。当水流指示器入口前设置控制阀时，应采用信号阀。

2. 水流指示器的安装应在管道试压和冲洗合格后进行，水流指示器的规格、型号应符合设计要求；水流指示器应竖直安装在水平管道上侧，其动作方向应和水流方向一致；安装后的水流指示器浆片、膜片应动作灵活，不应与管壁发生碰擦。

3. 信号阀应安装在水流指示器前的管道上，与水流指示器之间的距离不应小于 300mm。

4. 压力开关应竖直安装在通往水力警铃的管道上，且不应在安装中拆装改动。

5. 末端试水装置宜安装在系统管网末端或分区管网末端。每个报警阀组控制的最不利点喷头处，应设末端试水装置，其他防火分区、楼层的最不利点喷头处，均应设直径为 25mm 的试水阀。末端试水装置应由试水阀、压力表以及试水接头组成。试水接头出水口的流量系数，应等同于同楼层或防火分区内的最小流量系数喷头。末端试水装置的出水，应采取孔口出流的方式排入排水管道。

6. 排气阀的安装应在系统管网试压和冲洗合格后进行；排气阀应安装在配水干管顶部、配水管的末端，且应确保无渗漏。

7. 控制阀的规格、型号和安装位置均应符合设计要求；安装方向应正确，控制阀内应清洁、无堵塞、无渗漏；主要控制阀应加设启闭标志；隐蔽处的控制阀应在明显处设有指示其位置的标志。

8. 节流装置应安装在公称直径不小于 50mm 的水平管段上；减压孔板应安装在管道内水流转弯处下游一侧的直管上，且与转弯处的距离不应小于管子公称直径的 2 倍。

9. 减压阀安装应在供水管网试压、冲洗合格后进行；减压阀安装前应检查其规格型号是否与设计相符，阀外控制管路及导向阀各连接件是否有松动，外观是否有机械损伤，并应清除阀内异物；减压阀安装时，减压阀水流方向应与供水管网水流方向一致；减压阀安装应在其进水侧安装过滤器，并宜在其前后安装控制阀，以便于维修和更换。可调试减压阀宜水平安装，阀盖应向上。比例式减压阀宜垂直安装；当水平安装时，单呼吸孔减压

阀其孔口应向下，双呼吸孔减压阀其孔口应呈水平位置；安装自身不带压力表的减压阀时，应在其前后相邻部位安装压力表。

（五）管道敷设

1. 配水管道应采用内外壁热镀锌钢管。当报警阀入口前管道采用内壁不防腐的钢管时，应在该段管道的末端设过滤器。

2. 系统管道的连接，应采用沟槽式连接件(卡箍)，或丝扣、法兰连接。报警阀前采用内壁不防腐钢管时，可焊接连接。

3. 管网安装前应校直管材，并应清除管材内部的杂物；在具有腐蚀性的场所，安装前应按设计要求对管材、管件等进行防腐处理；连接后均不得减小过水横断面积。

4. 螺纹连接管子宜采用机械切割，切割面不得有飞边、毛刺；当管道变径时，宜采用异径接头；在管道弯头处不得采用补芯；当需要采用补芯时，三通上可用1个，四通上不应超过2个；公称直径大于50mm的管道不宜采用活接头；螺纹连接的密封填料应均匀附着在管道的螺纹部分；拧紧螺纹时，不得将填料挤入管道内；连接后，应将连接处外部清理干净。

5. 沟槽式管接头应符合国家现行标准《沟槽式管接头》CJ/T 15—2001 的要求，其材质应为球墨铸铁，并符合现行国家标准《球墨铸铁件》GB/T 1348。

（1）沟槽式管件连接时，其管材连接沟槽和开孔应用专用滚槽机和开孔机加工；

（2）连接前应检查沟槽、孔洞尺寸和加工质量是否符合技术要求，沟槽、孔洞处不得有毛刺、破损裂纹和脏物，橡胶密封圈应无破损和变形，涂润滑剂后卡装在钢管两端；

（3）沟槽式管件的凸边应卡进沟槽后再紧固螺栓，两边应同时紧固，紧固时发现橡胶圈起皱应更换新橡胶圈；

（4）机械三通连接时，应检查机械三通与孔洞的间隙，各部位应均匀，然后再紧固到位；

（5）配水干管(立管)与配水管(水平管)连接，应采用沟槽式管连接头异径三通；

（6）埋地、水泵房内的管道连接应采用挠性接头，埋地的沟槽式管接头螺栓、螺帽应做防腐处理。

6. 系统中直径等于或大于100mm的管道，应分段采用法兰或沟槽式连接件(卡箍)连接。

（1）水平管道上法兰间的管道长度不宜大于20m，立管上法兰间的距离，不应跨越3个及以上楼层，净空高度大于8m的场所内，立管上应有法兰；

（2）法兰连接时，焊接法兰焊接处应重新镀锌后再连接。

7. 焊接连接应符合现行国家标准《工业管道工程施工及验收规范》GB 50235、《现场设备、工业管道焊接工程施工及验收规范》GB 50236 的有关规定。

8. 螺纹法兰连接应预测对接位置，清除外露密封填料后再紧固、连接。

9. 短立管及末端试水装置的连接管，其管径不应小于25mm。

10. 水平安装的管道宜设 0.002~0.005 的坡度，且应坡向排水管；当局部区域难以利用排水管将水排净时，应采取相应的排水措施。管道横向安装当喷头数量小于或等于5只时，可在管道低凹处加设堵头；当喷头数量大于5只时，宜装设带阀门的排水管。

11．严寒与寒冷地区，对系统中遭受冰冻影响的部分，应采取防冻措施。

12．当自动喷水灭火系统中设有 2 个及以上报警阀组时，报警阀组前宜设环状供水管道。

13．管道的安装位置应符合设计要求。当设计无要求时，管道的中心线与梁、柱、楼板等的最小距离应符合表 1.7.3 的规定。

管道的中心线与梁、柱、楼板等的最小距离　　　　表 1.7.3

| 公称直径(mm) | 25 | 32 | 40 | 50 | 70 | 80 | 100 | 125 | 150 | 200 |
|---|---|---|---|---|---|---|---|---|---|---|
| 距离(mm) | 40 | 40 | 50 | 60 | 70 | 80 | 100 | 125 | 150 | 200 |

14．管道支架、吊架、防晃支架的形式、材质、加工尺寸及焊接质量等应符合设计要求和国家现行有关标准的规定。

（1）管道支架、吊架的安装位置不应妨碍喷头的喷水效果；

（2）管道支架、吊架与喷头之间的距离不宜小于 300mm，与末端喷头之间的距离不宜大于 750mm；

（3）配水支管上每一直管段，相邻两喷头之间的管段设置的吊架均不宜少于 1 个，当喷头之间距离小于 1.8m 时，可隔段设置吊架，但吊架的间距不宜大于 3.6m；

（4）当管子的公称直径等于或大于 50mm 时，每段配水干管或配水管设置防晃支架不应少于 1 个，当管道改变方向时，应增设防晃支架；

（5）竖直安装的配水干管应在其始端和终端设防晃支架或采用管卡固定，其安装位置距地面或楼面的距离宜为 1.5~1.8m；

（6）管道应固定牢固，管道支架或吊架之间的距离不应大于表 1.7.4 的规定。

管道支架或吊架之间的距离　　　　表 1.7.4

| 公称直径(mm) | 25 | 32 | 40 | 50 | 70 | 80 | 100 | 125 | 150 | 200 | 250 | 300 |
|---|---|---|---|---|---|---|---|---|---|---|---|---|
| 距离(mm) | 3.5 | 4.0 | 4.5 | 5.0 | 6.0 | 6.0 | 6.5 | 7.0 | 8.0 | 9.5 | 11.0 | 12.0 |

15．管道穿过建筑物的变形缝时，应设置柔性短管。穿过墙体或楼板时应加设套管，套管长度不得小于墙体厚度，或应高出楼面或地面 50mm；管道的焊接环缝不得位于套管内。套管与管道的间隙应采用不燃烧材料填塞密实。

16．配水干管、配水管应做红色或红色环圈标志。管网在安装中断时，应将管道的敞口封闭。

（六）水质、水箱及水泵结合器等给水设备

1．系统用水应无污染、无腐蚀、无悬浮物。可由市政或企业的生产、消防给水管道供给，也可由消防水池或天然水源供给，并应确保持续喷水时间内的用水量。

2．与生活用水合用的消防水箱和消防水池，其储水的水质，应符合饮用水标准。

3．消防水箱的容积、安装位置应符合设计要求，供水应满足系统最不利点处喷头的最低工作压力和喷水强度。

（1）安装时，消防水箱间的主要通道宽度不应小于1.0m，钢板消防水箱四周检修通道宽度不小于0.7m，消防水箱顶部至楼板或梁底的距离不得小于0.6m；

（2）消防水箱的溢流管、泄水管不得与生产或生活用水的排水系统直接相连；

（3）管道穿过钢筋混凝土消防水箱或消防水池时，应加设防水套管，对有振动的管道尚应加设柔性接头；

（4）进水管和出水管的接头与钢板消防水箱的连接应采用焊接，焊接处应做防锈处理；

（5）消防水箱的出水管，应设止回阀，并应与报警阀入口前管道连接；轻危险级、中危险级场所的系统，管径不应小于80mm，严重危险级和仓库危险级不应小于100mm。

4．系统应设独立的供水泵，并应按一运一备或二运一备比例设置备用泵。

（1）系统的供水泵、稳压泵，应采用自灌式吸水方式。采用天然水源时水泵的吸水口应采取防止杂物堵塞的措施。

（2）报警阀入口前设置环状管道的系统，每组供水泵的吸水管、出水管不应少于2根。

（3）供水泵的吸水管应设控制阀，吸水管上的控制阀应在消防水泵固定于基础上之后再进行安装，其直径不应小于消防水泵吸水口直径，且不应采用没有可靠锁定装置的蝶阀；当消防水泵和消防水池位于独立的两个基础上且相互为刚性连接时，吸水管上应加设柔性连接管；吸水管水平管段上不应有气囊和漏气现象；变径时应用偏心异径管件，连接时应保持其管顶平直。

（4）消防水泵泵组出水管应设控制阀、止回阀、压力表和直径不小于65mm的试水阀；安装压力表时应加设缓冲装置。压力表和缓冲装置之间应安装旋塞；压力表量程应为工作压力的2~2.5倍。

5．系统应设水泵接合器，其数量应按系统的设计流量确定，每个水泵接合器的流量宜按10~15L/s计算。

（1）消防水泵接合器的组装应按接口、本体、联接管、止回阀、安全阀、放空管、控制阀的顺序进行，止回阀的安装方向应使消防用水能从消防水泵接合器进入系统；

（2）消防水泵接合器应安装在便于消防车接近的人行道或非机动车行驶地段；

（3）地下消防水泵接合器应采用铸有"消防水泵接合器"标志的铸铁井盖，并在附近设置指示其位置的固定标志，安装应使进水口与井盖底面的距离不大于0.4m，且不应小于井盖的半径；

（4）地上消防水泵接合器应设置与消火栓区别的固定标志；

（5）墙壁消防水泵接合器的安装应符合设计要求，设计无要求时，其安装高度宜为1.1m，与墙面上的门、窗、孔、洞的净距离不应小于2.0m，且不应安装在玻璃幕墙下方。

6．消防水泵、消防水箱、消防水池、消防气压给水设备、消防水泵接合器等供水设施及其附属管道的安装，应清除其内部污垢和杂物。安装中断时，其敞口处应封闭。供水设施安装时，其环境温度不应低于5℃。

7．消防气压给水设备安装位置、进水管及出水管方向应符合设计要求；安装时其四周应设检修通道，其宽度不应小于0.7m，消防气压给水设备顶部至楼板或梁底的距离不得小于 1.0m。

(七) 施工试验

1. 管网安装完毕后,应对其进行强度试验、严密性试验和冲洗。强度试验和严密性试验宜用水进行。干式喷水灭火系统、预作用喷水灭火系统应做水压试验和气压试验。

2. 系统试压前,埋地管道的位置及管道基础、支墩等经复查符合设计要求。

(1) 试压用的压力表不少于 2 只,精度不应低于 1.5 级,量程应为试验压力值的 1.5～2 倍;

(2) 试压冲洗方案已经建设、监理单位批准;

(3) 对不能参与试压的设备、仪表、阀门及附件应加以隔离或拆除;

(4) 加设的临时盲板应具有突出于法兰的边耳,且应做明显标志,并记录临时盲板的数量;

(5) 系统试压过程中,当出现泄漏时,应停止试压,并应放空管网中的试验介质,消除缺陷后,重新再试;

(6) 系统试压完成后,应及时拆除所有临时盲板及试验用的管道,并应填写记录。

3. 管网冲洗应在试压合格后分段进行。

(1) 冲洗顺序应先室外,后室内;先地下,后地上;

(2) 室内部分的冲洗应按配水干管、配水管、配水支管的顺序进行,管网冲洗宜用水进行;

(3) 冲洗前,应对系统的仪表采取保护措施;

(4) 止回阀和报警阀等应拆除,冲洗工作结束后应及时复位;

(5) 冲洗前,应对管道支架、吊架进行检查,必要时应采取加固措施;

(6) 对不能经受冲洗的设备和冲洗后可能存留脏物、杂物的管段,应进行清理;

(7) 冲洗直径大于 100mm 的管道时,应对其焊缝、死角和底部进行敲打,但不得损伤管道;

(8) 管网冲洗合格后,应填写记录。

4. 水压试验和水冲洗宜采用生活用水进行,不得使用海水或有腐蚀性化学物质的水。

(1) 水压试验时环境温度不宜低于 5℃,当低于 5℃时,水压试验应采取防冻措施;

(2) 当系统设计工作压力等于或小于 1.0MPa 时,水压强度试验压力应为设计工作压力的 1.5 倍,并不应低于 1.4MPa;

(3) 当系统设计工作压力大于 1.0MPa 时,水压强度试验压力应为该工作压力加 0.4MPa;

(4) 水压强度试验的测试点应设在系统管网的最低点;

(5) 对管网注水时,应将管网内的空气排净,并应缓慢升压,达到试验压力后,稳压 30min,目测管网应无泄漏和无变形,且压力降不应大于 0.05MPa。

5. 水压严密性试验应在水压强度试验和管网冲洗合格后进行;试验压力应为设计工作压力,稳压 24h,应无泄漏。

6. 自动喷水灭火系统的水源干管、进户管和室内埋地管道应在回填前单独地或与系统一起进行水压强度试验和水压严密性试验。

7. 管网冲洗所采用的排水管道,应与排水系统可靠连接,其排放应畅通和安全。

（1）排水管道的截面面积不得小于被冲洗管道截面面积的60%；

（2）管网冲洗的水流流速、流量不应小于系统设计的水流流速、流量；

（3）管网冲洗宜分区、分段进行,水平管网冲洗时其排水管位置应低于配水支管；

（4）管网的地上管道与地下管道连接前,应在配水干管底部加设堵头后,对地下管道进行冲洗；

（5）管网冲洗应连续进行,当出口处水的颜色、透明度与入口处水的颜色、透明度基本一致时为合格；

（6）管网冲洗的水流方向应与灭火时管网的水流方向一致；

（7）管网冲洗结束后,应将管网内的水排除干净,必要时可采用压缩空气吹干。

8. 系统施工完成后应进行系统调试。系统调试应包括内容:水源测试;消防水泵调试;稳压泵调试;报警阀调试;排水装置调试;联动试验。

# 第二章 建筑电气工程

## 第一节 成套配电柜、屏、台、箱、盘安装

**一、成套配电柜、屏、台、箱、盘、电气装置及电器元件的进场质量要求**

1. 成套配电柜、屏、台、箱、盘应有出厂合格证、生产许可证、"CCC"认证标志(即"中国国家认证")和认证证书复印件及出厂试验报告,并在认证有效期内。

2. 外观检查:有铭牌,柜内元器件无损坏丢失、接线无脱落脱焊,涂层完整,无明显碰撞凹陷。附件齐全,绝缘件无损坏、裂纹,充气部分无泄漏。

3. 电气装置及电器元件等型号、规格、整定值(动作电流)符合设计要求。

4. 电气设备上计量仪表和与电气保护有关的计量装置或仪表应检定合格,并有法定部门的检测报告。当投入试运行时,应在有效期内。

**二、落地式配电柜基础型钢的制作及安装**

1. 基础型钢按设计图选用型钢,如无规定一般可选用 8～10 号槽钢。

2. 落地式配电柜的底部抬高,室内宜高出地面 50mm 以上,室外应高出地面 200mm 以上;手车式配电柜应与最后地面齐平。

3. 基础型钢必须与接地干线有可靠的电气连接,每台柜在下部的基础型钢侧面上焊上 M10 螺栓,用 16mm$^2$ 铜线与柜上的接地端子连接。

4. 基础型钢安装允许偏差符合表 2.1.1 的规定。

基础型钢安装允许偏差　　　　表 2.1.1

| 项　目 | 允　许　偏　差 | |
|---|---|---|
| | (mm/m) | (mm/全长) |
| 不直度 | 1 | 5 |
| 水平度 | 1 | 5 |
| 不平行度 | — | 5 |

5. 底座周围封闭严密,能防止鼠、蛇等小动物进入柜内。

6. 配电柜与基础型钢应用镀锌螺栓连接,且防松零件齐全。

**三、成套配电柜、屏、台、箱、盘的接地**

1. 成套配电柜、控制柜和动力、照明配电箱(盘)外露可导电部分(框架或箱体),必须与接地干线有可靠的电气连接,且不串接;成排的配电装置的两端均应与接地干线相连接;

2. 柜、箱内的保护导体应有裸露的连接外部保护导体的端子,当设计无要求时,柜箱内保护导体的最小截面积 $S_p$ 不应小于表2.1.2的规定;装有电器的可开启门,门与框架的接地端子用裸编织铜线连接,且有标识。

保护导体的截面积    表2.1.2

| 相线的截面积 $S(mm^2)$ | 相应保护导体的最小截面积 $S_p(mm^2)$ |
| --- | --- |
| $S \leqslant 16$ | $S$ |
| $16 < S \leqslant 35$ | 16 |
| $35 < S \leqslant 400$ | $S/2$ |
| $400 < S \leqslant 800$ | 200 |
| $S > 800$ | $S/4$ |

### 四、手车式成套配电柜符合下列要求

1. 检查防止电气误操作的装置齐全,并且动作灵活可靠;
2. 手车推拉灵活轻便,无卡阻、碰撞现象,相同型号的手车能互换;
3. 推入工作位置后,动触头顶部与静触头底部的间隙符合产品要求;
4. 和柜体间的二次回路连接插件接触良好;
5. 隔离板开启灵活,随手车的进出而相应动作;
6. 控制电缆的位置不应妨碍手车的进出,并绑扎固定牢固;
7. 柜体间的接地触头接触紧密,当手车推入柜内时,其接地触头比主触头先接触,拉出时接地触头比主触头后断开。

### 五、抽屉式配电柜的安装要求

1. 抽屉推拉灵活轻便,无卡阻、碰撞现象,抽屉应能互换;
2. 抽屉的机械联锁或电气联锁装置动作正确可靠,断路器分闸后,隔离触头才能分开;
3. 抽屉与柜体间的二次回路连接插件接触良好;
4. 抽屉与柜体间的接触及柜体、框架的接地良好。

### 六、成套配电柜、屏、台、箱、盘内电器元件安装及检查试验

1. 柜、箱内配电开关及保护装置的型号、规格及动作电流(设计有的总漏电电流)符合设计要求;
2. 控制开关及保护装置动触头与静触头的中心线一致,各触点接触良好,触头接触紧密;安装横平、竖直,固定牢固;
3. 机械闭锁、电气闭锁装置动作准确、可靠;
4. 主开关的辅助开关切换动作与主开关动作一致;
5. 柜、屏、台、箱、盘上的标识器件标明被控设备编号及名称,或操作位置,接线端子有编号,且清晰、工整、不易脱色;
6. 仪表、继电器等元件经过法定部门鉴定,且密封垫、铅封、漆封和附件完整。

### 七、低压组合电器件的安装

1. 发热元件安装在散热良好的位置；
2. 熔断器的熔体规格、自动开关的整定值符合设计要求；
3. 切换压板接触良好,相邻压板间有安全距离,切换时不触及相邻的压板；
4. 信号回路的信号灯、按钮、光字牌、电铃、电笛、事故电钟等动作和信号显示准确；
5. 外壳需接地(PE)和接零(PEN)的,连接可靠；
6. 端子排安装牢固,端子有序号,强、弱电端子隔离布置,端子规格与芯线截面积大小适配。

### 八、成套配电柜、屏、台、箱、盘内端子排的安装

1. 柜、箱内分别设置中性线(N线)和保护地线(PE线)汇流端子排；
2. 端子排安装固定牢固,绝缘良好,没有损坏；
3. 端子排有序号；
4. 强、弱电端子隔离布置,且应有明显标志；
5. 端子规格与芯线截面积大小适配,不应使用小端子配大截面的导线。

### 九、成套配电柜、屏、台、箱、盘内配线

(一) 成套配电柜、屏、台、箱、盘内的母线安装

1. 母线的相序排列符合下列要求：

(1) 上、下布置的交流母线,由上至下排列为 L1、L2、L3 相；直流母线正极在上,负极在下；

(2) 水平布置的交流母线,由盘后向盘前排列为 L1、L2、L3 相；直流母线正极在后,负极在前；

(3) 面对引下线的交流母线,由左至右排列为 L1、L2、L3 相；直流母线正极在左,负极在右。

2. 矩形母线的螺栓连接的钻孔直径和搭接长度应符合表2.1.3的规定,且钻孔光滑无毛刺。

母线螺栓搭接尺寸要求　　　　　　　　　表2.1.3

| 搭接形式 | 类别 | 序号 | 连接尺寸(mm) | | | 钻孔要求 | | 螺栓规格 |
|---|---|---|---|---|---|---|---|---|
| | | | $b_1$ | $b_2$ | $a$ | $\phi$(mm) | 个数 | |
| 直线连接 | | 1 | 125 | 125 | $b_1$ 或 $b_2$ | 21 | 4 | M20 |
| | | 2 | 100 | 100 | $b_1$ 或 $b_2$ | 17 | 4 | M16 |
| | | 3 | 80 | 80 | $b_1$ 或 $b_2$ | 13 | 4 | M12 |
| | | 4 | 63 | 63 | $b_1$ 或 $b_2$ | 11 | 4 | M10 |
| | | 5 | 50 | 50 | $b_1$ 或 $b_2$ | 9 | 4 | M8 |
| | | 6 | 45 | 45 | $b_1$ 或 $b_2$ | 9 | 4 | M8 |

续表

| 搭接形式 | 类别 | 序号 | 连接尺寸(mm) | | | 钻孔要求 | | 螺栓规格 |
|---|---|---|---|---|---|---|---|---|
| | | | $b_1$ | $b_2$ | $a$ | $\phi$(mm) | 个数 | |
| | 直线连接 | 7 | 40 | 40 | 80 | 13 | 2 | M12 |
| | | 8 | 31.5 | 31.5 | 63 | 11 | 2 | M10 |
| | | 9 | 25 | 25 | 50 | 9 | 2 | M8 |
| | 垂直连接 | 10 | 125 | 125 | — | 21 | 4 | M20 |
| | | 11 | 125 | 100~80 | — | 17 | 4 | M16 |
| | | 12 | 125 | 63 | — | 13 | 4 | M12 |
| | | 13 | 100 | 100~80 | — | 17 | 4 | M16 |
| | | 14 | 80 | 80~63 | — | 13 | 4 | M12 |
| | | 15 | 63 | 63~50 | — | 11 | 4 | M10 |
| | | 16 | 50 | 50 | — | 9 | 4 | M8 |
| | | 17 | 45 | 45 | — | 9 | 4 | M8 |
| | 垂直连接 | 18 | 125 | 50~40 | — | 17 | 2 | M16 |
| | | 19 | 100 | 63~40 | — | 17 | 2 | M16 |
| | | 20 | 80 | 63~40 | — | 15 | 2 | M14 |
| | | 21 | 63 | 50~40 | — | 13 | 2 | M12 |
| | | 22 | 50 | 45~40 | — | 11 | 2 | M10 |
| | | 23 | 63 | 31.5~25 | — | 11 | 2 | M10 |
| | | 24 | 50 | 31.5~25 | — | 9 | 2 | M8 |
| | 垂直连接 | 25 | 125 | 31.5~25 | 60 | 11 | 2 | M10 |
| | | 26 | 100 | 31.5~25 | 50 | 9 | 2 | M8 |
| | | 27 | 80 | 31.5~25 | 50 | 9 | 2 | M8 |
| | 垂直连接 | 28 | 40 | 40~31.5 | — | 13 | 1 | M12 |
| | | 29 | 40 | 25 | — | 11 | 1 | M10 |
| | | 30 | 31.5 | 31.5~25 | — | 11 | 1 | M10 |
| | | 31 | 25 | 22 | — | 9 | 1 | M8 |

47

3．母线与母线、母线与电器接线端子搭接，搭接面的处理符合下列要求：

（1）铜与铜：室外、高温且潮湿的室内，搭接面搪锡，干燥的室内，不搪锡；

（2）铝与铝：搭接面不做涂层处理；

（3）钢与钢：搭接面搪锡或镀锌；

（4）铜与铝：在干燥的室内，铜导体搭接面搪锡；在潮湿的场所，铜导体搭接面搪锡，且采用铜铝过渡板与铝导体连接；

（5）钢与铜或铝：钢搭接面搪锡。

4．母线的色标或涂色：L1 相应用黄色，L2 相应用绿色，L3 相应用红色，中性线（N 线）应用蓝色，保护地线（PE 线）应用黄绿相间双色。

（二）成套配电柜、屏、台、箱、盘内的二次线

1．电流回路采用额定电压不低于 750V、芯线截面不小于 2.5mm² 的铜芯绝缘电线或电缆；

2．除电子元件回路或类似回路外，其他回路的电线应采用额定电压不低于 750V、芯线截面不小于 1.5mm² 的铜芯绝缘电线或电缆；

3．导线连接紧密，不伤芯线，不断股；插接式接线端子，不同截面的两根导线不得接在同一端子上；对于螺栓连接端子，当接两根导线时，中间应加平垫片；导线端部剥切长度为插接端子的 1/2，不应将导线绝缘层插入，以免造成接触不良，也不应插入过少，以致掉落，每个接线端子的一端，接线不得超过 2 根；

4．二次回路连线应成束绑扎，接线正确、整齐美观，连接牢固；不同电压等级、交流、直流线路及计算机控制线路应分别绑扎且有标识；固定后不应妨碍手车开关或抽出式部件的拉出或推入。

（三）成套配电柜、屏、台、箱、盘内的引进、引出电缆及电线：

1．电缆、电线的芯线与器具的端子、端子排的连接紧密，不伤芯线，不断股，并符合第六节的相关要求；

2．电缆、电线的芯线连接的端子严禁使用开口式端子；

3．每个设备、器具或端子排的垫圈下螺丝两侧压的导线截面积相同，同一端子上导线连接不多于 2 根，防松垫圈等零件齐全；

4．铠装电缆在进入柜、箱后，电缆头的钢带采用铜绞线或镀锡铜编织线接地，截面积不应小于表 2.1.4 的规定；

**电缆芯线和接地线面积（mm²）** 表 2.1.4

| 电缆芯线截面积 | 接地线截面积 |
|---|---|
| 120 及以下 | 16 |
| 150 及以上 | 25 |

注：电缆芯线截面积在 16mm² 及以下，接地线截面与电缆芯线截面积相等。

5．成套配电柜、屏、台、箱、盘内的电缆、电线排列整齐，编号清晰，避免交叉，并固定牢固，不得使所接端子排受到机械应力；

6. 强、弱电回路不应使用同一根电缆,并应分别成束分开排列。

**十、照明配电箱安装还应符合下列要求**

1. 照明配电箱安装位置正确,部件齐全,安装在安全、干燥、易操作的场所。

2. 照明配电箱安装时,如无设计要求,暗装底边距地高度不小于1.5m,明装照明配电板底边距高度地不小于1.8m。并列安装的配电箱、盘距地高度一致,垂直度允许偏差为1.5‰;暗装配电箱箱盖紧贴墙面,箱(盘)涂层完整。

3. 照明配电箱(板)不采用可燃材料制作,在干燥无尘场所采用的木制配电箱(板)应阻燃处理。

4. 箱(盘)内开关动作灵活可靠,带有漏电保护的回路,漏电保护装置动作电流不大于30mA,动作时间不大于0.1s。

5. 照明箱(盘)内,分别设置中性线(N线)和保护地线(PE线)汇流排,N线和PE线经汇流排配出;箱(盘)内接线整齐,回路编号齐全,标识正确。

**十一、成套配电柜、屏、台、箱、盘及动力柜交接试验**

(一) 低压成套配电柜、屏、台、箱、盘及动力柜交接试验

低压成套配电柜的交接试验分为柜、屏、台、箱、盘间线路和电气装置(低压电器)两个单元,线路仅测量绝缘电阻,电气装置既要测量绝缘电阻又要做交流工频耐压试验。测量和试验的目的,是对出厂试验的复核,以使通电前对供电的安全性和可靠性作出判断。

1. 柜、屏、台、箱、盘线路的线间和线对地的绝缘电阻和交流工频耐压试验:

(1) 每路配电开关及保护装置的型号、规格符合设计要求;

(2) 相间和相对地间的绝缘电阻值应大于0.5MΩ;

(3) 电气装置的交流工频耐压试验电压为1kV,当绝缘电阻值大于10MΩ时,可采用2500V兆欧表摇测替代,试验持续时间1min,无击穿闪络现象。

2. 柜、屏、台、箱、盘二次回路绝缘电阻和交流工频耐压试验:

(1) 柜、屏、台、箱、盘间二次回路的每一支路绝缘电阻必须大于1MΩ;

(2) 柜、屏、台、箱、盘间二次回路交流工频耐压试验,当绝缘电阻值大于10MΩ时,用2500V兆欧表摇测1min,应无闪络击穿现象;当绝缘电阻值在1~10MΩ时,做1000V交流工频耐压试验,时间1min,应无闪络击穿现象;

(3) 回路中的电子元器件设备,试验时应将插件拔出或将其两端短路。

(二) 漏电保护器模拟漏电测试:

漏电保护装置,也称残余电流保护装置,是当电气设备发生电气故障形成电气设备可接近裸露导体带电时,为避免造成点击伤害人或动物而迅速切断电源的保护装置。另外接地电弧短路是常见多发的电气火灾起因,但电弧短路的电流小,一般的断路器和熔断器不能或不能及时切断电源,而具有漏电保护功能的断路器能及时切断电源,防止电气火灾的发生。

1. 动力和照明工程的漏电保护装置均应做模拟动作试验;

2. 使用专用的模拟漏电测试仪表进行测试。核对仪表的型号、规格、模拟试验电流是否与漏电保护器规格相符合;

3. 漏电保护装置的动作电流和动作时间符合下列要求:

(1) 带有漏电保护(触电)的回路,漏电保护装置动作电流不大于 30mA,动作时间不大于 0.1s。

(2) 带有防火漏电保护的回路,漏电保护装置动作电流和动作时间必须符合设计文件要求。

(三) 10kV 高压成套配电柜交接试验

10kV 高压变配电的电气设备和布线系统及继电保护系统,在建筑电气工程中,是电网电力供应的高压终端,在投入运行前必须做交接试验,试验标准统一按现行国家标准《电气装置安装工程电气设备交接试验标准》GB 50150 执行。

10kV 高压变配电的电气设备和布线系统及继电保护系统的交接试验应由相应资质的检测单位进行,并提供相应的检测及调整试验报告。

1. 试验包括以下内容:
(1) 10kV 电力电缆试验报告;
(2) 高压母线交流工频耐压试验;
(3) 避雷器试验报告;
(4) 高压绝缘子(瓷瓶)试验报告;
(5) 电压互感器试验报告;
(6) 电流互感器试验报告;
(7) 高压开关(真空断路器)试验报告等。

2. 调整内容:
(1) 过流继电器调整报告;
(2) 时间断电器调整报告;
(3) 信号继电器调整报告;
(4) 机械联锁调整报告。

3. 二次回路系统模拟试验报告。

# 第二节  封闭式插接母线安装

## 一、封闭式插接母线质量要求

1. 封闭式插接母线型号及规格必须符合设计要求。

2. 封闭插接母线有 CCC 认证、出厂合格证,安装技术文件。技术文件应包括额定电压、额定容量、试验报告等技术数据。

3. 外观检查:防潮密封良好,各段编号标志清晰,附件齐全,外壳不变形,母线螺栓搭接面平整、镀层覆盖完整、无起皮和麻面;插接母线上的静触头无缺损、表面光滑、镀层完整。

4. 每节封闭式母线的绝缘电阻不低于 20MΩ。

## 二、封闭式插接母线安装

1. 弹簧支承器安装

(1) 封闭式母线垂直安装时,弹簧支承器应符合设计规定,当设计无规定时,每层楼安装一副；

(2) 当封闭式母线沿墙垂直安装时，弹簧支承器应安装在封闭式母线的两侧；

(3) 当弹簧支承器的槽钢底座采用膨胀螺栓固定在楼板上时，每根底座的固定点不应少于2点。

2．支架的安装

(1) 封闭母线水平敷设时，直线段支架间距不应大于2m，且每一单元母线不应少于2个支架。母线的拐弯处、与箱（盘）连接处以及末端悬空时必须加支架，支架和吊架必须安装牢固。

(2) 垂直敷设时，在母线的分接口处设置防晃支架，且支架距离不大于3m。

(3) 支架与母线之间采取压紧连接。

3．封闭式插接母线安装

(1) 母线与外壳同心，允许偏差为±5mm；

(2) 当段与段连接时，两相邻段母线及外壳对准，连接后不使母线及外壳受额外应力；

(3) 封闭式母线的连接不应在穿过楼板或墙壁处进行；

(4) 封闭式母线在穿越的建筑物的沉降缝或伸缩缝处，配置母线的软连接单元；

(5) 封闭式母线在穿过防火墙及防火楼板时，应采取防火隔离措施。

4．封闭式插接母线的接地

(1) 封闭插接母线外壳、支架应按设计选定的保护系统进行接地（PE）或接零（PEN）可靠，且不应作为接地（PE）或接零（PEN）的接续导体。

(2) 每段母线间应用不小于16mm$^2$的编织软铜带跨接，使母线外壳相互连成一体，跨接线连接应牢固，防止松动，严禁焊接。

(3) 封闭式母线连接用的穿芯螺栓有可靠的接地措施。

## 第三节　电缆桥架安装和桥架内电缆敷设

**一、电缆桥架、电缆质量要求**

（一）电缆桥架质量要求

1．电缆桥架型号及规格必须符合设计要求。

2．桥架外观检查：附件齐全，表面光滑、不变形；钢制桥架涂层完整，无锈蚀；玻璃钢制桥架色泽均匀，无破损碎裂；铝合金桥架涂层完整，无扭曲变形，不压扁，表面不划伤。

（二）电缆质量要求

1．电缆型号及规格必须符合设计要求。

2．电缆有合格证，"CCC"认证标志和认证证书复印件及出厂试验报告，并在认证有效期内。

3．外观检查：包装完好，抽检的电缆绝缘层完整无损，厚度均匀。电缆无压扁、扭曲，铠装不松卷。耐热、阻燃的电线、电缆外护层有明显标识和制造厂标。线缆上标示清楚、齐全。

## 二、电缆桥架安装

1. 支、吊架安装

(1) 支架与吊架安装牢固,确保横平竖直,在有坡度的建筑物上安装支架、吊架与建筑物有相同坡度;沿电缆桥架水平走向的支吊架左右偏差应不大于10mm,其高低偏差不大于5mm。

(2) 固定支点间距一般不应大于1.5~2m。在进出接线盒、箱、柜、转角、转弯和变形缝两端及丁字接头的三端500mm以内应设固定支持点。

2. 电缆桥架水平敷设时距离地面的高度一般不低于2.5m,垂直敷设时距地1.8m以下部分应加金属盖保护,但敷设在电气专用房间内时除外。

3. 电缆桥架在电缆沟内安装,使用托臂固定在异形钢单立柱上,支持电缆桥架。

4. 直线段钢制电缆桥架长度超过30m、铝合金或玻璃钢制桥架长度超过15m时,应设伸缩节;电缆桥架跨越建筑物变形缝处设置补偿装置。

5. 电缆桥架安装牢固,横平竖直;电缆桥架转弯处的弯曲半径,不小于桥架内电缆最小允许弯曲半径,电缆最小允许弯曲半径见表2.3.1。

电缆最小允许弯曲半径　　　　　　　　　　　　　　表2.3.1

| 序号 | 电缆种类 | 最小允许弯曲半径 |
|---|---|---|
| 1 | 无铅包钢铠护套的橡皮绝缘电力电缆 | 10$D$ |
| 2 | 有钢铠护套的橡皮绝缘电力电缆 | 20$D$ |
| 3 | 聚氯乙烯绝缘电力电缆 | 10$D$ |
| 4 | 交联聚氯乙烯绝缘电力电缆 | 15$D$ |
| 5 | 多芯控制电缆 | 10$D$ |

注:$D$为电缆外径。

6. 当设计无规定时,电缆桥架层间距离、电缆桥架最上层至楼板或沟顶及最下层至地面或沟底距离不宜小于表2.3.2的数值。

电缆桥架层间最上层或最下层至楼板或沟顶及地面或沟底距离　　表2.3.2

| 电缆桥架 | | 最小距离(mm) |
|---|---|---|
| 电缆桥架层间距离 | 控制电缆 | 200 |
| | 10kV及以下电力电缆(除交联聚乙烯绝缘电缆) | 250 |
| | 6~10kV交联聚氯乙烯绝缘电缆 | 300 |
| 最上层电缆桥架至楼板或沟顶 | | 300~450 |
| 最下层电缆桥架至地面或沟底 | | 100~150 |

7. 电缆桥架与管道之间的最小距离应满足表2.3.3要求。

电缆桥架与管道之间的最小距离　　　　　　表2.3.3

| 管 道 类 别 | 平行净距(mm) | 交叉净距(mm) |
|---|---|---|
| 一般工艺管道 | 400 | 300 |
| 腐蚀及易燃气体管道 | 500 | 500 |
| 热力管道:有保温层时 | 500 | 300 |
| 热力管道:无保温层时 | 1000 | 500 |

8．敷设在电气竖井、吊顶、走廊、夹层及设备层的桥架,在穿越不同的防火分区处应按设计要求位置,有防火隔堵措施。当设计未注明时,应必须符合下列规定:

（1）桥架在穿越防火分区处,应采用不低于楼板或隔墙耐火极限的不燃烧体或防火封堵材料封堵;

（2）电气竖井内,应在桥架穿越每层楼板处采用不低于楼板耐火极限的不燃烧体或防火封堵材料封堵;

（3）电气竖井内,应在桥架与房间、走道等相连通的孔洞应采用防火封堵材料封堵。

9．由桥架引出的配管应使用钢管,当桥架需要开孔时,应用开孔机开孔,开孔处应切口整齐,管孔径吻合,严禁用气、电焊割孔。钢管与桥架连接时,应使用管接头固定。

10．金属桥架保护地线安装:

（1）金属电缆桥架及其支架首端和末端均应与接地(PE)或接零(PEN)干线相连接。

（2）非镀锌电缆桥架间连接板的两端跨接铜芯接地线,接地线最小允许截面积不小于4mm$^2$。

（3）镀锌电缆桥架间连接板的两端不跨接接地线,但连接板两端不少于2个有防松螺帽或防松垫圈的连接固定螺栓。

### 三、桥架内电缆敷设

1．不同电压、不同用途的电缆不宜敷设在同一层电缆桥架内:

（1）1kV以上和1kV以下的电缆;

（2）同一路径向一级负荷供电的双回路电缆;

（3）应急照明和其他照明的电缆;

（4）电力、控制、电信电缆;

（5）若不同等级的电缆敷设在同一电缆桥架时,中间应增加隔板隔离。

2．电缆在梯架、托盘内的填充率,电力电缆一般为40%～50%,控制电缆一般为50%～70%,且预留10%～25%的发展余量。

3．桥架内电缆水平敷设:

（1）电缆沿桥架敷设,必须单层敷设,排列整齐,不得交叉,拐弯处应以最大截面电缆允许弯曲半径为准,见表2.2.1。

（2）不同等级电压的电缆应分层敷设,高电压电缆敷设在上层。同等级电压的电缆沿支架敷设时,水平净距不小于35mm。

(3) 电缆敷设排列整齐,电缆首尾两端、转弯两侧及每隔5~10m处设固定点。
4. 垂直敷设:
(1) 电缆在超过45°倾斜敷设或垂直敷设时,每隔2m处设固定点;
(2) 敷设于垂直桥架内的电缆固定点距,不大于表2.3.4的规定;

电缆固定点的间距　　　　　　　表2.3.4

| 电缆种类 | | 固定点的间距 |
|---|---|---|
| 电力电缆 | 全塑型 | 1000 |
| | 除全塑型外的电缆 | 1500 |
| 控制电缆 | | 1000 |

(3) 交流单芯电缆或分相后的每相电缆固定用的夹具和支架,不形成闭合铁磁回路。
5. 电缆标志牌:
(1) 电缆桥架内的电缆应在首端、尾端、转弯及每隔50m处设标记牌;
(2) 标志牌上应注明电缆编号,起、止点、型号、规格及电压等级,且字迹应清晰不易褪色;
(3) 标志牌规格应一致,并有防腐性能,挂装应牢固。

## 第四节　电缆沟内和电缆竖井内的电缆敷设

### 一、电缆桥架、电缆质量要求
1. 电缆质量要求:
(1) 电缆型号及规格必须符合设计要求。
(2) 电缆有合格证,"CCC"认证标志和认证证书复印件及出厂试验报告,并在认证有效期内。
(3) 外观检查:包装完好,抽检的电缆绝缘层完整无损,厚度均匀。电缆无压扁、扭曲,铠装不松卷。耐热、阻燃的电线、电缆外护层有明显标识和制造厂标。线缆上标示清楚、齐全。
2. 各种金属型钢不应有明显锈蚀,管内无毛刺。所有紧固螺栓,均应采用镀锌件。

### 二、电缆沟内和电缆竖井内的电缆支架安装
1. 室内电缆沟宽度、通道宽度和支架层间垂直距离不应小于表2.4.1所列数值;

室内电缆沟宽度、通道宽度和支架层间垂直距离(m)　　　　　　　表2.4.1

| 电缆沟深度 | 电缆沟宽 | | 通道宽度 | | 支架层间垂直距离 | |
|---|---|---|---|---|---|---|
| | 一侧设支架 | 两侧设支架 | 一侧设支架 | 两侧设支架 | 电力电缆 | 控制电缆 |
| 0.6m以下 | 0.6 | 1.0 | 0.4或0.3 | 0.6或0.5 | 0.15~0.2 | 0.12 |
| 0.6m以上 | 0.8 | 1.2 | 0.6或0.5 | 0.6或0.5 | | |

2. 电缆支架间或固定点的距离应符合设计要求。当设计无要求时,不应大于表2.4.3 所列的数值;

3. 当设计无要求时,电缆支架最上层至竖井顶部或楼板的距离不小于 150~200mm;电缆支架最下层至沟底或地面的距离不小于 50~100mm;

4. 支架与预埋件焊接固定时,焊缝饱满;用膨胀螺栓固定时,选用螺栓适配,连接紧固,防松零件齐全;支架安装平直,牢固,必须做防腐处理;

5. 每个金属电缆支架及电缆导管必须接地(PE)可靠,即全长焊接钢筋(不小于 $\phi 10$)接地线。

### 三、电缆敷设

1. 电缆敷设严禁有绞拧、铠装压扁、护层断裂和表面严重划伤等缺陷。
2. 电缆在支架上敷设,转弯处的最小允许弯曲半径应符合本规范表2.4.2 的规定。

电缆最小允许弯曲半径　　　　　　　　表2.4.2

| 序号 | 电缆种类 | 最小允许弯曲半径 |
|---|---|---|
| 1 | 无铅包钢铠护套的橡皮绝缘电力电缆 | 10D |
| 2 | 有钢铠护套的橡皮绝缘电力电缆 | 20D |
| 3 | 聚氯乙烯绝缘电力电缆 | 10D |
| 4 | 交联聚氯乙烯绝缘电力电缆 | 15D |
| 5 | 多芯控制电缆 | 10D |

注:D 为电缆半径。

3. 当设计无要求时,电缆与管道的最小净距,符合本规范表2.4.3 的规定,且敷设在易燃易爆气体管道和热力管道的下方。

电缆与管道的最小净距(m)　　　　　　　　表2.4.3

| 管道类别 | | 平等净距 | 交叉净距 |
|---|---|---|---|
| 一般工艺管道 | | 0.4 | 0.3 |
| 易燃易爆气体管道 | | 0.5 | 0.5 |
| 热力管道 | 有保温层 | 0.5 | 0.3 |
| | 无保温层 | 1.0 | 0.5 |

4. 电力电缆和控制电缆应分开排列;当电力电缆与控制电缆敷设在同一侧支架上时,应将控制电缆放在电力电缆下面,1kV 及以下电力电缆应放在 1kV 以上电缆的下面。

5. 电缆敷设固定应符合下列规定:

(1) 垂直敷设或大于 45°倾斜敷设的电缆在每个支架上固定;

(2) 交流单芯电缆或分相后的每相电缆固定用的夹具和支架,不形成闭合铁磁回路;

(3)电缆排列整齐,少交叉;当设计无要求时,电缆支持点间距,不大于表2.4.4的规定;

电缆支持点间距(mm)    表2.4.4

| 电缆种类 | | 敷设方式 | |
|---|---|---|---|
| | | 水 平 | 垂 直 |
| 电力电缆 | 全塑型 | 400 | 1000 |
| | 除全塑型外的电缆 | 800 | 1500 |
| 控制电缆 | | 800 | 1000 |

(4)电缆与支架之间应用衬垫橡胶垫隔开,以保护电缆。

6. 建筑物内电缆沟和电缆竖井,应按设计要求位置,有防火隔堵措施。当设计未注明时,应必须符合下列规定:

(1)电缆沟应在穿越防火分区隔墙处,采用不低于楼板耐火极限的不燃烧体或防火封堵材料封堵;

(2)电缆竖井应在每层楼板处,采用不低于楼板耐火极限的不燃烧体或防火封堵材料封堵;

(3)电缆竖井与房间、走道等相连通的孔洞应采用防火封堵材料封堵。

7. 电缆标志牌:

(1)电缆桥架内的电缆应在首端、尾端、转弯及每隔50m处设标记牌;

(2)标志牌上应注明电缆编号,起、止点,型号、规格及电压等级,且字迹应清晰不易褪色;

(3)标志牌规格应一致,并有防腐性能,挂装应牢固。

## 第五节 导管和线槽安装

### 一、电线导管分类和质量要求

(一)电线导管分类

电气保护管的管材一般有以下几种:厚壁钢管、薄壁钢管、塑料管和可挠管。

1. 厚壁钢管一般有低压流体输送用焊接钢管、镀锌低压流体输送用焊接钢管;

2. 薄壁钢管一般有电线管、套接紧定式(JDG型)薄壁钢导管、套接扣压式(KBG)薄壁钢导管;

3. 塑料绝缘导管一般有PVC硬塑料管和半硬塑料管;

4. 可挠导管一般有可挠塑料管(又称塑料波纹管)、可挠金属电线保护管。

(二)电线导管质量要求

所用电线导管、线槽及附材型号、规格符合设计图纸要求,材料要求如下:

1. 金属导管

(1) 焊接钢管、镀锌钢管具备有效的产品合格证,材质证明书,并符合国家或部颁的技术标准。常用金属导管(GB/T 14823.1—1993)(分为不可形成螺纹导管见表2.5.1、可形成螺纹导管见表2.5.2)、低压流体输送用焊接钢管(GB/T 3091—2001)见表2.5.3、套接紧定式(JDG 型)钢导管见表2.5.4 和套接扣压式(KBG 型)钢导管见表2.5.5。

**不可形成螺纹导管** 表2.5.1

| 外　径(mm) | | 壁　厚　(mm) |
|---|---|---|
| 尺　寸 | 偏　差 | |
| 10 | 0, -0.3 | 1.0±0.1 |
| 20 | 0, -0.3 | 1.0±0.1 |
| 25 | 0, -0.4 | 1.2±0.12 |
| 32 | 0, -0.4 | 1.2±0.12 |
| 40 | 0, -0.4 | 1.2±0.12 |
| 50 | 0, -0.5 | 1.2±0.12 |
| 63 | 0, -0.6 | 1.2±0.12 |

**可形成螺纹导管** 表2.5.2

| 外　径(mm) | | 壁　厚(mm) | 螺纹长度(mm) | 螺纹尾部(mm) |
|---|---|---|---|---|
| 尺　寸 | 偏　差 | | | |
| 16 | 0, -0.3 | 1.5±0.15 | 13±1 | 3 |
| 20 | 0, -0.3 | 1.6±0.15 | 13±1 | 3 |
| 25 | 0, -0.4 | 1.6±0.15 | 13±1 | 3 |
| 32 | 0, -0.4 | 1.6±0.15 | 15±1 | 3 |
| 40 | 0, -0.4 | 1.6±0.15 | 19±1 | 3 |
| 50 | 0, -0.5 | 1.9±0.18 | 19±1 | 3 |
| 63 | 0, -0.6 | 1.9±0.18 | 25±1 | 3 |

**低压流体输送用焊接钢管** 表2.5.3

| 公称口径(mm) | 外径(mm) | | 普通钢管 | | | 加厚钢管 | | |
|---|---|---|---|---|---|---|---|---|
| | 公称尺寸 | 允差 | 壁　厚 | | 理论重量 | 壁　厚 | | 理论重量 |
| | | | 公称尺寸 | 允差(%) | | 公称尺寸 | 允差(%) | |
| 15 | 21.3 | ±0.40 | 2.8 | ±12.5 | 1.28 | 3.5 | ±12.5 | 1.54 |

续表

| 公称口径 (mm) | 外 径(mm) | | 普通钢管 | | | 加厚钢管 | | |
|---|---|---|---|---|---|---|---|---|
| | 公称尺寸 | 允差 | 壁 厚 | | 理论重量 | 壁 厚 | | 理论重量 |
| | | | 公称尺寸 | 允差(%) | | 公称尺寸 | 允差(%) | |
| 20 | 26.9 | ±0.40 | 2.8 | ±12.5 | 1.66 | 3.5 | ±12.5 | 2.02 |
| 25 | 33.7 | ±0.40 | 3.2 | | 2.41 | 4.0 | | 2.93 |
| 32 | 42.4 | ±0.40 | 3.2 | | 3.36 | 4.0 | | 3.79 |
| 40 | 48.3 | ±0.40 | 3.5 | | 3.87 | 4.5 | | 4.86 |
| 50 | 60.3 | ±0.50 | 3.5 | | 5.29 | 4.5 | | 6.19 |
| 65 | 76.1 | ±0.50 | 3.8 | | 7.11 | 4.5 | | 7.95 |
| 80 | 88.9 | ±0.50 | 4.0 | | 8.38 | 5.0 | | 10.35 |
| 100 | 114.3 | ±0.50 | 4.0 | | 10.88 | 5.0 | | 13.48 |
| 125 | 139.7 | ±0.50 | 4.0 | | 13.39 | 5.5 | | 18.20 |
| 150 | 168.3 | ±0.50 | 4.5 | | 18.18 | 6.0 | | 24.02 |

套接紧定式(JDG型)钢导管　　　　　表 2.5.4

| 规 格 | 外 径 $D$ | 外径公差 | 壁厚 $S$ |
|---|---|---|---|
| JDG-LY-16 | 16 | -0.3 | 1.2±0.1 |
| JDG-LY-20 | 20 | -0.3 | 1.2±0.1 |
| JDG-LY-25 | 25 | -0.4 | 1.2±0.1 |
| JDG-LY-32 | 32 | -0.4 | 1.2±0.1 |
| JDG-LYT-16 | 16 | -0.3 | 1.6±0.15 |
| JDG-LYT-20 | 20 | -0.3 | 1.6±0.15 |
| JDG-LYT-25 | 25 | -0.3 | 1.6±0.15 |
| JDG-LYT-32 | 32 | -0.4 | 1.6±0.15 |
| JDG-LYT-40 | 40 | -0.4 | 1.6±0.15 |

套接扣压式(KBG)导管　　　　　表 2.5.5

| 规 格 | 外径 $D$ | 外径公差 | 壁厚 $S$ | 壁厚公差 |
|---|---|---|---|---|
| φ16 | 16 | 0, -0.30 | 1.0 | ±0.08 |

续表

| 规　格 | 外径 $D$ | 外径公差 | 壁厚 $S$ | 壁厚公差 |
|---|---|---|---|---|
| $\phi 20$ | 20 | 0，-0.30 | 1.0 | ±0.08 |
| $\phi 25$ | 25 | 0，-0.40 | 1.2 | ±0.10 |
| $\phi 32$ | 32 | 0，-0.40 | 1.2 | ±0.10 |
| $\phi 40$ | 40 | 0，-0.40 | 1.2 | ±0.10 |

（2）外观检查：管材外观无严重锈蚀、折扁、裂缝；内壁光滑管内应无铁屑及毛刺等缺陷；管壁厚薄均匀油漆完整；镀锌管镀层均匀、光滑、锌层无严重脱落现象。

（3）灯头盒、接线盒、开关盒、插座盒、通丝管箍、根母、护口、管卡、圆钢、扁钢、角钢、防锈漆等附材具有合格证，螺栓、螺母、垫圈为镀锌件，镀锌层完整无缺。

2．绝缘导管

（1）聚氯乙烯（PVC）硬塑料管、半硬塑料管产品上注明注册商标、厂家名称、型号（如GY·425－16）、执行的标准，有阻燃标记，并应有检验报告单和产品出厂合格证。

（2）外观检查：管子内、外壁应光滑，无凸棱、凹陷、针孔及气泡，内外径的尺寸应符合国家或部颁标准，管壁厚度应均匀一致。对导管阻燃性能有异议时，可按批抽样送有资质的试验室检测。

（3）所用灯头盒、开关盒、接线盒、插座盒必须使用配套的阻燃制品，并有"CCC"认证标志和认证证书复印件及出厂试验报告，并在认证有效期内，其外观应整齐，预留孔齐全，无劈裂等损坏现象。

3．线槽

（1）线槽具备有效的产品合格证或检验报告；

（2）外观检查：线槽内外无棱刺、无扭曲、翘边等变形现象；保护层完整、无剥落及锈蚀现象。

二、导管、线槽使用场所

1．薄壁金属导管通常用于室内干燥场所吊顶、夹板墙内敷设，也可暗敷于墙体及混凝土内。

2．厚壁金属导管用于室外、室内场所明敷设和在机械载重场所进行暗敷设，也可经防腐处理后直接埋入土层中。镀锌金属导管通常使用在室外和防爆场所（厚壁无缝管），也可在腐蚀性的土层中暗敷设。

3．金属软管敷设在不易受机械损伤的干燥场所，且不应直埋于地下或混凝土中。在潮湿等特殊场所使用金属软管时，应采用带有非金属护套且附配套连接器件的防液型金属软管，其护套应为阻燃材料。

4．绝缘导管适用于室内有酸、碱等腐蚀性介质的场所的明敷设，也可敷设于混凝土内。明配的绝缘导管在穿过楼板等易机械损伤的地方，应有钢管保护；埋于地面内的绝缘导管，露出地面易受机械损伤部位，也应用钢管保护；绝缘导管不准用在高温、高热的场所

(如锅炉房)，也不应在易损伤的场所敷设。

5. 线槽安装应便于集中敷线，其适用场所金属线槽同金属导管，绝缘线槽同绝缘导管，且应符合设计要求。

6. 在建筑物的顶棚内，必须采用金属导管、金属线槽布线。

### 三、电线、电缆导管敷设

(一) 电线、电缆导管一般要求

1. 暗配管敷设要沿最近线路敷设，尽量减少弯曲，埋地管路不直穿过设备基础，如要穿过建筑物基础时，应加保护管保护；埋入墙或混凝土内的导管，与表面的净距不应小于15mm；暗配管管口出地坪不应低于200mm；导管应尽量减少交叉，如交叉时，大口径管应放在小口径管下面，成排暗配管间距隙应大于或等于25mm；进入落地式配电箱的管路排列应整齐，管口应高出基础面不小于50~80mm。

2. 导管暗敷在钢筋混凝土内，应沿钢筋敷设，并用铅丝与钢筋固定，间距不大于2m；敷设在钢筋网上的绝缘导管，宜绑扎在钢筋网上，固定间距不大于0.5m；在砖墙内剔槽敷设的导管，埋设深度与建筑物、构筑物表面的距离不应小于15mm。

3. 导管敷设的弯曲处不应有褶皱、凹陷等缺陷，弯扁不应大于管外径的10%。

4. 明配管弯曲半径一般不小于管外径的6倍；如只有1个弯时，则可不小于外径的4倍；暗配管弯曲半径一般不小于外径的6倍；埋设于地下或混凝土楼板内时，则不应小于管外径的10倍；电缆导管的弯曲半径不应小于电缆最小允许弯曲半径。镀锌钢管不准用热煨弯使锌层脱落。

5. 导管敷设较长或转弯较多时，为便于穿线中间应增设接线盒或拉线盒：

(1) 管路长度每超过30m，无弯曲时；

(2) 管路长度每超过20m，有1个弯曲时；

(3) 管路长度每超过15m，有2个弯曲时；

(4) 管路长度每超过8m，有3个弯曲时。

6. 导管与接线盒、开关盒、插座盒、配电箱连接，应将盒、箱上的"敲落孔"敲落后与之连接，备用的"敲落孔"一律不应敲落。在盒、箱上开孔，应采用机械方法，不准用气焊、电焊开孔。导管与盒、箱的连接应采用入盒接头和锁紧螺母连接，管口与其牢固密封。

7. 暗敷设的接线盒、开关盒、插座盒、配电箱埋设应端正，暗敷设的盒、箱一般先用水泥固定，并应采取有效防堵措施，防止水泥浸入。照明灯具开关盒边缘距门框边缘的距离0.15~0.2m，距地面高度1.3m；相同型号开关盒、插座盒在同一室内安装高度一致，并列安装相邻高差小于2mm；箱、盒内应清洁无杂物。

8. 明配的导管排列整齐，固定点间距均匀，安装牢固；在终端、弯头中点或柜、台、箱、盘等边缘的距离150~500mm范围内设有管卡，中间直线段管卡间的最大距离应符合表2.5.6的规定。

9. 导管与管道间的最小距离应符合见表2.5.7的规定。

10. 导管和线槽，在经过建筑物、构筑物沉降缝或伸缩缝处设补偿装置。

(二) 金属导管敷设尚应符合下列要求：

1. 金属导管严禁对口熔焊连接；镀锌和壁厚小于等于2mm的钢导管不得套管熔焊连接。

管卡间最大距离　　　　　　　　　　　　　　　表2.5.6

| 敷设方式 | 导管种类 | 导管直径（mm） | | | | |
|---|---|---|---|---|---|---|
| | | 10～20 | 25～32 | 32～40 | 50～60 | 65以上 |
| | | 管卡间最大距离（mm） | | | | |
| 支架或沿墙明敷 | 壁厚>2mm刚性钢导管 | 1.5 | 2.0 | 2.5 | 2.5 | 3.5 |
| | 壁厚≤2mm刚性钢导管 | 1.0 | 1.5 | 2.0 | — | — |
| | 刚性绝缘导管 | 1.0 | 1.5 | 1.5 | 2.0 | 2.0 |

导管与管道间的最小距离　　　　　　　　　　　表2.5.7

| 最小允许距离(mm) | 管道名称 | 蒸汽管 | 热水管 | 通风、给排水及压缩空气管 |
|---|---|---|---|---|
| 平　行 | 管道上 | 1000 | 300 | 100 |
| | 管道下 | 500 | 200 | |
| 交　叉 | | 300 | 100 | 50 |

2．厚壁管在2mm及2mm以上的镀锌金属导管应用套丝连接，直埋于土层内或暗配管采用套筒焊接连接时，焊口应焊接牢固、严密，套管长度为连接管外径的1.5～3倍，连接管对口应处在套管的中心。

3．非镀锌钢导管的内壁、外壁均应做防腐处理，若无特殊要求可樟丹一道，灰漆一道。当埋设于混凝土内时，钢管外壁可不做防腐处理；直埋于土层内的钢管外壁应涂两度沥青；采用镀锌钢管时锌层剥落处应涂防腐漆，设计有特殊要求时应按设计规定进行防腐处理。

4．金属导管切断应采用机械方法，不准用气焊、电焊切断，切断口平整，管口光滑无毛刺。

5．在吊顶内，金属导管不宜固定在轻钢龙骨上，而应用膨胀螺栓吊装固定。

6．套接紧定式(JDG)钢导管管径$DN≤25$时，连接套管每端的紧定螺钉不应少于1个；管径$DN≥32$时，连接套管每端的紧定螺钉不应少于2个。套接扣压式(KBG)薄壁钢导管管径$DN≤25$时，每端扣压点不应少于2处；管径$DN≥32$时，每端扣压点不应少于3处，连接扣压点深度不应小于1.0mm。管壁扣压形成的凹、凸点不应有毛刺。

7．套接紧定式(JDG型)钢导管、套接扣压式(KBG型)薄壁钢导管暗敷时，接口处缝隙，在紧定或扣压时，采取封堵措施，一般可采用导电胶（电力复合脂）封堵或采用胶带纸包缠严密。

8．金属导管必须接地(PE)或接零(PEN)可靠，导管与导管之间、线槽与导管之间的跨接线做法如下：

（1）镀锌钢管、金属软管不应熔焊连接，应采用专用接地夹，两点间连线为铜芯软导线,截面≥4mm²。

(2)非镀锌金属导管之间跨接接地,接地跨接线规格选择见表2.5.8,焊接圆钢接地跨接线时,应在圆钢两侧施焊。或在钢管上焊接螺丝,螺丝规格应不小于直径8mm,并用不小于4mm²铜芯导线跨接连接。

接地跨接线规格表　　　　表2.5.8

| 公称口径(mm) | | 跨接线(mm) | | 焊接螺栓规格 |
|---|---|---|---|---|
| 薄壁管 | 厚壁管 | 圆钢 | 焊接长度 | |
| ≤32 | ≤25 | φ6 | 36 | M6×20 |
| 40 | 32 | φ8 | 48 | M8×25 |
| 50 | 40~50 | φ10 | 60 | M8×25 |
| | ≥70 | | 60 | M10×32 |

(3)套接扣压式(KBG)薄壁钢管在连接处可不必采用专用接地线卡跨接接地线,但套接扣压处的扣压点数应符合规定,管径 $DN \leqslant 25$ 时,每端扣压点不应小于2处;管径 $DN \geqslant 32$ 时,每端扣压点不应少于3处。连接扣压点深度不应小于1.0mm,且管壁扣压形成的凹、凸点不应有毛刺。

(4)套接紧定式(JDG)薄壁钢管在连接处亦可不必采用专用接地线卡跨接接地线,但套接紧定式处的紧定螺钉数应符合规定,管径 $DN \leqslant 25$ 时,每端紧定螺钉不应少于1处;管径 $DN \geqslant 32$ 时,每端紧定螺钉不应少于2处;且螺钉的螺帽应旋致脱落。

(5)套丝连接的薄、厚壁管在管接头两端应跨接接地线。

(三)绝缘导管敷设尚应符合下列要求:

1. 绝缘导管采用套接法连接时,套管长度为连接管口内径的1.5~3倍,连接管的对口处应位于套管的中心。用胶粘剂粘接接口必须牢固、密封。

2. 敷设绝缘导管时的环境温度不应低于-15℃,并应采用配套塑料接线盒、灯头盒、开关盒等配件,绝缘导管与盒、箱间应采用入盒接头和锁紧螺母连接,管口与其牢固密封。

3. 绝缘导管在砖砌墙体上剔槽敷设时,采用强度等级不小于M10的水泥砂浆抹面保护,保护层厚度不应小于15mm。

(四)金属软导管敷设设尚应符合下列要求:

(1)刚性导管经金属软导管与电气设备、器具连接,金属软导管的长度在动力工程中不大于0.8m,在照明工程中不大于1.2m;

(2)金属软管不应退绞、松散、中间不应有接头;与设备器具连接时,应采用专用接头连接,连接处应密封可靠;防液型金属软管的连接处应密封良好;

(3)金属软管敷设的弯曲半径不应小于软管外径的6倍,固定点间距不应大于1m,管卡与终端、弯头中点的距离不大于300mm。

**四、线槽敷设**

1. 金属线槽必须接地(PE)或接零(PEN)可靠,线槽之间的跨接线螺丝规格应不小于直径 8mm,并用不小于 6mm² 铜芯导线跨接连接。

2. 金属线槽吊装支架间距,支线段一般为 1500~2000mm,在线槽始端、末端 200mm 处及线槽走向改变或转角处应加装支架。

3. 金属线槽安装牢固,保证外形平直,无扭曲变形,紧固件的螺母应在线槽外侧。

## 第六节  电线、电缆穿管和线槽敷线

### 一、电线、电缆质量要求

1. 电缆型号及规格必须符合设计要求。

2. 电线、电缆有合格证,"CCC"认证标志和认证证书复印件及出厂试验报告,并在认证有效期内。

3. 外观检查:包装完好,抽检的电缆绝缘层完整无损,厚度均匀。电缆无压扁、扭曲,铠装不松卷。耐热、阻燃的电线、电缆外护层有明显标识和制造厂标。线缆上标示清楚、齐全。

### 二、电缆穿管

1. 电缆的保护钢管或支架,应先焊好接地线,再敷设电缆。

2. 电缆穿管前绝缘测试应合格,才能穿入导管。

3. 穿入导管内的电缆不准有接头现象,接头要在器具或接线盒、箱内进行,线缆绝缘层不得破损。

4. 电缆进入建筑物、构筑物,穿过楼板及墙外应加保护管或加保护罩;从电缆沟边引至电杆、设备处的表面或屋内距地面高度 2m 以下的电缆应加保护管。保护管伸出建筑物散水坡的长度应不小于 250mm。

### 三、电线穿管

1. 管内穿线在建筑物抹灰、粉刷及地面工程结束后进行;穿线前将电线保护管内的积水及杂物清除干净。

2. 当采用多相供电时,同一建筑物、构筑物的电线绝缘层颜色选择应一致,导线绝缘层颜色,按标准黄、绿、红色分别为 L1(A)、L2(B)、L3(C)三相色标,淡蓝色线为零线(N线),黄绿相间为接地线(PE)线。

3. 管内导线总截面积(包括外护层)不应超过管截面积的 40%。

4. 同一交流回路的导线必须穿在同一根管内。

5. 不同回路、不同电压等级和交流与直流的电线,不应穿于同一导管内。

6. 在管内导线不得有接头,在导线出管口处,应加装护圈。

7. 敷设在垂直管路中的导线,当超过下列长度时,应在管口处或接线盒中加以固定:

(1) 导线截面为 50mm² 及其以下,长度超过 30m;

(2) 导线截面为 70~95mm²,长度超过 20m;

(3) 导线截面为 120~240mm²,长度超过 18m。

### 四、线槽敷线

1. 线槽敷线前将线槽内的积水及杂物清除干净。

2. 线槽导线的规格和数量按设计要求敷线,或包括绝缘层在内的导线总截面积不应大于线槽截面积的60%;在可拆卸盖板的线槽,内包括绝缘层在内的导线接头处所有导线截面积之和不应大于线槽截面积的75%。

3. 导线在线槽内不应有接头,导线的接头应置于线槽的接线盒内。

4. 同一回路的相线和中性线(N线),敷设于同一金属线槽内。在同一线槽内的不同供电回路或不同控制回路的导线,应每隔2m分别绑扎成束,并加回路编号,以便检修;沿墙垂直安装的线槽每隔1～1.2m用线卡将电线束固定于线槽或接线盒上,以免导线自重使接线端受力。

5. 同一电源的不同回路无抗干扰要求的线路可敷设于同一线槽内;敷设于同一线槽内有抗干扰要求的线路用隔板隔离,或采用屏蔽电线且屏蔽护套一端接地。

## 第七节 电缆头制作、接线和线路绝缘测试

### 一、材料质量要求

1. 电缆终端头型号、规格应符合电压等级,使用环境及设计要求。

2. 电缆终端头应由电缆附件厂家配套供应,其主要部件、附件齐全,表面无裂纹和气孔,随带的袋装涂料或填料不泄漏。并有使用说明书及合格证。

3. 电缆绝缘胶的型号和环氧树脂胶应是定型产品,必须符合电压等级和设计要求,有产品合格证,绝缘胶应有理化和电气性能的试验单。

4. 固定电缆头的金属紧固件均应用热镀锌件,并配齐相应的螺母、垫圈和弹簧垫。

5. 地线采用铜绞线或镀锡铜编织线,无断股现象。

### 二、电缆头制作

制作电缆头和电缆中间接头的电工按有关要求持证上岗。

1. 制作电缆终端头和接头前应检查电缆受潮及相位连接情况。

2. 所使用的绝缘材料应符合要求,辅助材料齐全,电缆头和中间接头制作过程须一次完成,不得受潮。

3. 铠装电力电缆头的接地线应采用铜绞线或镀锡铜编织线,接地线截面应不小于表2.7.1的规定。

电缆芯线和接地线面积($mm^2$)　　　表2.7.1

| 电缆芯线截面积 | 接地线截面积 |
| --- | --- |
| 120及以下 | 16 |
| 150及以上 | 25 |

注:电缆芯线截面积在16mm及以下,接地线截面与电缆芯线截面积相等。

4. 电缆剥切时不得伤及线芯的绝缘层。

5. 成套热塑电缆套管,套管内电缆胶涂层应均匀。

6. 控制电缆头制作时,其头套应与其外径相匹配,用绝缘带包扎时,包扎高度为30～

50mm。应使同一排的控制电缆头高度一致，一般电缆头位于最低一端子排接线板下 150～300mm 处。

7. 6～10kV 的动力电缆头应包绕成应力锥形状。锥高度对 100mm 的全塑电缆，应为锥的最大直径为电缆外径的 1.5 倍；一般动力电缆应力锥中间最大直径为芯线直径加上 16mm。在室外的防雨帽及电缆封装应严密。与设备连接的相序与极性标志应明显、正确；如与设备连接的相色不符时，用相色带包扎导线来改变相色。多根电缆并列敷设时，中间接头位置应错开，净距不小于 0.5m。

8. 电缆头固定应牢固，卡子尺寸应与固定的电缆相适配，单芯电缆、交流电缆不应使用磁性卡子固定，塑料护套电缆卡子固定时要加垫片，卡子固定后要进行防腐处理。

### 三、电线芯线连接

1. 割开电线绝缘层进行连接时，不损伤线芯；电线的接头在接线盒内连接，不同材料电线不准直接连接；分支线接头处，干线不应受到来自支线的横向拉力。

2. 导线的芯线连接按下列方法进行连接：

（1）截面为 10mm² 及以下的单股铜芯线和单股铝芯线可直接与设备、器具的端子连接；

（2）截面为 2.5mm² 及以下的多股铜芯线的线芯应先拧紧搪锡或压接端子后再与设备、器具的端子连接；

（3）多股铝芯线和截面大于 2.5mm² 的多股铜芯线的终端，应焊接或压接端子后再与设备、器具的端子连接；截面大于 2.5mm² 的多股铜芯线的终端与设备、器具自带插接式端子，应先拧紧搪锡后再与设备、器具的端子连接；

（4）多股铝芯线应采用铝接续端子或铝-铜过渡接续端子后再与电气设备端子连接；

（5）截面≤6mm² 导线的芯线与芯线连接，应先"缠绕"不少于 5 圈后再搪锡焊接或套管式压接（压线帽）的方法；

（6）每个设备和器具的端子接线不多于 2 根电线。

3. 电线、电缆的芯线连接金具（连接管和端子），规格应与芯线的规格适配，即压模规格应与线芯截面相符，且不得采用开口端子；压接时，压接深度、压口数量和压接长度应符合产品技术文件的有关规定。

4. 电线的芯线搪锡饱满，不得出现虚焊、夹渣等现象，搪锡后应用布条及时擦去多余的焊剂，保持接头部分的洁净。

5. 绝缘电线芯线连接处的绝缘层，在连接处用橡胶或粘塑带包缠均匀严密，绝缘强度不低于原有绝缘强度，最外层处还得用黑胶布扎紧一层；在接线端子的端部与电线绝缘层的空隙处，也应用绝缘带包缠严密。

### 四、线路绝缘测试

1. 电压为 380/220V 的电气线路，绝缘测试应选用 500V 兆欧表；电压为 1kV 以上电气线路，应选用 2.5kV 兆欧表。

2. 低压电线和电缆按回路测试线路绝缘电阻，线间（相线与相线、相线与中性线）和线对地间（相线与地线、中性线与地线）的绝缘电阻值必须大于 0.5MΩ。

# 第八节　照明灯具

## 一、照明灯具质量要求

1. 灯具的型号、规格必须符合设计要求和国家标准的规定。所有灯具应有 CCC 认证及产品合格证。
2. 灯具及其配件齐全，无机械损伤、变形、涂层剥落、灯罩破裂、灯箱歪翘等缺陷，且灯内配线严禁外露。
3. 灯具外露可导电部分应有专用的接地螺栓，且有标识。

## 二、照明灯具安装

### (一) 普通灯具安装

1. 灯具的固定

(1) 灯具的固定采用预埋吊钩、螺栓、螺钉、膨胀螺栓、尼龙塞或塑料塞固定；严禁使用木楔。当设计无规定时，上述固定件的承载能力应与电气照明装置的重量相匹配；

(2) 软线吊灯，灯具重量在 0.5kg 及以下时，采用软电线自身悬吊安装；

(3) 当软线吊灯灯具重量大于 0.5kg 时，灯具安装固定采用吊链，且软电线均匀编叉在吊链内，使电线不受拉力，编叉间距应根据吊链长度控制在 50~80mm 范围内；

(4) 当吊灯灯具重量大于 3kg 时，应采用预埋吊钩或螺栓固定，其吊钩圆钢直径不应小于灯具挂销直径，且不应小于 6mm；大型花灯的固定及悬吊装置，应按灯具重量的 2 倍做过载试验；

(5) 日光灯是安装在吊顶上的，应预先在顶板上打膨胀螺栓，下吊杆与灯箱固定好，且吊杆直径不得小于 6mm，严禁利用吊顶龙骨固定灯箱。

2. 灯内配线

(1) 灯内配线应符合设计要求及符合有关规定；

(2) 穿入灯箱的导线在分支连接处不得承受额外应力和磨损，多股软线的端头需盘圈、搪锡、拍扁；

(3) 灯箱内的导线不应过于靠近热光源，并应采取隔热措施；

(4) 螺灯口相线必须接在螺口灯中间的端子上。

3. 普通灯具安装

(1) 一般灯具的安装高度应高于 2.5m；灯具安装牢固，灯具通过绝缘台与墙面、顶棚固定，用螺钉固定时，螺钉进台长度不应少于 20~25mm，固定灯具用螺钉或螺栓不得少于 2 个，绝缘台直径在 75mm 及以下时，可用 1 个螺钉或螺栓固定，现浇混凝土楼板，应采用尼龙膨胀螺栓，灯具应装在绝缘台中心，偏差不超过 1.5mm，灯具重量超过 3kg 时，应固定在预埋的吊钩或螺栓上，吸顶灯具与绝缘台过近时应有隔热措施。

采用钢管做灯杆时，钢管内径一般不小于 10mm，小于 1kg 的灯具用吊链，灯线不应受到拉力，灯线应与吊链编叉在一起，软线吊灯软线的两端应作保险扣；成排室内安装灯具，中心偏差不应大于 5mm；墙壁上安装的弯管灯，杆长度超过 350mm 时，加装拉攀固定；变配电所、高低压配电设备及裸母线的正上方不得安装灯具。

(2) 固定灯具带电部件的绝缘材料以及提供防触电保护的绝缘材料,应耐燃烧和防明火。

(3) 吸顶日光灯安装应将日光灯贴紧建筑物表面,日光灯的灯箱应完全遮盖住灯头盒,对着灯头盒的位置打进线孔,电源线进灯箱,在进线孔处应套上塑料管以保护导线。灯箱固定好后,将电源线压入灯箱内的端子板上。

(4) 吊链日光灯安装应将全部吊链编好,把吊链挂在灯箱挂钩上,吊链不得采用铝制品瓜子链。导线按顺序编叉在吊链内,引入灯箱。灯具导线和灯头盒内的电源连接应用粘塑料带和黑胶布分层包扎紧密,理顺接头扣子于法兰盘内。

(5) 壁灯的安装,在墙壁上的灯头盒内接头,多股线应做搪锡处理并包扎严密,将接头塞入盒内。灯具底座应紧贴墙面,平正不歪斜。安装在室外的壁灯应打好泄水孔。

(6) 灯带的安装应根据灯具的外型尺寸确定其支架的支撑点,灯带必须固定在预埋件上。灯带的纵向中心轴在同一直线上,偏斜不应大于 5mm。

(7) 变电所内,高低压配电设备及裸母线的正上方不应安装灯具。

4. 大型灯具安装

(1) 大型灯具的挂钩不应小于悬挂销钉的直径,且不得小于 6mm,预埋在混凝土中的挂钩应与主筋相焊接,如无条件焊接时,也需将挂钩末端部分弯曲后与主筋绑扎,固定牢固;吊钩的弯曲直径为中 50mm,预埋长度离平顶为 80~90mm。

(2) 吊杆上的悬挂销针必须装设防松装置。

5. 灯具的接地

当灯具距地面高度小于 2.4m 时,灯具的可接近裸露导体必须接地(PE)可靠,并应有专用接地螺栓,且有标识。

(二) 专用灯具安装

1. 行灯安装

(1) 行灯电压不得超过 36V,在特别潮湿场所或导电良好的地面上,或工作地点狭窄,行动不便的场所(如在锅炉房、金属容器内工作),行灯电压不得超过 12V。

(2) 行灯灯体及手柄绝缘良好,坚固耐垫、耐潮湿;灯头与灯体的结合紧密,灯头无开关;灯泡外部有金属保护网、反光罩及悬吊挂钩,悬吊挂钩固定在灯具的绝缘手柄上。

(3) 行灯变压器外壳、铁芯和低压侧的任意一端或中性点,接地(PE)或接零(PEN)可靠。

(4) 行灯变压器双圈变压器,其电源侧和负荷侧有熔断器保护,熔丝额定电流分别不应大于变压器一次、二次的额定电流。

2. 防水灯具安装

(1) 水下灯具自电源引入灯具的导管必须采用绝缘导管,严禁使用金属或金属保护层的导管。

(2) 游泳池及类似场所灯具(水下灯及防水灯具)均应采用等电位联结,等电位联结应可靠,有明显标识,其电源的专用漏电保护装置应全部检测合格。

3. 手术台无影灯安装

(1) 手术台无影灯固定灯座螺栓的数量,不得少于灯具法兰底座上的固定孔数,且螺栓直径应与底座孔径适配,且螺栓采用双螺母锁固。

(2)在混凝土结构上,预埋螺栓应与主筋相焊接,或将挂钩末端弯曲与主筋绑扎固定。

(3)配电箱内应装有专用的总开关和分路开关,电源分别接在两条专用的回路上,开关至灯具的电线采用额定电压不低于750V的铜芯多股绝缘导线。

4. 应急照明灯具安装

(1)应急照明灯的供电及持续时间应满足设计要求。应急照明灯的电源除正常电源外,应另有一路独立于正常电源之外的电源供电。

(2)应急照明在正常电源断电后,电源转换时间为:疏散照明≤15s;备用照明≤15s;金融商电交易所≤1.5s;安全照明≤0.5。

(3)安全出口标志灯距地高度不低于2m,安装在疏散出口和楼梯口里侧上方。

(4)疏散标志灯安装在安全出口的顶部,楼梯间、疏散走道及其转角处1m以下的墙面上;疏散通道上的标志灯间距不大于20m(人防工程不大于10m)。

(5)疏散标志灯的设置,不影响正常通行,且不在其周围设置容易混同疏散标志灯的其他标志牌等。

(6)应急照明灯具,运行温度大于60℃的灯具,当靠近可燃物时,采用隔热、散热等防火措施,当采用白炽灯、卤钨灯时,不直接安装在可燃装修材料和可燃物件上。

(7)应急照明线路在每个防火区有独立的应急回路,穿越不同防火分区的线路有防火隔堵措施。

(8)疏散照明线路采用耐火电线、电缆,穿管明敷或在非燃烧体内穿钢性导管暗敷,暗敷保护层厚度不小于30mm。电线采用额定电压不低于750V的铜芯绝缘电线。

5. 防爆灯具安装

(1)灯具安装位置离开释放源,不在各种管道的泄压口及排放口上、下方安装灯具。

(2)灯具及开关安装牢固可靠,灯具吊管及开关与接线盒螺纹啮盒扣数不少于5扣,螺纹加工光滑完整,无锈蚀,在螺纹上涂以电力复合脂或导电性防脂。

(三)建筑景观照明灯、航空障碍灯和庭院灯安装

1. 建筑物彩灯和霓虹灯安装

(1)垂直彩灯悬挂挑臂采用的槽钢不应小于10号,端部吊挂钢索用的开口吊钩螺栓直径不小于10mm,槽钢上的螺栓固定应两侧有螺帽,且防松装置齐全,螺栓紧固。

(2)悬挂钢丝绳直径不得小于4.5mm,底把圆钢直径不小于16mm,地锚采用架空外线用拉线盘,埋设深度应大于1.5m。

(3)建筑物顶部彩灯应采用有防雨性能的专用灯具,灯罩应拧紧;垂直彩灯采用防水吊线灯头,下端灯头距地面高于3m。

(4)彩灯的配线管道应按明配管要求敷设,且应有防雨功能,管路与管路间,管路与灯头盒间采用螺纹连接,金属导管及彩灯构架、钢索等应接地(PE)或接零(PEN)可靠。

(5)霓虹灯灯管应采用专用的绝缘支架固定,且牢固可靠,灯管与建筑物、构筑物表面的净距离不得小于20mm。

(6)霓虹灯专用变压器应采用双圈式,所供灯管长度不大于其允许负载长度,露天安

装应有防雨措施。

(7) 霓虹灯专用变压器的二次导线和灯管间的连接线采用额定电压大于15kV 的高压绝缘导线。二次导线与建筑物、构筑物表面的净距离不得小于20mm。

2. 建筑物景观灯和庭院灯的安装

(1) 景观照明的每套灯具的导电部分对地绝缘电阻值应大于2MΩ；

(2) 在人行道人员来往密集场所安装的落地式灯具应有围栏保护，当无围栏时，其安装高度应距地面2.5m 以上；

(3) 金属立柱及灯具金属外壳接地(PE)或接零(PEN)可靠，接地线应为单设干线，干线应按灯具布置位置形成环网，且有不少于2处与接地装置引出线连接；

(4) 庭院灯具及路灯等灯具与基础固定可靠，地脚螺栓备帽齐全，灯具的接线盒和熔断器盒，盒盖的防水密封垫完好。

3. 航空障碍标志灯安装

(1) 航空障碍标志灯的水平、垂直距离不宜大于45m。

(2) 航空障碍标志灯装设在建筑物或构筑物的最高部位。当制高点平面面积较大或为建筑群时，除在最高端装设外，还应在其外侧转角的顶端分别设置。

(3) 在烟囱顶上设置障碍标志灯时宜将其安装在低于烟囱口1.5~3m 的部位并成三角水平排列。

(4) 航空障碍标志灯宜采用自动通断其电源的控制装置，其设置应有更换光源的措施。

(5) 低光强航空障碍标志灯(距地面60m 以下装设时采用)应为恒定光强的红色灯，其有效光强应大于1600cd。高光强航空障碍标志灯(距地面150m 以上装设时采用)，应为白色灯，其有一效光强随背景亮度而定。

(6) 航空障碍标志灯电源按主体建筑中最高负荷等级要求供电。

# 第九节  开关、插座、风扇安装

## 一、开关、插座、风扇质量要求

1. 各型开关、插座规格、型号必须符合设计要求，并有产品出厂合格证、"CCC"认证证书的复印件。

2. 吊扇：其规格、型号必须符合设计要求，扇叶不得有变形现象，有吊杆时应考虑吊杆长短、平直度，吊杆上的悬挂销钉必须装设防振橡皮垫及防松装置。并有产品出厂合格证、"CCC"认证证书的复印件。

3. 塑料(台)板应具有足够的强度，塑料(台)板应平整，无弯曲变形等现象。木制(台)板其厚度应符合设计要求，其板面应平整，无劈裂和弯翘变形现象，油漆层完好无脱落。

## 二、电源插座在不同安装场所的选用

1. 托儿所、幼儿园、小学及供未成年人使用的宿舍，必须采用安全型电源插座。

2. 住宅内电源插座，若安装高度距地1.8m 及以上时，可采用一般型插座；低于1.8m

时,应采用安全型插座。

3. 当接插有触电危险的家用电器的电源时,应采用能断开电源的带开关插座,开关断开相位。

4. 潮湿场所采用密封型并带有保护地线触头的保护型插座,且安装高度距地不应低于 1.5m。

### 三、开关安装

1. 灯的开关位置应便于操作,安装的位置符合设计要求;设计未明确时,开关边缘距门框距离宜为 0.15~0.2m,距地面高度宜为 1.3m。拉线开关距地面高度宜为 2~3m,且拉线出口应垂直向下。

2. 开关接线:同一场所的开关通断位置应一致,且操作灵活,接点接触可靠,且控制有序不错位。

3. 电器、灯具的相线经开关控制。

4. 相同型号并列安装及同一室内开关安装高度一致,高度差不应大于 1mm。同一室内安装的开关高度差不应大于 5mm。

5. 暗装的开关面板应紧贴墙面,四周无缝隙,安装牢固,表面光滑整洁、无碎裂、划伤,装饰帽齐全。

### 四、插座安装

1. 交、直流或不同电压等级的插座安装在同一场所时,应有明显的区别,且其插头与插座相匹配,均不能互相代用。

2. 插座接线:单相两孔插座横装时,面对插座的右孔接相线,左孔接零线;竖装时,面对插座上孔接相线,下孔接零线。单相三孔插座,面对插座的右孔与相线连接,左孔与零线连接。单相三孔和三相四孔的插座,面对插座,接地(PE)或接零(PEN)线均应接在上孔。插座的接地端子不与零线端子连接。同一场所的三相插座,接线的相序一致。见插座接线图 2.9.1。

3. 接地(PE)线或接零(PEN)线在插座间不得串联连接。正确接线方法见图 2.9.2 和不正确接线方法见图 2.9.3。

4. 同一室内插座安装高度一致,相邻高度差不宜大于 5mm;并列安装的相同型号的插座高度差不宜大于 1mm。

5. 暗装的插座面板紧贴墙面,四周无缝隙,安装牢固,表面光滑整洁、无碎裂、划伤,装饰帽齐全。

6. 落地式插座应具有牢固可靠的保护盖板。地插座面板与地面齐平、紧贴地面、盖板固定牢固、密封良好。

### 五、吊扇安装

1. 吊扇挂钩安装牢固,挂钩直径不小于吊扇挂销直径,且不小于 8mm,有防振橡胶垫;挂销的防松零件齐全、可靠。

2. 吊扇组装不改变扇叶角度,扇叶固定螺钉应有防松装置,吊杆之间,吊杆与电机之间,螺纹连接的啮合长度不得小于 20mm,并且必须有防松装置。

3. 扇叶距地面高度不应小于 2.5m。

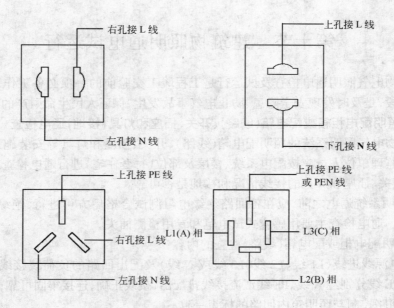

图 2.9.1 插座接线

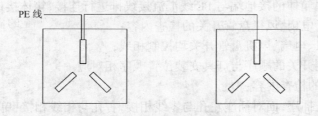

图 2.9.2 正确接线方法

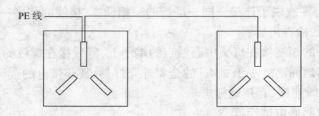

图 2.9.3 不正确接线方法

**六、壁扇安装**

1. 壁扇的底座应采用尼龙胀管或膨胀螺栓固定,尼龙胀管和膨胀螺栓的直径不小于8mm,数量不少于2个,固定牢固可靠。

2. 壁扇的安装,其下侧边缘距地面高度不小于1.8m,且底座平面的垂直偏差不宜大于2mm,涂层完整,表面无划痕、无污染,防护罩无变形。

3. 壁扇的防护罩必须扣紧,当运转时扇叶和防护罩无明显颤动和异常声响。

# 第十节 建筑物照明通电试运行

建筑物电气照明通电检查及试运行是工程竣工交验前的一项必备工作,是检验施工质量的手段,是及时发现安全隐患、防止电气事故发生、保证人民生命财产的有效措施。

**一、照明配电柜箱或配电箱(线路)、开关、插座和灯具(接地)通电检查**

建筑物电气照明系统的照明配电箱(线路)、开关、插座和灯具等安装施工结束后,施工单位及监理单位人员应按配电系统、楼层及部位(每套住宅)进行通电检查,主要配电箱(线路)、开关、插座和灯具的接线情况和接地是否可靠。

1. 照明系统通电之前,应在各回路绝缘电阻测试合格后方可进行,绝缘电阻值不小于 $0.5M\Omega$。通电检查主要用感应式试电笔和专用检测插头。

2. 照明配电柜或配电箱(线路)检查的内容:

(1) 电源线进线(L1 线、L2 线、L3 线或 N 线)及配出回路的负荷线接线符合设计要求,N 线、PE 线分别经 N 线、PE 线汇流接线排配出,接线正确,连接牢固可靠;

(2) 回路控制与照明箱内回路的标识一致;

(3) 配电箱与配电箱之间的接地(PE 线)干线,不得串联连接;

(4) 裸露金属箱体的接地端与 PE 线汇流接线排进行连接,箱体接地可靠。

3. 照明器具、电扇、风机盘管开关的检查内容:

(1) 照明器具、电扇、风机盘管开关均控制相线;

(2) 成排控制开关的顺序与灯具安装位置顺序相对应。

4. 电源插座的检查内容:

(1) 单相两孔插座,面对插座左孔与零线相接,右孔与相线相接;单相三孔插座接线,面对插座右孔与相线相接,左孔与零线相接,上孔与保护地线相接,均接线正确。

(2) 单相三孔、三相四孔及三相五孔插座的接地(PE)或接零(PEN)线接在上孔。插座的接地端子不与零线端子连接。同一场所的三相插座,接线的相序一致。

5. 照明灯具的检查内容:

(1) 螺口灯头的相线接在灯头中心触点的端子上,零线接在螺纹的端子上;

(2) 安装距离地面高度小于 2.4m 的金属外壳灯具,其非带电的金属外壳上接地端子与电气线路的 PE 线连接,有接地标志。

**二、建筑物照明通电试运行**

电气照明工程通电试运行主要检查线路和灯具的可靠性和安全性。要求运行可靠,所以要做连续负荷试验,以检查整个照明工程的发热稳定性和安全性,同时也可暴露一些灯具或电光源的质量问题,以便更换。

1. 公用建筑照明系统通电连续试运行时间应为 24h,民用住宅照明系统通电连续试运行时间应为 8h。所有照明灯具均应开启,且每 2h 记录运行状态一次,连续试运行时间内无故障。

2. 建筑照明全负荷通电试运行检测的内容:

(1) 建筑物进户电源必须符合设计要求,接通正式电源,现有的照明灯具均应全部开启；

(2) 电压、电流的测量：每 2h 在照明系统的总配电箱处，测量电压、电流，并记录；

(3) 线路节点温度测量：节点温度测量用红外线遥测温度仪抽测。

## 第十一节　接地装置安装

**一、材料质量要求**

1．镀锌钢材有扁钢、角钢、圆钢、钢管等应采用热镀锌材料，产品有材质检验证明及产品出厂合格证，规格符合设计要求，并应符合下列要求：

(1) 圆钢直径为 10mm；

(2) 扁钢截面为 100mm$^2$，扁钢厚度为 4mm；

(3) 角钢厚度为 4mm；

(4) 钢管壁厚为 3.5mm。

2．接地模块有产品合格证、试验报告及有关技术说明。

**二、利用建筑物基础钢筋做接地装置的自然接地体装置**

1．桩基内钢筋与柱筋连接或底板筋与柱筋连接已绑扎完后进行。

2．利用钢筋混凝土桩基的钢筋做接地体：在作为引下线的柱子(或剪力墙)位置，将桩基础的露头钢筋与承台梁主筋焊接，再与上面作为引下线的柱(或剪力墙)中钢筋焊接。如果每一组桩基多于 4 根时，只须连接四角桩基的钢筋作为接地连接。

3．利用混凝土筏板的钢筋做接地体：

(1) 利用无地下防水措施的混凝土筏板钢筋做接地装置时，按设计文件要求在作为引下线的柱子(或剪力墙)的柱主筋与底板的钢筋进行焊接连接。

(2) 利用有地下防水措施的混凝土筏板钢筋做接地装置时，在作为引下线的柱子(或剪力墙)的柱主筋与底板的钢筋进行焊接连接，并在室外自然地面以下的适当位置处，预埋连接板或外引－40mm×4mm 的镀锌扁钢，与辅助人工接地装置连接。

4．利用独立柱基础、箱形基础做接地体：

(1) 利用钢筋混凝土独立柱基础及箱形基础做接体，将用作引下线的现浇混凝土柱内符合要求的主筋，与基础底层钢筋网做焊接连接。

(2) 钢筋混凝土独立柱基础如有防水层时，应将预埋的铁件和引下线连接应跨越防水层将柱内的引下线钢筋、垫层内的钢筋与接地线相焊接。

**三、人工接地装置**

1．接地体、埋地接地线必须采用热镀锌件；垂直接地体的间距，在垂直接地体长度为 2.5m 时，人工水平接地体间的距离不小于 5m。

2．垂直接地体一般采用∟50×50×5mm 的热镀锌角钢或大于 $DN$40mm 壁厚大于 3.5mm 的热镀锌钢管，长度一般为 2.5m。

3．接地体顶面埋设深度不应小于 0.6m。角钢及钢管接地体垂直配置，接地体与建筑物的距离不宜小于 1.5m。

4．接地体(线)的连接通常采用焊接(搭接焊)，其焊接长度如下：

(1) 扁钢与扁钢应为扁钢宽度的 2 倍,不少于三面施焊。

(2) 圆钢与圆钢应为圆钢直径的 6 倍,双面施焊。

(3) 圆钢与扁钢连接时,应为圆钢直径的 6 倍,双面施焊。

(4) 扁钢与钢管(或角钢)焊接时,为了连接可靠,除应在其接触部位两侧进行焊接外,还应直接将钢带本身弯成弧形(或直角形)与钢管(或角钢)焊接。

5. 接地体(线)的连接必须牢固无虚焊。除接地体外,接地体引出线应做防腐处理,使用镀锌扁钢时,引出线的焊接部分应补刷防腐漆。在道路或管道等交叉及其他可能使接地线受机械损伤处,均应用管子或角钢加以保护。

**四、接地模块安装**

1. 接地模块设置位置、数量符合设计规定,其顶面埋深不应小于 0.6m,接地模块间距不应小于模块长度的 3~5 倍。接地模块埋设基坑,一般为模块外形尺寸的 1.2~1.4 倍,且在开挖深度内详细记录地层情况。

2. 接地模块应垂直或水平就位,不应倾斜设置,保持与原土层接触良好。

3. 接地模块应集中引线,用干线把接地模块并联焊接成一个环路,干线的材质与接地模块焊接点的材质相同,钢制的采用热浸镀锌扁钢,引出线不少于 2 处。

## 第十二节　避雷引下线和变配电室接地干线敷设

**一、材料质量要求**

1. 所用材料的质量、技术性能必须符合设计要求和施工规范的规定。

2. 镀锌钢材有扁钢、角钢、圆钢、钢管等,使用时应采用热镀锌材料,产品应有材质检验证明及产品出厂合格证,规格应符合设计规定或尺寸应符合下列要求:

(1) 圆钢直径为 12mm;

(2) 扁钢截面为 100$mm^2$;扁钢厚度为 4mm。

**二、避雷接地引下线**

1. 避雷引下线的设置位置和数量应符合设计要求,且必须符合下列要求:
每幢建筑物或构筑物的防雷引下线不应少于 2 组,并应沿建筑物四周均匀或对称布置。

(1) 第一类防雷建筑物引下线间距不应大于 12m;

(2) 第二类防雷建筑物引下线间距不应大于 18m;

(3) 第三类防雷建筑物引下线间距不应大于 25m;

(4) 防雷引下线不宜经过门口、走道和人员经常经过的地方。

2. 利用建筑物柱子(剪力墙)内主钢筋作防雷引下线时,应符合下列要求:

(1) 当钢筋直径 $\phi \geqslant 16mm$ 时,应利用两根钢筋作为一组引下线;

(2) 当钢筋直径 $10 < \phi < 16mm$ 时,应利用四根钢筋作为一组引下线;

(3) 钢结构筒体体壁厚大于 4mm 时,可作为接地引下线,但法兰处应加焊跨接线,筒体底部应有对称两处与接地体相连。

3. 明敷防雷接地引下线敷设符合下列要求:

(1) 防雷接地引下线扁钢截面不得小于 25mm×4mm；圆钢直径不得小于 12mm；

(2) 明敷防雷接地引下线应沿建筑物外墙敷设，并经最短路径接地，根据建筑物的具体情况不可能直线引下时，也可以弯曲，但应注意弯曲处的距离不得等于或小于弯曲部线段实际长度的 0.1 倍；

(3) 明敷接地引下线的支持件间距应均匀，水平直线部分 0.5~1.5m，垂直直线部分 1.5~3m，弯曲部分 0.3~0.5m；

(4) 明敷的引下线应平直、无急弯，与支架焊接处，刷防锈漆和面漆防腐，且无遗漏。

4．避雷接地引下线的测试设置：

(1) 利用建筑物柱子（或剪力墙）主钢筋作防雷引下线，在距地面 0.5~0.8m 处应引出钢筋或扁钢作为测试点；

(2) 沿建筑物外墙明敷设的防雷接地引下线，必须按设计要求标高位置做断接卡子或测试点。断接卡子所用螺栓的直径不得小于 10mm，并需加镀锌垫圈和镀锌弹簧垫圈。出地坪处应有保护管，钢管口应与引下线点焊成一体，并封口保护。

**三、均压环及外窗、玻璃（金属板）幕墙的防侧击雷**

1．高层建筑，当建筑物距地高度超过设计要求时，应按设计要求采取防侧击和等电位联结的保护措施，且符合下列要求：

(1) 第一类防雷建筑物

当建筑物高于 30m 时，从 30m 起每隔不大于 6m 沿建筑物四周设水平避雷带并与引下线相连，且 30m 及以上外墙上安装的铝合金（塑钢）外窗、玻璃（金属板、石材）幕墙及栏杆等金属物设防侧击雷，并与防雷装置（均压环）相焊接。

(2) 第二类防雷建筑物

当建筑物高于 45m 时，从 45m 起每隔不大于 6m 沿建筑物四周设水平避雷带并与引下线相连，且 45m 及以上外墙上安装的铝合金（塑钢）外窗、玻璃（金属板、石材）幕墙及栏杆等金属物设防侧击雷，并与防雷装置（均压环）相焊接。

(3) 第三类防雷建筑物

当建筑物高于 60m 时，从 60m 起每隔不大于 6m 沿建筑物四周设水平避雷带并与引下线相连，且 60m 及以上外墙上安装的铝合金（塑钢）外窗、玻璃（金属板、石材）幕墙及栏杆等金属物设防侧击雷，并与防雷装置（均压环）相焊接。

2．均压环的材料一般为镀锌圆钢（$\phi$12）、镀锌扁钢（-25×4）或直接利用结构梁内的主筋或腰筋焊接成封闭环形，并与柱筋中引下线焊成一个整体，或按设计要求施工。

**四、变配电室内明敷接地干线安装**

1．接地干线规格应符合设计要求，且有不少于 2 处与接地装置引出干线连接，敷设位置应不妨碍设备的拆卸与检修。

2．接地干线沿建筑物墙壁水平敷设距地面高度 250~300mm，与建筑物墙壁间隙 10~15mm；扁钢与扁钢的搭接长度应为扁钢宽度的两倍（且不少于 3 个棱边焊接）。

3．当接地线跨越建筑物变形缝时，设补偿装置。

4．接地线表面沿长度方向，每段 15~100mm，分别涂以黄色和绿色相间的条文。

5．变压器室、高压配电室的接地干线上应设置不少于 2 个供临时接地用的变压器中性点与外壳接地线柱或接地螺栓。

6．配电间隔和静止补偿装置的栅栏门及变电室金属门铰链处的接地连接,应采用编织铜线。

## 第十三节　接闪器安装

**一、材料质量要求**

1．材料的镀锌制品应采用热镀锌制品,其规格应符合设计规定。产品应有材质检验证明及产品出厂合格证。

2．新型接闪器应有产品合格证、试验报告及有关技术说明,进口产品还应提供商检证明和中文质量合格证明文件。

**二、避雷带(网)安装**

1．避雷带安装位置应符合设计规定,且必须符合下列要求:

避雷带装设在屋角、屋脊、女儿墙或屋檐上,在整个屋面组成网格,其尺寸为:

(1) 第一类防雷建筑物不应大于 5m×5m 或 6m×4m;

(2) 第二类防雷建筑物不应大于 10m×10m 或 12m×8m;

(3) 第三类防雷建筑物不应大于于 20m×20m 或 24m×16m。

2．避雷带明敷设时,高度不小于 100mm,其支持件间距应均匀,固定可靠、防松零件齐全;水平直线部分不大于 1.0～1.1m,垂直直线部分不大于 2m,弯曲部分不大于 0.3～0.5m;每个支持件应能承受大于 49N(5kg)的垂直拉力,并作记录。

3．避雷带位置正确,平正顺直,距离建筑物应一致,弯曲部位的弯曲半径不得小于圆钢直径的 10 倍,穿越建筑物变形缝处应作"Ω"补偿。

4．避雷带搭接焊:

(1) 圆钢与圆钢的搭接长度不得小于圆钢直径的 6 倍,且双面施焊;

(2) 扁钢与扁钢的搭接长度不得小于扁钢宽度的 2 倍,且不少于 3 个棱边施焊;

(3) 焊缝饱满无遗漏,镀锌层破坏处补刷防腐漆,并补刷银粉漆。

5．利用屋面金属扶手栏杆做避雷带时,管材壁厚不小于 2.5mm,拐弯处应弯成圆弧活弯,栏杆应与接地引下线可靠焊接。

6．利用女儿墙压顶钢筋作避雷带时,应将压顶内钢筋做电气连接(焊接),然后将防雷引下线与压顶内钢筋焊接连接。

7．建筑物顶部的避雷带必须与顶部外露的金属旗杆、透气管、金属天沟、铁栏杆、爬梯、电视天线、水箱、冷却塔及风机等金属物体连成一个整体的电气通路,且与避雷引下线连接可靠。

**三、避雷针制作与安装**

1．避雷针体常规用镀锌钢筋或钢管制成,避雷针体顶端应制成尖状并应成封闭,其截面积不得小于 100mm²,采用钢管时管壁的厚度不得小于 3mm。针尖刷锡长度不得小于 70mm。

2．1～5m 多节避雷针各节尺寸见表 2.13.1。

避雷针组装尺寸　　　　　　　表 2.13.1

| 项　目 | 针　全　高 (mm) | | | | |
|---|---|---|---|---|---|
| | 1.0 | 2.0 | 3.0 | 4.0 | 5.0 |
| 上节 | 1000 | 1500 | 2000 | 1000 | 1500 |
| 中节 | — | — | 1500 | 1500 | 1500 |
| 下节 | — | — | — | 1500 | 2000 |

3. 避雷针安装必须垂直、牢固，其倾斜度不得大于 5/1000。

## 第十四节　等电位联结

**一、材料质量要求**

1. 所有进场的材料都必须进行检验，检验合格方能使用。
2. 等电位联结线和等电位联结端子板宜采用铜质材料。
3. 等电位联结端子板的截面应符合设计要求，并不得小于所接等电位联结线截面。
4. 等电位联结用的螺栓、垫圈、螺母等必须为热镀锌产品。

**二、总等电位联结安装要求**

1. 总等电位联结端子箱设置位置应在建筑物电源进线处或靠近总配电柜(或箱)处，并应尽量靠近接地装置。
2. 建筑物总等电位联结端子箱，应将下列导电部分汇流互相连通(图 2.14.1)：
(1) 进户线配电柜、箱的 PE 母排；
(2) 公用设施有金属管道，如上、下水，热力，燃气等管道；
(3) 需要保护的电子信息系统的导电物体、各种线路、金属管道及信息设备；
(4) 建筑物金属结构；
(5) 电气装置的接地极干线。
3. 总等电位联结线(MEB 线)的截面应符合设计要求，并符合表 2.14.1 的要求；等电位连接导线应使用具有黄绿相间色标的铜芯绝缘导线穿管敷设。
4. 等电位联结，应符合以下要求：
(1) 扁钢的搭接长度不应小于其宽度的 2 倍，三面施焊(当扁钢宽度不同时，搭接长度以宽的为准)。
(2) 圆钢的搭接长度应不小于其直径的 6 倍，双面施焊(当直径不同时，搭接长度以直径大的为准)。
(3) 扁钢与圆钢连接时，其搭接长度应不小于圆钢直径的 6 倍。
(4) 等电位联结线与金属管道的连接(图 2.14.2)，应采用抱箍与管道接触处的接触表面须刮拭干净，安装完毕后刷防护涂料，抱箍内径等于管道外径，其大小依管径大小而定。金属部件或零件，应有专用接线螺栓与等电位联结支线连接，连接处螺帽紧固、防松件齐全。

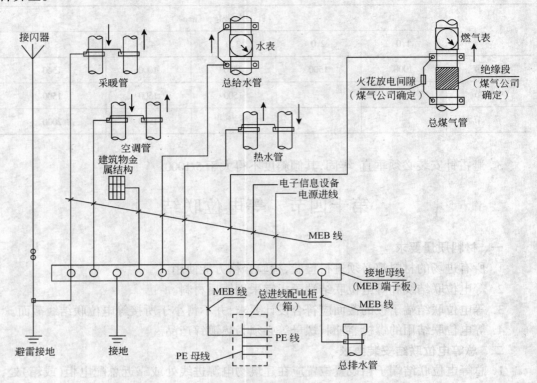

图 2.14.1 总等电位联结

**等电位联结线的截面**　　　　　　　　　　　　　　　表 2.14.1

| 类别<br>取值 | 总等电位联结线 | 局部等电位联结线 | 辅助等电位联结线 | |
|---|---|---|---|---|
| 一般值 | 不小于 0.5 × 进线 PE (PEN)线截面 | 不小于 0.5 × 进线 PE 线截面 | 两电气设备外露导电部分间 | 较小 PE 线截面 |
| | | | 电气设备与装置外可导电部分间 | 0.5 × PE 线截面 |
| 最小值 | 6mm² 铜线 * | 2.5mm² 铜线 | 有机械保护时 | 2.5mm² 铜线 |
| | 50mm² 钢 | 16mm² 钢 | 无机械保护时 | — |
| | | | 16mm² 钢 | |
| 最大值 | 25mm² 铜线或相同电导值导线 | 25mm² 铜线或相同电导值导线 | — | |

注：* 局部场所内最大 PE 截面。

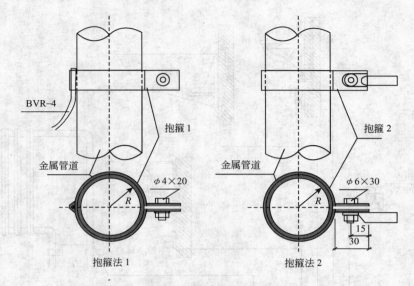

图 2.14.2 等电位联结线与金属管道的连接

### 三、局部等电位联结安装要求

1．局部等电位端子箱(板)安装位置应便于检测,且不影响其他管线、设备、器具的安装。

2．有淋浴设施的卫生间局部等电位联结(图 2.14.3)：
(1) 地面内钢筋网和混凝土墙内钢筋网与等电位联结;
(2) 预埋件的结构形式和尺寸,埋设位置标高应符合设计要求;
(3) 等电位联结线与浴盆、淋浴器、地漏、下水管、采暖管道连接;
(4) 有淋浴设施的卫生间有 PE 线,卫生间内的局部等电位联结必须与该 PE 线相连;
(5) 卫生间局部等电位端子箱(板)组装应牢固可靠;
(6) 局部等电位联结线(LEB 线)均应采用 $BV-4mm^2$ 的铜线,应暗设于地面内或墙内穿入塑料管敷设。

3．游泳池等电位联结：
(1) LEB 线可自 LEB 端子板引出,与其室内有关金属管道和金属导电部分相互连接。
(2) 无筋地面应敷设等电位均衡导线,采用 25×4 扁钢或 $\phi 10$ 圆钢在游泳池四周敷设三道,距游泳池 0.3m,每道间距约为 0.6m,最少在两处作横向连接,且与等电位联结端子板连接。
(3) 等电位均衡导线也可敷设网格为 50mm×150mm,$\phi 3$ 的铁丝网,相邻网之间应互相焊接牢固。

4．电子信息系统、安全防范系统、火灾自动报警及消防联动控制系统的机房应设置局部等电位联结端子箱(扳),机房内电气和电子设备的金属外壳、机柜、机架、金属管、屏蔽线缆外层;信息设备防静电接地、安全保护接地、电涌保护器(SPD)接地端以最短的距离与等电位联结网络的接地端子连接。

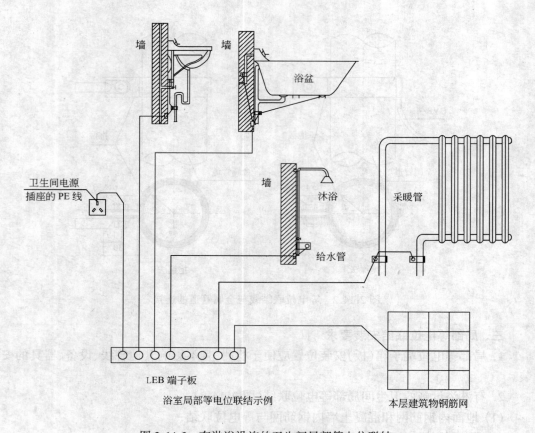

图 2.14.3　有淋浴设施的卫生间局部等电位联结

**四、等电位联结导通性的测试**

等电位联结安装完毕后应进行导通性测试,测试用电源可采用空载电压变 4~24V 的直流或交流电源,测试电流不应小于 0.2A,当测得等电位联结端子板与等电位联结范围内的金属管道等金属体末端之间的电阻不超过 3Ω 时,可认为等电位联结是有效的,如发现导通不良的管道连接处,应做跨接线。

# 第十五节　变压器安装

**一、设备、材料质量要求**

1. 变压器的规格型号及容量符合施工图纸设计要求。

2. 变压器的检验合格证、产品说明书、出厂试验报告等完整的随机技术文件。开箱验收时,变压器附件、备件齐全。

3. 器身外观检查:

(1) 铭牌上应注明制造厂名、型号、额定容量,一二次额定电压、电流、阻抗电压及接线组别、重量、制造年月等技术数据;

(2) 附件、备件齐全,无锈蚀及机械损伤,密封应良好;
(3) 绝缘件无缺损、裂纹和瓷件瓷釉损坏等缺陷,外表清洁,测温仪表指示正确。

## 二、电力变压器安装

1. 所有紧固件紧固,绝缘件完好;
2. 金属部件无锈蚀、无损伤、铁芯无多点接地;
3. 干式变压器绕组完好、无变形、无位移、无损伤、内部无杂物表面光滑无裂纹;
4. 装有滚轮的变压器,滚轮应转动灵活,在变压器就位后,应将滚轮用能拆卸的制动装置加以固定;
5. 电力变压器上标有设备名称和安全警告标志,保护性网门、栏杆等安全设施完善。

## 三、电力变压器与配电装置连接

1. 配电装置的安装符合设计要求和有关标准的规定,柜、网门的开启互不影响;
2. 引线、连接导体带电部分相间和对地的距离符合表 2.15.1 要求,导体连接紧固,相色表示清晰正确。

导体间和对地的距离　　　　　　　　　　　　　　表 2.15.1

| 电压(kV) | 线间距离(mm) | 对地距离(mm) |
|---|---|---|
| 6 | 100 | 100 |
| 10 | 125 | 125 |

## 四、电力变压器接地

1. 变压器的低压侧中性点必须直接与接地装置引出的接地干线进行连接,严禁串接;
2. 变压器箱体、干式变压器的支架或外壳应进行接地(PE),且有标识;
3. 所有连接必须可靠,紧固件及防松零件齐全。

## 五、电力变压器的交接试验

1. 变压器的交接试验应有资质的检测单位进行,试验标准符合现行国家标准《电气装置安装工程电气设备交接试验标准》GB 50150 的规定。
2. 变压器交接试验项目包括以下内容:
(1) 测量绕组连同套管的直流电阻;
(2) 检查所有分接头的变压比;
(3) 检查变压器的三相结线组别和单相变压器引出线的极性;
(4) 测量绕组连同套管的绝缘电阻、吸收比或极化指数;
(5) 测量绕组连同套管的介质损耗角正切值 tgδ;
(6) 测量绕组连同套管的直流泄漏电流;
(7) 绕组连同套管的交流耐压试验;
(8) 绕组连同套管的局部放电试验;
(9) 测量与铁芯绝缘的各紧固件及铁芯接地线引出套管对外壳的绝缘电阻;
(10) 非纯瓷套管的试验;

(11) 绝缘油试验；

(12) 有载调压切换装置的检查和试验；

(13) 额定电压下的冲击合闸试验；

(14) 检查相位；

(15) 测量噪声。

注：① 对 1600kVA 以上油浸式变压器的试验，应按全部项目进行试验；

② 1600kVA 以下油浸式变压器的试验，按上述的(1)、(2)、(3)、(4)、(7)、(9)、(10)、(11)、(12)、(14)项目进行试验；

③ 干式变压器的试验，按(1)、(2)、(3)、(4)、(7)、(9)、(12)、(13)、(14)项目进行试验。

## 第十六节　柴油发电机组发电机

### 一、设备、材料质量要求

1．柴油发电机组容量规格必须符合设计要求。

2．依据装箱单，核对主机、附件、专用工具、备品备件和随带技术文件，检查合格证和出厂试运行记录，发电机及其控制柜有出厂试验记录。

3．外观检查：有铭牌，机身无缺件，涂层完整。

### 二、机组安装

1．柴油发电机组基座的混凝土强度等级必须符合设计或柴油发电机组制造厂家要求；

2．基础上安装机组地脚螺栓与基座连接紧固；安放式的机组将底部垫平、垫实；

3．发电机组各联轴节的连接螺栓紧固；主轴承盖、连杆、汽缸体、贯穿螺栓、汽缸盖等的螺栓与螺母的连接紧固，不应松动；

4．所设置的仪表完好、齐全，位置正确；操作系统的动作灵活可靠。

### 三、机组接线

1．发电机及控制箱接线正确可靠；馈电出线两端的相序必须与电源原供电系统的相序一致；

2．发电机随机的配电柜和控制柜接线正确无误，所有紧固件应紧固牢固，无遗漏脱落。开关、保护装置的型号、规格必须符合设计要求。

### 四、机组地线

1．发电机中性线（工作零线）应与接地母线引出线直接连接，螺栓防松装置齐全，有接地标识。

2．发电机本体和机械部分的可接近导体均进行可靠保护接地（PE），且有标识。

### 五、机组交接试验

1．柴油发电机的试验必须符合设计要求和相关技术标准的规定。

2．发电机的试验必须符合表 2.16.1 的规定。

3．发电机至配电柜的馈电线路其相间、相对地间的绝缘电阻值大于 0.5MΩ。塑料绝缘电缆出线，其直流耐压试验为 2.4kV，时间 15min，泄漏电流稳定，无击穿现象。

发电机交接试验　　　　　　　　　　　　　　　　　表 2.16.1

| 序号 | 部位 | 内容 | 试验内容 | 试验结果 |
|---|---|---|---|---|
| 1 | 静态试验 | 定子电路 | 测量定子绕组的绝缘电阻和吸收比 | 绝缘电阻值大于 0.5MΩ<br>沥青浸胶及烘卷云母绝缘吸收比大于 1.3<br>环氧粉云母绝缘吸收比大于 1.6 |
| 2 | | | 在常温下，绕组表面温度与空气温度差在 ±3℃范围内测量各相直流电阻 | 各相直流电阻值相互间差值不大于最小值 2%，与出厂值在同温度下比差值不大于 2% |
| 3 | | | 交流工频耐压试验 1min | 试验电压为 $1.5U_n + 750V$，无闪络击穿现象，$U_n$ 为发电机额定电压 |
| 4 | | 转子电路 | 用 1000V 兆欧表测量转子绝缘电阻 | 绝缘电阻值大于 0.5MΩ |
| 5 | | | 在常温下，绕组表面温度与空气温度差在 ±3℃范围内测量绕组直流电阻 | 数值与出厂值在同温度下比差值不大于 2% |
| 6 | | | 交流工频耐压试验 1min | 用 2500V 摇表测量绝缘电阻替代 |
| 7 | | 励磁电路 | 退出励磁电路电子器件后，测量励磁电路的线路设备的绝缘电阻 | 绝缘电阻值大于 0.5MΩ |
| 8 | | | 退出励磁电路电子器件后，进行交流工频耐压试验 1min | 试验电压 1000V，无击穿闪络现象 |
| 9 | | 其他 | 有绝缘轴承的用 1000V 兆欧表测量轴承绝缘电阻 | 绝缘电阻值大于 0.5MΩ |
| 10 | | | 测量检温计(埋入式)绝缘电阻，校验检温计精度 | 用 250V 兆欧表检测不短路，精度符合出厂规定 |
| 11 | | | 测量灭磁电阻，自同步电阻器的直流电阻 | 与铭牌相比较，其差值为 ±10% |
| 12 | 运转试验 | | 发电机空载特性试验 | 按设备说明书比对，符合要求 |
| 13 | | | 测量相序 | 相序与出线标识相符 |
| 14 | | | 测量空载和负荷后轴电压 | 按设备说明书比对，符合要求 |

**六、机组试运行**

1. 机组试运的废气用外接排气管引至室外，外接排气管内径符合设计技术文件要求，并符合防火要求；

2. 受电侧的开关设备、自动或手动切换装置和保护装置等试验合格，应按设计的使用分配方案，进行负荷试验，机组和电气装置连续运行 12h 无故障，方可做交接验收。

## 第十七节　不间断(UPS)电源

### 一、设备、材料质量要求

1. 不间断(UPS)电源设备的型号、规格必须符合设计要求。

2. 不间断电源应装有铭牌,注明制造厂名、设备名称、规格、型号等技术数据。备件应齐全,并有产品合格证及技术资料。

3. 附件的型号、规格必须符合设计要求,附件应齐全,部件完好无损。

4. 蓄电池外形无变形,外壳无裂纹、损伤,槽盖板应密封良好;正、负端柱必须极性正确。防酸栓、催化栓等配件齐全,无损伤;滤气帽的通气性能良好。

### 二、不间断(UPS)电源安装

1. 机柜的型号、规格和材质、数量、间距符合设计要求,机柜安装见成套配电柜安装相应项目;不间断电源的整流装置、逆变装置和静态开关装置的规格、型号必须符合设计要求。

2. 不间断电源的机柜(架)安装平稳、不得歪斜,水平度、垂直度允许偏差不应大于1.5‰,紧固件齐全。

3. 不间断电源采用铅酸蓄电池时,其角钢与电源接触部分衬垫2mm厚耐酸软橡皮,钢材表面必须刷防酸漆。

4. 引入或引出不间断电源装置的主回路电线、电缆和控制电线、电缆应分别穿保护管敷设,在电缆支架上平行敷设应保持150mm的距离;电线、电缆的屏蔽护套接地连接可靠,与接地干线就近连接,紧固件齐全。

### 三、不间断(UPS)电源出端的中性线(N极)及机柜接地

1. 不间断电源输出端的中性线(N极),必须与由接地装置直接引来的接地干线相连接,做重复接地。

2. 不间断电源装置的可接近裸露导体接地(PE)可靠,且有标识。

3. 电线、电缆的屏蔽护套接地连接可靠,与接地干线就近连接,紧固件齐全。

### 四、不间断(UPS)电源调试、检测

1. 对不间断电源的各功能单元进行试验测试,全部合格后方可进行不间断电源的试验和检测。

2. 不间断电源的输入输出连线的线间、线对地间的绝缘电阻值应大于0.5MΩ;接地电阻符合要求。

3. 对不间断电源进行稳态测试和动态测试。稳态测试时主要检测UPS的输入、输出、各级保护系统;测量输出电压的稳定性、波形畸变系统、频率、相位、效率、静态开关的动作是否符合技术文件和设计要求;动态测试应测试系统接上或断开负载时的瞬间工作状态,包括突加或突减负载、转移特性测试;其他的常规测试还应包括过载测试、输入电压的过压和欠压保护测试、蓄电池放电测试等。

4. 不间断电源的噪声检测,不间断电源正常运行时产生的A声级噪声,不应大于45dB;输出额定电流为5A及以下的小型不间断电源噪声,不应大于30dB。

## 第十八节　低压电动机、电加热器及执行机构安装

### 一、设备、材料质量要求

1. 电动机的型号、规格必须符合设计要求，附件、备件齐全，并有出厂合格证及有关技术文件。

2. 电动机应有铭牌，注明制造厂名，出厂日期，电动机的型号、容量、频率、电压、电流、接线方法、转速、温升、工作方法、绝缘等级等有关技术数据。

3. 电动机的控制、保护和起动附属设备，应与电动机配套，并有铭牌，注明制造厂名，出厂日期、型号、规格及出厂合格证等有关技术资料。

### 二、安装前的检查

1. 电动机完好，无损伤现象；盘动转子轻快，无卡阻及异常声响；

2. 电机的附件、备件应齐全无损伤；

3. 电动机有下列情况之一时，应做抽芯检查：

(1) 出厂时间已超过制造厂保证期限，无保证期限的已超过出厂时间一年以上；

(2) 外观检查、电气试验、手动盘转和试运转，有异常情况。

4. 电动机抽芯检查：

(1) 电动机内部清洁无杂物。

(2) 电动机的铁芯、轴颈、滑环和换向器等应清洁，无伤痕、锈蚀现象，通风孔无阻塞。

(3) 线圈绝缘层完好，绑线无松动现象。

(4) 定子槽楔应无断裂、凸出及松动现象，每根槽楔的空响长度不应超过 1/3，即与线圈的压实度，端部槽楔必须牢固整齐。

(5) 转子的平衡块应紧固，平衡螺丝应锁牢，风叶片无裂纹，掉片变形。

(6) 磁极及铁轭固定良好，励磁线圈紧贴磁极，不应松动。

(7) 鼠笼式电动机转子电导条和端环的焊接应良好，浇注的导电条和端环应无断裂缝。

(8) 电机绕组连接正确、焊接牢固。

(9) 电机的滚珠轴承工作面应光滑、无裂纹、无锈蚀，滚动体与内外圈接触良好，无松动，无卡阻，加入轴承内的润滑油脂应填满内部空隙的 2/3，应采用半密封或全密封轴承（密封侧朝向线圈绕组）。

### 三、交流电动机试验

1. 交流电动机交接试验项目符合现行国家标准《电气装置安装工程电气设备交接试验标准》GB 50150 的规定。

2. 交流电动机的试验项目，包括以下内容：

(1) 测量绕组的绝缘电阻和吸收比；

(2) 测量绕组的直流电阻；

(3) 定子绕组的直流耐压试验和泄漏电流测量；

(4) 定子绕组的交流耐压试验；

(5) 绕线式电动机转子的交流耐压试验；
(6) 同步电动机转子绕组的交流耐压试验；
(7) 测量变阻器、起动电阻器、灭磁电阻器的绝缘电阻；
(8) 测量可变电阻器、起动电阻器、灭磁电阻器的直流电阻；
(9) 测量电动机轴承的温升；
(10) 检查定子绕组的极性及其连接的正确性；
(11) 电动机空载转动检查和空载电流测量。

注：电压 1000V，容量 100kW 以下的电动机，可按第(1)、(2)、(7)、(10)、(11)款进行试验。

3. 建筑电气工程中常用的交流鼠笼式电动机的试验：

(1) 交流电机的绝缘电阻。额定电压 1000V 以下者，常温下绝缘电阻应不低于 $0.5M\Omega$。

(2) 交流电机直流电阻，100kW 以上的电动机各相线圈直流电阻的相互差别应不超过其最小值的 2%，中性点未引出的电动机可测量线间的直流电阻，其相互差别应不超过其最小值的 1%。

### 四、电动机安装及接线

1. 电动机基座的混凝土强度等级符合设计要求，基座各边应超出电机底座边缘 100~150mm。

2. 地脚螺栓与混凝土基础牢固地结合成一体，螺栓本身不应歪斜，机械强度满足要求。

3. 电动机接线端子与导线端子必须连接紧密，不受外力，连接用紧固件的锁紧装置完整齐全，电机引出线编号应齐全；在电机接线盒内，裸露的不同相导线间和导线对地间最小距离必须符合表 2.18.1 规定。

裸露的不同相导线间和导线对地间最小距离　　　　表 2.18.1

| 额定电压(V) | 最小距离(mm) |
| --- | --- |
| $U \leqslant 500$ | 10 |
| $500 < U \leqslant 1200$ | 14 |
| 对漏电距离应不小于 | 15~20 |

4. 电动机的接地：

(1) 电动机可接近裸露导体(外壳)必须接地(PE)或接零(PEN)；
(2) 接地导线的截面按设计要求选用；
(3) 接地线应接在电动机指定标志处。

### 五、电动机配套的控制、保护及起动设备安装

1. 电动机的控制和保护设备与电机容量相符，安装按设计要求进行，一般装在电机附近。

2. 电动机装设过流和短路保护装置，并应根据设备需要装设相序断相和低电压保护装置。

3. 电动机保护元件的选择：
(1) 保护元件采用热元件时，热元件一般按设备额定电流的 1.1~1.25 倍选用；
(2) 保护元件采用熔丝(片)时，熔丝(片)一般按设备额定电流的 1.5~2.5 倍选用。
4. 电动机、控制设备和所拖动的设备应对应相互配套，特别是电压等级，匹配功率、转速等。

### 六、电动机试运行

1. 电动机本体安装检查完毕，各项交接试验项目已按现场国家标准《电气装置安装工程电气设备交接试验标准》GB 50150 试验合格。
2. 套配电控制柜(箱)的运行电压、电流正常，各种仪表指示正常。
3. 电动动机试通电，检查转向和机械转动有无异常情况。
4. 电机试运行检查：
(1) 电机的旋转方向与被驱动设备旋转方向一致，无异声；
(2) 可空载试运行的电动机，试运行时间一般为 2h 检查电机各部分温度和轴承的温升，不应超过产品技术条件的规定；一般滑动轴承温度不应超过 80℃，温升不应超过 30℃，滚动轴承不应超过 95℃，温升不应超过 35℃。
5. 交流电动机的带负荷起动次数，应符合产品技术条件的规定；当产品技术条件无规定时，可符合下列要求：
(1) 在冷态时，可起动 2 次。每次间隔时间不得小于 5min。
(2) 在热态时，可起动 1 次。当在处理事故以及电动机起动时间不超过 2~3s 时，可再起动 1 次。

# 第三章 智能建筑工程

## 第一节 通信网络系统

### 一、电话交换机系统

（一）设备材料及软件质量要求

1. 电话交换机系统进场的设备材料必须具有质量合格证明文件,质量证明文件包括产品出厂合格证或质量保证书、检验报告、试验报告、进口产品或材料的商检证明和说明书等,质量证明文件应反映工程材料的品种、规格、数量、性能指标并与实际进场的设备材料相符。

2. 设备材料进场时做检查验收,对照质量证明文件对设备材料的品种、规格、外观等进行检查验收;设备材料的品种符合设计要求,标识、规格、型号及性能检测报告应符合国家相关技术标准,实行产品许可证和强制性产品认证标志的产品应有产品许可证和强制性产品认证标志;产品进场时应包装完好,表面无划痕及外力冲击破损;经监理工程师核查确认,形成记录。

3. 产品功能、性能等项目的检测应按相应的现行国家产品标准进行;供需双方有特殊要求的产品,可按合同规定或设计要求进行。

4. 产品质量检查应包括列入《中华人民共和国实施强制性产品认证的产品目录》或实施生产许可证或上网许可证管理的产品,未列入强制性认证产品目录或未实施生产许可证或上网许可证管理的产品应按规定程序通过产品检测后方可使用。

5. 软件产品的质量应按下列内容检查:

（1）操作系统软件等应做好使用许可证及使用范围的检查;

（2）由系统承包商编制的应用软件(计费软件及接口软件等),应进行功能测试和系统测试,尤其应根据需要进行容量、可靠性、安全性、可恢复性、兼容性、自诊断等测试,并保证软件的可维护性;

（3）所有自编软件均应提供完整的文档,包括软件资料、程序结构说明、安装调试说明、使用和维护说明书等。

6. 依规定程序获得批准使用的新材料和新产品除符合上述规定外,尚应提供主管部门规定的相关证明文件。

7. 进口产品除应符合上述规定外,尚应提供原产地证明,配套提供的质量合格证明、检测报告及安装、使用、维护说明书等文件资料宜为中文文本(或附中文译文)。

（二）安装环境及系统质量要求

1. 电话交换机系统验收执行《程控电话交换设备安装工程验收规范》YD 5077—1998等有关部门及国家现行标准的规定;

2．通信系统的机房环境、机房安全、电源与接地应符合《智能建筑工程质量验收规范》GB 50339—2003 及《通信电源设备安装工程验收规范》YD 5079—1999 的有关规定。系统供电应装备 UPS 电源或备用柴油发电机组，并具备自动投入，具备市电与紧急备用电源之间的自动切换功能，供电质量符合设计要求；

3．通信机房宜采用专门的空调系统，以保证机房设计要求；

4．机房应采用气体灭火系统；

5．通信设备通常对接地有特殊要求，应严格按设备的安装说明书提出的要求做好系统接地。通信系统的不同设备对接地电阻值要求不一致时，系统接地电阻必须满足最低接地电阻值的要求。由建筑物外引入的线缆应有防雷措施；

6．楼板的荷重能力应能满足电源供电电池组及气体灭火系统等重量较大的设备的要求；

7．缆线布放时，过墙或过楼板的通道必须用防火材料封堵，接线的标志与标示应完整，便于核对，以利于检测和检修；

8．机房温度、湿度和电源电压应符合设计要求；

9．设备内风扇装置应运转良好，各种可见可闻的告警装置应正常工作，时钟装置应工作正常，精度符合要求。

## 二、会议电视系统

（一）设备材料及软件质量要求

详见电话交换机系统。

（二）安装环境及系统质量要求

1．会议电视系统验收应执行《会议电视系统工程验收规范》YD 5033—1997 的规定；

2．会议电视系统安装环境检查包括机房环境；会议室的温湿度、照明、音响及色调，电源供给，接地电阻等；

3．设备安装质量检查包括管线敷设，话筒、扬声器、摄像机、监视器及大屏幕布置等内容；

4．重现图像和语音的质量是会议电视系统的最主要的两项指标。语音应具有高的清晰度、可懂度和自然度。视频质量应从以下这些方面来考察：图像清晰度、帧速率、唇同步、延时和运动补偿。

## 三、卫星数字电视及有线电视系统

（一）设备材料质量要求

1．国外产品应符合中国广播电视制式和频率配置；

2．在同一项目中，选用的主要部件和材料，应具有性能和外观的一致性；

3．选用的设备和部件的输入、输出标称阻抗以及电缆的标称特性阻抗应为 75Ω；

4．其余详见电话交换机系统。

（二）系统质量要求

1．卫星数字电视及有线电视系统检测应执行《有线电视广播技术规范》GY/T 106—1999、《有线电视系统测量方法》GY/T 121—1999、《卫星数字电视接收站测量方法》GY/T 149—2000、《卫星电视地球接收站通用技术条件》GB/T 11442—1995、《智能建筑工程质量验收规范》GB 50339—2003 第 4.2.9 条等的规定；

　　2. 卫星电视接收站的天线性能要求、无线电性能要求、室外单元和室内单元的电性能要求应由设备供应商提供有关检测报告；

　　3. 卫星数字电视的输出电频应符合国家现行的有关标准规范；

　　4. 高频头至室内单元的线距、功放器及接收站位置等应符合设计要求；

　　5. 卫星电视接收天线安装应牢固、可靠，以防大风将天线吹离已调好的方向而影响收看效果，天线的立柱应保证垂直，卫星电视接收天线的安装重点在保证天线对卫星的指向角；天线安装间距应满足设计要求；

　　6. 竖杆(架)及拉线强度要够，拉力方向正确，拉力均匀；

　　7. 保安器和天线放大器应尽量安装在靠近该接收天线的竖杆上，并注意防水，馈线与天线的输出端应连接可靠并将馈线固定住，以免随风摇摆造成接触不良；

　　8. 进出建筑物的馈线等电缆应穿金属管保护；

　　9. 系统布线整齐、美观、牢固，电缆离地高度及与其他管线间距离符合设计要求，输出口用户盒安装位置正确、安装平整，用户接地盒、避雷器按要求安装，供电器、电源线安装符合设计及施工要求；

　　10. 预埋管线、支撑件、预留孔洞、沟、槽、基础、地坪等应符合设计要求；

　　11. 机房内电缆的布放，应根据设计要求进行。电缆必须顺直无扭绞，电缆引入机架处、拐弯处等重要地方，均需绑扎；

　　12. 电缆敷设到两端连接处应留有适度余量，并应有清晰、耐久性标识；

　　13. 引入引出房屋的电缆，应加装防水罩，向上引的电缆在入口处还应做成滴水弯；

　　14. 系统设备的金属外壳应良好接地；

　　15. 系统质量的主观评价：

　　(1) 图像质量的主观评价采用五级损伤标准，应不低于 4 分，主观评价(即五级损伤)标准见表 3.1.1；

图像质量的主观评价标准　　　　　　　表 3.1.1

| 等　级 | 图　像　质　量　损　伤　程　度 |
| --- | --- |
| 5分 | 图像上不觉察有损伤或干扰存在 |
| 4分 | 图像上稍有可觉察的损伤或干扰，但不令人讨厌 |
| 3分 | 图像上有明显觉察的损伤或干扰，令人讨厌 |
| 2分 | 图像上损伤或干扰较严重，令人相当讨厌 |
| 1分 | 图像上损伤或干扰极严重，不能观看 |

　　(2) 采用主观评测检查有线电视系统的性能，主要技术指标应符合表 3.1.2 的规定。

　　16. 系统质量的客观测试参数要求和测试方法应符合《30Hz～1GHz 声音和电视信号的电缆分配系统》GB 6510—1986 的规定；

　　17. HFC 网络的质量要求应满足：

（1）HFC 用户分配网应采用中心分配结构，具有可寻址路权控制及上行信号汇集均衡等功能；

（2）HFC 网络和双向数字电视系统，正向测试的调制误差率和相位抖动，反向测试侵入噪声、脉冲噪声和反向隔离度，所测试的参数指标应满足设计要求；

（3）数据通信、VOD、图文播放等功能应正常。

**有线电视主要技术指标**　　　　　表 3.1.2

| 序号 | 项目名称 | 测试频道 | 主观评价标准 |
|---|---|---|---|
| 1 | 系统输出电平（dBμV） | 系统内的所有频道 | 60～80 |
| 2 | 系统载噪比 | 系统总频道的 10%且不少于 5 个，不足 5 个全检，且分布于整个工作频段的高、中、低段 | 无噪波，即无"雪花干扰" |
| 3 | 载波互调比 | 系统总频道的 10%且不少于 5 个，不足 5 个全检，且分布于整个工作频段的高、中、低段 | 图像中无垂直、倾斜或水平条纹 |
| 4 | 交扰调制比 | 系统总频道的 10%且不少于 5 个，不足 5 个全检，且分布于整个工作频段的高、中、低段 | 图像中无移动、垂直或倾斜图案，即无"窜台" |
| 5 | 回波值 | 系统总频道的 10%且不少于 5 个，不足 5 个全检，且分布于整个工作频段的高、中、低段 | 图像中无沿水平方向分布在右边一条或多条轮廓线，即无"重影" |
| 6 | 色/亮度时延差 | 系统总频道的 10%且不少于 5 个，不足 5 个全检，且分布于整个工作频段的高、中、低段 | 图像中色、亮信息对齐，即无"彩色鬼影" |
| 7 | 载波交流声 | 系统总频道的 10%且不少于 5 个，不足 5 个全检，且分布于整个工作频段的高、中、低段 | 图像中无上下移动的水平条纹，即无"滚道"现象 |
| 8 | 伴音和调频广播的声音 | 系统总频道的 10%且不少于 5 个，不足 5 个全检，且分布于整个工作频段的高、中、低段 | 图像中无背景噪声，如丝丝声、哼声、蜂鸣声和串音等 |

### 四、背景音乐及紧急广播系统

（一）设备材料及软件质量要求

详见电话交换机系统。

（二）系统质量要求

1．背景音乐及紧急广播系统检测应执行《智能建筑工程质量验收规范》GB 50339—2003 第 4.2.10 条及国家现行标准规范的规定；

2．系统音频线的敷设、输入输出不平衡度、阻抗匹配、放声系统的分布、声压级和频响的技术指标应符合设计要求；

3．业务广播、背景音乐广播、紧急广播功能等应符合设计要求；

4．控制主机、功放等关键设备应配备后备电源，在市电电源故障时，应能持续待机超过 8h；

5．由于各功能空间内的使用要求及环境噪声不同，要求背景音乐的声压级等需求也不同，为此在各功能空间内应设有各自的音量控制器，以方便调节；

6．背景音乐中插播寻呼广播时，应设有"叮咚"或"钟声"等提示音，以提醒公众注意；

7. 系统分区划分应合理,公共广播的分区或几个分区之和应与消防分区一致;

8. 紧急广播设置备用扩音机,其功率不小于火灾时需同时广播的范围内火灾应急广播扬声器最大功率总和的 1.5 倍,在主机故障时备用机应自动投入运行;

9. 紧急广播系统必须具备以下功能:

(1) 优先广播权功能

发生火灾时,消防广播信号具有最高级的优先广播权,即利用消防广播信号可自动中断背景音乐和寻呼找人等广播。

(2) 选区广播功能

当建筑物发生火灾报警时,为防止混乱,只向火灾区及其相邻的区域广播。选区广播功能应有自动选区和人工选区两种,确保可靠执行指令。

(3) 强制切换功能

播放背景音乐时各扬声器负载的输入状态通常各不相同,有的处于小音量状态,有的处于关断状态,但在紧急广播时,各扬声器的输入状态都将转为最大全音量状态,即可通过遥控指令进行音量强制切换。

10. 消防值班室必须备有紧急广播分控台,此分控台应能遥控公共广播系统的开机、关机,分控台话筒具有优先广播权,分控台应具有强切权和选区广播权等。

### 五、会议扩声系统

(一) 设备材料质量要求

1. 扬声器的各项技术参数应符合设计要求,这些参数如下:

(1) 扬声器的声压灵敏度和最大声压级;

(2) 扬声器的指向特性;

(3) 扬声器单元的阻抗特性;

(4) 功率放大器的阻尼系数。

2. 调音台的功能应满足使用功能和合同的要求,操作使用方便,工作稳定,接插件质量可靠,技术性能指标符合设计要求;

3. 周边器材(如均衡器、压缩限幅器、反馈抑制器、电子分频器等)的使用功能和技术性能指标应符合设计或其他相关要求;

4. 以上各类器材设备均应提供生产厂的生产营业执照及相关测试证明;

5. 其余详见电话交换机系统。

(二) 会议扩声系统音质主观评价

1. 性能良好的扩声系统其主观评价应能达到:

(1) 低音:150Hz 以下,丰满、柔和而富有弹性;

(2) 中低音:150~500Hz,浑厚有力而不浑浊;

(3) 中高音:500~5000Hz,明亮透彻而不生硬;

(4) 高音:5000Hz 以上,纤细、圆润而不尖锐刺耳。

2. 综合感觉结果:

低音丰满、柔和、有弹性,中音有力而不浑浊,高音通透明亮而不刺耳;要求有一个平坦的频率响应特性;

3. 音质主观评价的条件：

主观评价专用节目源，国家技术监督局已监制做成了 GSBM—6001《主观评价节目源实物标准样品(CD 片)》。

# 第二节 计算机网络系统

## 一、设备材料质量要求

1. 网络设备的进场验收按《智能建筑工程质量验收规范》GB 50339—2003 第 5.2.2 条中的有关规定执行；

2. 软件产品的进场验收按《智能建筑工程质量验收规范》GB 50339—2003 第 3.2.6 条中的有关规定执行；

3. 计算机网络系统设备主要指网络机房及配线间中的有源设备，包括交换机、路由器、防火墙、网管工作站、各种服务器等设备，计算机网络系统进场的设备材料必须具有质量合格证明文件，质量证明文件包括产品出厂合格证或质量保证书、检验报告、试验报告、进口产品或材料的商检证明和说明书等，质量证明文件应反映工程材料的品种、规格、数量、性能指标并与实际进场的设备材料相符；

4. 设备材料进场时做检查验收，对照质量证明文件对设备材料的品种、规格、外观等进行检查验收；设备材料的品种符合设计要求，标识、规格、型号及性能检测报告应符合国家相关技术标准；产品进场时应包装完好，表面无划痕及外力冲击破损；经监理工程师核查确认，形成记录；

5. 产品功能、性能等项目的检测应按相应的现行国家产品标准进行；供需双方有特殊要求的产品，可按合同规定或设计要求进行；

6. 操作系统的型号、版本、介质及随机资料符合设计或合同要求；

7. 已经产品化的应用软件及按合同或设计需求定制的应用软件，应按照软件工程规范的要求进行验收，应提供完整文档，包括软件资料、程序结构说明(自编软件)、安装调试说明、使用和维护说明书等；

8. 网络安全系统的产品均应符合设计或合同要求。防火墙和防病毒软件等产品必须通过公安部计算机信息系统安全产品质量监督检验中心检验，并具有公安部公共信息安全监察局颁发的《计算机信息系统安全专用产品销售许可证》；特殊行业有其他规定时，还应遵守行业的相关规定；

9. 依规定程序获得批准使用的新材料和新产品除符合上述规定外，尚应提供主管部门规定的相关证明文件；

10. 进口产品除应符合上述规定外，尚应提供原产地证明，配套提供的质量合格证明、检测报告及安装、使用、维护说明书等文件资料宜为中文文本(或附中文译文)。

## 二、系统质量要求

(一) 网络设备

1. 网管工作站应能与网络内任一设备进行通信；

2. 根据网络配置方案要求，各子网(虚拟专网)间允许通信的用户之间应可实现资源

共享和信息交换,不允许通信的用户之间应无法通信,并保证网络节点符合设计规定的通信协议和适用标准;

3. 局域网内用户与公网的通信应符合配置方案要求。

(二) 网络连通性

1. 连通性检测方法可采用相关测试命令进行测试,或根据设计要求使用网络测试仪测试网络的连通性;

2. 局域网连通中的响应时间和丢包率,应符合设计要求。

(三) 网络系统布局

网络系统布局检测时,应对照网络设计系统图检查网络拓扑结构图是否符合设计要求。对照设计图查验现场,检查防火墙(硬件)、所有路由器和交换机安装的位置,网管工作站和服务器安放的位置。网络物理连接图与实际布线应一致。

(四) 网络系统设备参数配置

网络系统设备参数配置检测,按施工图设计文件检查网络设备参数配置,包括检查路由器、交换机参数配置;检查服务器及相关设备的序列号和 MAC 地址、IP 地址等;检查防火墙(含软件)和操作系统的参数配置。

(五) 网络路由

对计算机网络进行路由检测,路由检测方法可采用相关测试命令进行测试,或根据设计要求使用网络测试仪测试网络路由设置的正确性。

(六) 网络管理功能检测应符合下列要求

1. 网管系统应能够搜索到整个网络系统的拓扑结构图和网络设备连接图;

2. 网络系统应具备自诊断功能,当某台网络设备或线路发生故障后,网管系统应能够及时报警和定位故障点;

3. 应能够对网络设备进行远程配置和网络性能检测,提供网络节点的流量、广播率和错误率等参数。

(七) 容错功能

容错功能的检测方法应采用人为设置网络故障,检测系统正确判断故障及故障排除后系统自动恢复的功能,切换时间应符合设计要求。检测内容应包括以下两个方面:

(1) 对具备容错能力的网络系统,应具有错误恢复和故障隔离功能,主要部件应冗余设置,并在出现故障时可自动切换;

(2) 对有链路冗余配置的网络系统,当其中的某条链路断开或有故障发生时,整个系统仍应保持正常工作,并在故障恢复后应能自动切换回主链路运行。

(八) 网络安全系统

1. 如果与因特网连接,智能建筑网络系统必须安装防火墙和防病毒软件;

2. 对于涉及国家秘密的党政机关、企事业单位的信息网络工程,应按照《涉密信息设备使用现场的电磁泄漏发射保护要求》、《涉及国家秘密的计算机信息系统保密技术要求》和《涉及国家秘密的计算机信息系统安全保密评测指南》等国家现行标准的相关规定进行检测和验收;

3. 配置防火墙之后,必须满足如下要求:

（1）从外网能够且只能够访问到非军事化区内指定服务器的指定服务；
（2）从非军事化区可以根据需要访问外网的指定服务；
（3）未经授权，从外网不允许访问到内网的任何主机和服务；
（4）从非军事化区可以根据需要访问内网的指定服务器上的指定服务；
（5）从内网可以根据需要访问外网的指定服务；
（6）从内网可以根据需要访问非军事化区的指定服务器上的指定服务；
（7）防火墙的配置必须针对某个主机、网段、某种服务；
（8）防火墙的配置必须能够防范IP地址欺骗等行为；
（9）防火墙的配置必须是可以调整的。

4．网络环境下病毒的防范分为以下层次：
（1）配置网关型防病毒服务器的防病毒软件，对进出办公室自动化系统网络的数据包进行病毒检测和清除；网关型防病毒服务器应尽可能与防火墙统一管理；
（2）配置专门保护邮件服务器的防病毒软件，防止通过邮件正文、邮件附件传播病毒；
（3）配置保护重要服务器的防病毒软件，防止病毒通过服务器访问传播；
（4）对每台主机进行保护，防止病毒通过单机访问（如使用带毒光盘、软盘等）进行传播。

（九）应用软件

1．智能建筑的应用软件包括智能建筑办公自动化软件和物业管理软件。应用软件的检测应从其涵盖的基本功能、界面操作的标准性、系统可扩展性和管理功能等方面进行，并根据设计要求检测其应用功能；

2．应用软件的操作命令界面应为标准图形交互界面，要求风格统一、层次简洁，操作命令的命名不得具有二义性；

3．应用软件应具有可扩展性，系统应预留可升级空间以供纳入新功能，宜采用能适应最新版本的信息平台，并能适应信息系统管理功能的变动。

## 第三节　建筑设备监控系统

### 一、设备材料质量要求

1．网络设备的进场验收按《智能建筑工程质量验收规范》GB 50339—2003 第5.2.2条中的有关规定执行；

2．软件产品的进场验收按《智能建筑工程质量验收规范》GB 50339—2003 第3.2.6条中的有关规定执行；

3．建筑设备监控系统进场的设备材料必须具有质量合格证明文件，质量证明文件包括产品出厂合格证或质量保证书、检验报告、试验报告、进口产品或材料的商检证明和说明书等，质量证明文件应反映工程材料的品种、规格、数量、性能指标并与实际进场的设备材料相符；

4．设备材料进场时做检查验收，对照质量证明文件对设备材料的品种、规格、外观等进行检查验收;设备材料的品种符合设计要求,标识、规格、型号及性能检测报告应符合国家相关技术标准;产品进场时应包装完好,表面无划痕及外力冲击破损;各类传感器、变送器、电动阀门及执行器、现场控制器等的铭牌、附件齐全,电器接线端子完好,设备表面无缺损,涂层完整;经监理工程师核查确认,形成记录;

5．产品功能、性能等项目的检测应按相应的现行国家产品标准进行;供需双方有特殊要求的产品,可按合同规定或设计要求进行;

6．软件产品的质量应按下列内容检查:

（1）商业化的软件,如操作系统、数据库管理系统和应用系统软件等应做好使用许可证及使用范围的检查;

（2）由系统承包商编制的用户应用软件、用户组态软件及接口软件等,应进行功能测试和系统测试,尤其应根据需要进行容量、可靠性、安全性、可恢复性、兼容性、自诊断等测试,并保证软件的可维护性;

（3）所有自编软件均应提供完整的文档,包括软件资料、程序结构说明、安装调试说明、使用和维护说明书等;

（4）软件界面应汉化。

7．依规定程序获得批准使用的新材料和新产品除符合上述规定外,尚应提供主管部门规定的相关证明文件;

8．进口产品除应符合上述规定外,尚应提供原产地证明,配套提供的质量合格证明、检测报告及安装、使用、维护说明书等文件资料宜为中文文本(或附中文译文)。

## 二、系统质量要求及检测

（一）空调与通风系统

1．应明确建筑设备监控系统供应商与设备供应商、供配电供应商之间设备材料供应界面。所供设备、配电箱等必须满足系统设计要求或双方签订的界面技术协议;

2．构成建筑设备监控系统的各设备子系统硬件接口(如适配器卡等)、通信线缆、信息传输及通信方式等必须相互匹配。它们的软、硬件产品的品牌、版本、型号、规格、产地和数量应符合设计或合同及产品技术标准要求。并符合双方签订的技术协议要求;

3．计算机、网络控制器、网关、现场控制器等电子设备的工作接地应连在其他弱电工程共用的单独的接地干线上。电缆屏蔽层必须接地,为避免产生干扰电流,对信号电缆和1MHz及以下低频电缆应一点接地;对1MHz以上电缆,为保证屏蔽层为地电位,最好采用多点接地;

4．输入设备应安装在能确保正确反映其性能参数、便于调试和维护的地方,不同类型的传感器应按设计要求、产品要求和现场实际情况确定其位置;

5．室外型温、湿度传感器不应安装在阳光直射的位置,应远离有较强振荡、电磁干扰的区域;

6．风管型湿度传感器、室内温度传感器、蒸汽压力传感器、空气质量传感器应避开蒸汽放空口及出风口处;

7．水管型温度传感器、蒸汽压力传感器、水流开关、水管流量计不宜安装在管道焊缝及其边缘上开孔焊接;

8. 流量传感器需要装在一定长度的直管上,以确保管道内流速平稳;流量传感器上下游应留有足够长度的直管,所留直管长度应符合所选产品技术说明书的要求;若传感器前后的管道中安装有阀门,管道缩径、弯管等影响流量平稳的设备,则直管段的长度还需相应增加;

9. 涡轮式流量变送器应安装在便于维修并避免管道振动,避免强磁场及热辐射的场所;安装时要水平,流体的流动方向必须与传感器壳体上所示的流向标志一致;

10. 电动风门驱动器的供电电压、控制输入等应符合设计和产品说明书的要求,且宜进行动作模拟。风阀控制器的输出力矩必须与风阀所需的相配,符合设计要求。当不能直接与风门挡板轴相连接时,可通过附件与挡板轴相连,其附件装置必须保证风阀控制器旋转角度的调整范围;

11. 风阀控制器宜面向便于观察的位置安装,与风阀门轴的连接应固定牢固;

12. 风阀箭头和电动阀门的箭头尖与风门、电动阀门的开闭和水流方向应一致;

13. 电动阀门的口径与管道口径不一致时,应采取渐缩管件,但阀门口径一般不应低于管道口径二个档次,并应经计算确定满足设计要求;

14. 电动与电磁调节阀一般安装在回水管上;

15. 新风机组控制系统功能检测:

(1) 新风机组,包括送风温度控制、送风相对湿度控制、电气连锁以及防冻连锁控制等应符合设计要求;

(2) 在中央工作站或现场控制器显示终端检查温度、相对湿度测量值,核对其数据是否正确,必要时可用手持式仪表测量送风温度和送风相对湿度,比较测量精度;

(3) 风压开关、防冻开关工作状态应正常;检查送风机及相应冷热水调节阀工作状态;检查新风阀开关状态;

(4) 进行温度调节,改变送风温度设定值,使其小于送风温度测量值,一般为3℃左右,观察冷水阀开度应逐渐加大,热水阀开度应减小(冬季工况),送风温度测量值应逐步减小并接近设定值;改变送风温度设定值,使其大于送风温度测量值时,观察结果应与上述相反。当使用变频风机调速时,随着送风温度设定值的改变,风机转速随之降低或升高,送风温度测量值逐步接近设定值。相对湿度控制应满足系统稳定性和基本精度的要求;

(5) 进行湿度调节,改变送风湿度设定值,使其大于送风湿度测量值,一般为10%RH左右,观察加湿器应投入工作或加大加湿量,送风相对湿度测量值应逐步趋于设定值。改变送风湿度设定值,使其小于送风相对湿度测量值时,观察结果应相反。相对湿度控制应满足系统稳定性和基本精度的要求;

(6) 送风温度的控制精度以保持设定值为原则。当设计文件有控制精度要求时,应符合设计要求;当设计文件无控制精度要求时,一般为温度设定值的±2℃;

(7) 相对湿度的控制精度应根据加湿控制方式的选择,检测工况的相对湿度控制效果,当设计文件有控制精度要求时,应符合设计要求;

(8) 改变预定时间表,检测新风机组的自动启停功能;

(9) 启动/关闭新风机,各设备电气连锁应符合设计要求。电气连锁包括新风阀、电动水阀、加湿器等设备,包括在冬季运行时,热水阀应优先于所有机组内设备的启动而开启等。启动新风机,新风阀连锁打开,温度和湿度调节控制投入运行;关闭新风机,新风阀以及冷、热水调节阀门和加湿器等回到全关闭位置;

(10) 防冻连锁功能检测应根据设计文件要求,在冬季室外气温低于0℃的地区,除电气连锁外,还应限制热盘管电动阀的最小开度,最小开度设置应能保证盘管内水不结冰的最小水量;

(11) 检测系统故障报警功能,包括过滤器压差开关报警、风机故障报警、测控点传感器故障报警及处理。

16. 定风量空调机组控制系统的检测:

(1) 定风量空调机组控制系统,包括:回风温度(房间温度)控制、回风相对湿度(房间相对湿度)控制、电气连锁控制、阀门开度比例控制功能等应符合设计要求;

(2) 在中央工作站或现场控制器显示终端检查温度、相对湿度测量值,核对其数据是否正确,必要时可用手持式仪表测量回风温度(房间温度)和回风相对湿度(房间相对湿度),比较测量精度;

(3) 风压开关、防冻工作状态应正常;检查送风机、回风机及相应冷热水调节阀工作状态;检查新风阀、排风阀、回风阀开关状态;

(4) 进行温度调节,改变回风湿度设定值,使其小于回风温度测量值,一般为3℃左右,观察冷水阀开度应逐渐加大,热水阀开度应减小(冬季工况),回风温度测量值应逐步减小并接近设定值;改变回风温度设定值,使其大于回风温度测量值时,观察结果应与上述相反。检测时应注意观察回风温度测量值随着回风温度设定值的改变而改变,同时注意记录稳定到回风温度设定值附近的相应时间;系统稳定后,回风温度测量值不应出现明显的波动,其偏差不应超出要求范围。相对湿度控制应满足系统稳定性和基本精度的要求;

(5) 进行湿度调节,改变回风湿度设定值,使其大于回风湿度测量值,一般为10%RH左右,观察加湿器应投入工作或加大加湿量,回风相对湿度测量值应逐步趋于设定值。改变回风湿度设定值,使其小于回风相对湿度测量值时,过程与上述相反。相对湿度控制应满足系统稳定性和基本精度的要求;

(6) 回风温度的控制精度以保持设定值为原则。当设计文件有控制精度要求时,应符合设计要求;当设计文件无控制精度要求时,一般为温度设定值的±2℃;

(7) 相对湿度的控制精度应根据加湿控制方式的选择,检测工况的相对湿度控制效果,当设计文件有控制精度要求时,应符合设计要求;

(8) 改变预定时间表,检测空调机组的自动启停功能;

(9) 启动/关闭空调机组,各设备电气连锁应符合设计要求。电气连锁包括送风机、回风机、新风阀、回风阀、排风阀、冷热水调节阀、加湿器等设备。启动空调风机,新风阀、回风阀、排风阀等连锁打开,温度和湿度调节控制投入运行;关闭空调风机,新风阀、回风阀、排风阀、冷热水调节阀门、加湿器等回到全关闭位置;

(10) 防冻连锁功能检测应依据设计文件要求,在冬季室外气温低于0℃的地区,除电气连锁外,还应限制热盘管电动阀的最小开度,最小开度设置应能保证盘管内水不结冰的

最小水量;

（11）检测系统故障报警功能,包括过滤器压差开关报警、风机故障报警、测控点传感器故障报警及处理;

（12）节能优化控制功能检测,节能优化控制功能的检测包括实施节能优化的措施和达到的效果,可根据现场观察和查询历史数据来进行。

17. 变风量空调系统控制功能检测:

（1）变风量空调机组控制系统,包括:冷水量/送风温度控制、风机转速/静压点的静压控制、送风量/室内温度控制、新风量/二氧化碳浓度控制、相对湿度控制、电器连锁控制、阀门开度比例控制功能等应符合设计要求;

（2）在中央工作站或现场控制器显示终端检查温度、相对湿度测量值,核对其数据是否正确,必要时可用手持式仪表测量回风温度(房间温度)和回风相对湿度(房间相对湿度),比较测量精度;

（3）检查风压开关、防冻工作状态是否正常;检查送风机、回风机及相应冷热水调节阀工作状态;检查新风阀、排风阀、回风阀开关状态;

（4）进行送风温度调节,改变送风温度设定值,使其小于送风温度测量值,一般为3℃左右,观察冷水阀开度应逐渐加大,热水阀开度应减小(冬季工况),送风温度测量值应逐步减小并接近设定值;改变送风温度设定值,使其大于送风温度测量值时,观察结果应与上述相反;

（5）静压控制检测,改变静压设定值,使之大于或小于静压测量值,变频风机转速应随之升高或降低,静压测量值应逐步趋于设定值;

（6）室内温度控制功能检测,改变送风量进行室内温度调节;

（7）二氧化碳浓度控制检测,改变二氧化碳浓度设定值,检查新风阀开度变化;

（8）进行湿度调节,改变送风湿度设定值,使其大于送风湿度测量值,一般为10%RH左右,观察加湿器应投入工作或加大加湿量,送风相对湿度测量值应逐步趋于设定值。改变送风湿度设定值,使其小于送风相对湿度测量值,观察结果应相反。相对湿度控制应满足系统稳定性和基本精度的要求;

（9）温度的控制精度以保持设定值为原则。当设计文件有控制精度要求时,应符合设计要求;当设计文件无控制精度要求时,一般为温度设定值的±2℃;

（10）相对湿度的控制精度应根据加湿控制方式的选择,检测工况的相对湿度控制效果,当设计文件有控制精度要求时,应符合设计要求;

（11）改变预定时间表,检测变风量空调机组的自动启停功能;

（12）启动/关闭变风量空调机组,各设备电气连锁应符合设计要求。电气连锁包括送风机、回风机、新风阀、回风阀、排风阀、冷热水调节阀、加湿器等设备。启动空调风机,新风阀、回风阀、排风阀等连锁打开,温度、相对湿度、风机转速调节控制投入运行;关闭空调风机,新风阀、回风阀、排风阀、冷热水调节阀门、加湿器等回到全关闭位置;

（13）防冻连锁功能检测应依据设计文件要求,在冬季室外气温低于0℃的地区,除电气连锁外,还应限制热盘管电动阀的最小开度,最小开度设置应能保证盘管内水不结冰的最小水量;

(14) 检测系统故障报警功能,包括过滤器压差开关报警、风机故障报警、测控点传感器故障报警及处理;

(15) 节能优化控制功能检测,节能优化控制功能的检测包括实施节能优化的措施和达到的效果,可根据现场观察和查询历史数据来进行。

(二) 变配电系统

1. 变配电设备各高、低压开关运行状况及故障报警应能正常显示或提示;

2. 电源及主供电回路电流值显示、电源电压值显示、功率因数测量、电能计量等应符合设计要求;

3. 变压器超温报警应能正常提示;

4. 应急发电机组供电电流、电压、频率、储油罐液位、故障报警应能正常显示或提示;

5. 不间断电源工作状态、蓄电池组及充电设备工作状态应符合设计要求。

(三) 公共照明控制系统

1. 依据设计文件,按照建筑物内外照明设施/区域分组情况,通过在计算机上改变设定时间表,观察各区域照明设施开/关情况;

2. 检查室外环境光照度变化时相应照明设施启动/停止状态;检查通过采用门锁、红外线探测进行照明控制的实际效果;

3. 检查计算机对公共照明开/关状态的监视;

4. 检查当市电停电或有突发事件发生时,照明设备组应作出相应的联动配合。如火警时,联动照明系统关闭,打开应急灯和疏散指示灯;当有非法入侵报警时,相应区域的照明灯开启等;

5. 检查公共照明手动开关功能。

(四) 给排水系统

1. 高位水箱给水系统功能检测:

(1) 依据液位测量,检测给水泵启/停控制的正确性;

(2) 检测工作泵与备用泵切换的正确性;

(3) 高、低液位报警、水泵过载报警的显示与保护。

2. 变频器恒压给水系统功能检测:

(1) 检测变频控制水泵与工频控制水泵、工作水泵与备用水泵切换的正确性;

(2) 超压报警、设备故障报警及保护。

3. 排水监控系统功能检测:

(1) 依据污水池液位,检测排水泵启/停控制的正确性;

(2) 检测工作泵与备用泵切换的正确性;

(3) 污水池高、低液位报警,水泵过载报警的显示与保护。

(五) 热源和热交换系统

1. 热源系统功能检测

(1) 锅炉运行台数控制及设备顺序启、停控制;

(2) 锅炉烟气含氧量检测及燃烧系统自动调节;

(3) 锅炉房可燃物、有害物质浓度检测报警;

(4) 设备故障报警及安全保护功能;
(5) 燃料消耗量统计记录。
2．热交换系统功能检测
(1) 热交换系统负荷自动调节功能;
(2) 热交换系统预定时间表自动启、停功能;
(3) 热交换系统节能优化功能;
(4) 超压报警、循环泵故障报警及安全保护功能;
(5) 能量消耗统计记录。
(六) 冷冻和冷却水系统
1．冷冻水系统功能检测
(1) 冷冻机启、停控制、顺序控制和台数控制功能;
(2) 冷冻系统预定时间表自动启、停;
(3) 冷冻机参数设置及运行模式转换;
(4) 冷冻机节能优化控制;
(5) 冷冻机冷量测量及记录;
(6) 冷冻机过载及故障报警和保护;
(7) 冷冻水旁通阀压差控制;
(8) 循环水泵启、停控制及过载报警;
(9) 设备联动功能。
2．冷却水系统功能检测
(1) 参数检测;
(2) 系统负荷调节;
(3) 预定时间表自动启、停;
(4) 节能优化控制;
(5) 故障检测记录与报警;
(6) 设备运行联动;
(7) 能耗计量与统计。
(七) 电梯和自动扶梯系统
1．检测电梯和自动扶梯启动/停止、运行状态检测情况;
2．检测电梯监视、电梯故障检测及报警;
3．检测中央工作站动态显示各台电梯的实时状态情况;
4．检测多台电梯群控管理功能及效果;
5．检测当发生火灾时,电梯及自动扶梯系统协同消防系统工作情况;
6．检测紧急状态时,与其他系统的配合工作情况。
(八) 中央管理工作站与操作分站
1．建筑设备监控系统中央管理工作站与操作分站进行验收时,应主要检测其监控和管理功能,检测时应以中央管理工作站为主,对操作分站主要检测其监控和管理权限以及数据与中央管理工作站的一致性;

2．检测中央管理工作站显示和记录的各种测量数据、运行状态、故障报警等信息的实时性和准确性，以及对设备进行控制和管理的功能，并检测中央管理工作站控制命令的有效性和参数设定的功能，保证中央管理工作站的控制命令被无冲突地运行；

3．检测中央管理工作站数据的存储和统计（包括检测数据、运行数据）、历史数据趋势图显示、报警存储统计（包括各类参数报警、通信报警和设备报警）情况，中央管理工作站存储的历史数据时间应大于 3 个月，一般为一个完整的运行期；

4．检测中央管理工作站数据报表生成及打印功能、故障报警信息的打印功能；

5．检测中央管理工作站操作的方便性，人机界面应符合友好、汉化、图形化要求，图形切换流程清楚易懂，便于操作，对报警信息的显示和处理应直观有效；

6．系统应具有操作权限，确保系统操作的安全性。

## 第四节　火灾自动报警及消防联动系统

### 一、设备材料质量要求

1．火灾自动报警及消防联动系统进场的设备材料必须具有质量合格证明文件，质量证明文件包括产品出厂合格证或质量保证书、检验报告、试验报告、进口产品或材料的商检证明和说明书等，质量证明文件应反映工程材料的品种、规格、数量、性能指标并与实际进场的设备材料相符；

2．设备材料进场时做检查验收，对照质量证明文件对设备材料的品种、规格、外观等进行检查验收；设备材料的品种符合设计要求，标识、规格、型号及性能检测报告应符合国家相关技术标准，实行产品许可证和强制性产品认证标志的产品应有产品许可证和强制性产品认证标志；产品进场时应包装完好，表面无划痕及外力冲击破损；经监理工程师核查确认，形成记录；

3．产品功能、性能等项目的检测应按相应的现行国家产品标准进行；供需双方有特殊要求的产品，可按合同规定或设计要求进行；

4．产品质量检查应包括列入《中华人民共和国实施强制性产品认证的产品目录》或实施生产许可证或上网许可证管理的产品，未列入强制性认证产品目录或未实施生产许可证或上网许可证管理的产品应按规定程序通过产品检测后方可使用；

5．依规定程序获得批准使用的新材料和新产品除符合上述规定外，尚应提供主管部门规定的相关证明文件；

6．进口产品除应符合上述规定外，尚应提供原产地证明，配套提供的质量合格证明、检测报告及安装、使用、维护说明书等文件资料宜为中文文本（或附中文译文）。

### 二、系统质量要求

（一）安装质量要求

1．火灾报警控制器（以下简称控制器）在墙上安装时，其底边距地面高度宜为 1.3～1.5m，落地安装时，其底宜高出地坪 0.1～0.2m；

2．控制器靠近门轴的侧面距离不应小于 0.5m，正面操作距离不应小于 1.2m；落地式安装时，柜下面应有进出线地沟；如果需要从后面检修时，柜后面板距离不应小于 1m，当

有一侧靠墙安装时,另一侧距离不应小于1m;

3. 控制器的正面操作距离,设备单列布置时不应小于1.5m,双列布置时不应小于2m,在值班人员经常工作的一面,控制盘前距离不应小于3m;

4. 控制器应安装牢固,不得倾斜。安装在轻质墙上时应采取加固措施;

5. 控制器的主电源引入线应直接与消防电源连接,严禁使用电源插头,主电源应有明显标志;

6. 控制器的接地应牢固,并有明显标志;

7. 当采用暗敷设时,应敷设在不燃烧结构体内,且保护层厚度不宜小于30mm;当采用明敷设时,应在金属管或金属线槽上涂防火涂料保护;采用绝缘和护套为不延燃性材料的电缆时,可不穿金属管保护,但应敷设在电缆竖井或吊顶内的有防火保护措施的封闭式线槽内;

8. 火灾自动报警及消防联动系统用的电缆竖井(一般与弱电竖井共用),宜与强电线路的电缆竖井分别设置。如受条件限制必须合用时,弱电与强电线路应分别布置在竖井的两侧。每层竖井分线处应设端子箱,端子箱内的端子宜选择压接或带锡焊接的端子板,其接线端子上应有相应的标号。分线端子除作为电源线、故障信号线、火警信号线、自检线、区域线外,宜设两根公共线,以便调试时作为通信联络用;

9. 消防控制设备的外接导线,当采用金属软管作套管时,其长度不宜大于2m,且应采用管卡固定,其固定点间不应大于0.5m。金属软管与消防控制设备的接线盒(箱)应采用锁母固定,并应根据配管规定接地;

10. 消防控制设备外接导线的端部应有明显标志;

11. 消防控制设备盘(柜)内不同电压等级、不同电流的类别的端子应分开,并有明显标志;

12. 端子板的每个接线端,接线不得超过二根;

13. 导线应帮扎成束。导线、引入线穿管敷设后,在进线管处应封堵。

(二) 系统检测要求

1. 火灾报警控制器的检测项目

(1) 火灾报警控制器的强制性产品认证证书和销售许可证书;

(2) 火灾报警控制器或集中报警控制器的安装质量;

(3) 区域报警控制器、层显示器、复示屏的安装质量;

(4) 火灾报警控制器柜内接线质量检查;

(5) 火灾报警控制器基本功能检查;

(6) 报警音响;

(7) 报警控制器的电源;

(8) 报警控制器的接地。

2. 消防通信及联动设备的检测项目

检测项目见表3.4.1。

3. 消防水系统的检测项目

检测项目见表3.4.2。

消防通信及联动设备检测项目表　　　表3.4.1

| 序号 | 项目 | 检测内容 |
|---|---|---|
| 1 | 消防通信 | 消防专用电话<br>对讲电话与插孔通话<br>直接报警的外线电话 |
| 2 | 消防联动设备 | 安装质量<br>柜内布线<br>盘面控制、显示信号和手动直接控制装置<br>电源<br>故障报警<br>接地 |
| 3 | 火灾应急广播和报警装置 | 扬声器、声光报警器的设置<br>音响功能<br>强切功能<br>选层广播功能<br>备用广播扩音机控制功能 |
| 4 | 消防电梯 | 消防电梯专用电话<br>消防电梯排水设施功能<br>人工操作功能<br>联动及远程控制功能<br>普通电梯迫降功能 |
| 5 | 应急照明灯 | 外观及安装质量<br>应急转换功能<br>应急工作时间及充、放电功能<br>应急照明灯照度 |
| 6 | 疏散指示灯 | 外观及安装质量<br>疏散指示方向和图形<br>疏散指示应急转换功能<br>疏散指示灯照度 |
| 7 | 其他联动设备 | 声、光报警装置功能<br>非消防电源切断功能 |
| 8 | 消防设备启、停控制及工作状态显示功能 | 消防水泵的控制<br>自动喷水和水喷雾灭火系统控制<br>管网气体灭火、泡沫灭火、干粉灭火的控制<br>防火门、防火卷帘等防烟设施的控制<br>排烟设施的控制 |

**消防水系统检测项目表** 表 3.4.2

| 序号 | 项目 | 检测内容 |
|---|---|---|
| 1 | 消防给水系统 | 消防水池<br>消防水箱<br>气压给水装置<br>消防水泵<br>水泵接合器安装 |
| 2 | 室内消火栓系统 | 消火栓箱体<br>室内消火栓<br>消火栓给水系统综合性能 |
| 3 | 室外消火栓系统 | 消火栓外观及安装质量<br>消火栓设置<br>消火栓给水系统综合性能 |
| 4 | 自动喷水灭火系统 | 湿式报警阀<br>干式报警阀<br>雨淋阀<br>水流指示器<br>末端试水装置<br>系统管道连接<br>喷头<br>系统联动功能 |
| 5 | 水喷雾灭火系统 | 水雾喷头的外观及安装质量<br>雨淋阀的安装和功能<br>过滤器的设置和功能<br>管道安装质量<br>消防用水量 |
| 6 | 水幕、雨淋系统 | 供水泵的控制<br>雨淋阀的控制<br>系统联动功能 |

4．气体灭火系统的检测项目

检测项目见表 3.4.3、表 3.4.4。

**卤代烷灭火系统检测项目表** 表 3.4.3

| 序号 | 项目 | 检测内容 |
|---|---|---|
| 1 | 产品证书 | 国家消防电子产品质量监督检验中心出具的检验报告<br>强制性产品认证证书<br>所在地区销售的许可证书 |

续表

| 序号 | 项 目 | 检 测 内 容 |
|---|---|---|
| 2 | 灭火剂贮存 | 灭火剂贮存容器是否在制造厂家完成<br>贮瓶间的温度 |
| 3 | 集流管、单向阀的安装 | 集流管外观及安装质量<br>泄压装置的泄压方向 |
| 4 | 气体驱动装置 | 安装质量<br>压力 |
| 5 | 灭火剂输送管道及喷嘴 | 管道安装质量<br>喷嘴的扩散角 |
| 6 | 防护区灭火装置的设置和安装 | 防护区灭火装置的设置<br>防护区灭火装置的安装质量 |
| 7 | 系统功能试验 | 指示灯<br>压力表<br>声、光报警装置<br>系统联动功能 |
| 8 | 接地 | 接地电阻 |

二氧化碳灭火系统检测项目表　　　　表 3.4.4

| 序号 | 项 目 | 检 测 内 容 |
|---|---|---|
| 1 | 产品证书 | 国家消防电子产品质量监督检验中心出具的检验报告<br>强制性产品认证证书<br>所在地区销售的许可证 |
| 2 | 设备和构件的外观及安装 | 容器中二氧化碳的充装率<br>容器间室内温度<br>管道及其附件能承受的压力 |
| 3 | 全淹没灭火系统的安装 | 二氧化碳的设计浓度<br>二氧化碳的喷放时间 |
| 4 | 局部应用灭火系统 | 喷头的布置<br>喷头的安装方式和角度<br>二氧化碳喷射时间<br>手动操作装置设置位置<br>保护对象周围的空气流动速度 |
| 5 | 系统组件 | 贮存容器的工作压力<br>选择阀的工作压力<br>集流管的工作压力 |
| 6 | 系统功能试验 | 启动方式、条件及延迟时间<br>声、光报警信号的时间及切除 |
| 7 | 接地 | 接地电阻 |

## 5. 泡沫灭火系统的检测项目

检测项目见表 3.4.5。

泡沫灭火系统检测项目表　　　　　表 3.4.5

| 序号 | 项目 | 检测内容 |
|---|---|---|
| 1 | 产品证书 | 国家消防电子产品质量监督检验中心出具的检验报告<br>强制性产品认证证书<br>所在地区销售的许可证书 |
| 2 | 消防泵或固定式消防泵组、水池 | 安装质量、水池尺寸<br>水源及进水管网<br>泵组的启停时间 |
| 3 | 泡沫液贮罐、比例混合器 | 安装质量<br>压力 |
| 4 | 管网和喷头 | 管网的位置、坡向、坡度、连接方式和安装质量<br>泡沫喷头的安装质量 |
| 5 | 泡沫发生器 | 泡沫发生器的安装质量<br>压力<br>喷水试验 |
| 6 | 泡沫炮 | 泡沫炮的安装质量<br>喷射距离和覆盖面积<br>压力<br>喷射强度 |
| 7 | 泡沫消火栓 | 消火栓的安装质量<br>压力<br>喷水试验 |
| 8 | 喷泡试验和系统联动试验 | 工作与备用消防泵或固定式消防泵组连续运转时间<br>低、中倍数泡沫灭火系统喷泡试验地点、灭火时间及泡沫混合液的混合比和发泡倍数<br>高倍数泡沫灭火系统灭火时间、泡沫最小供给速率<br>固定式泡沫的进口压力、射程、射高、仰俯角度、水平回转角度<br>最不利点防护区的最不利任意四个相邻喷头的进口压力 |

## 6. 防排烟及通风设备的检测项目

检测项目见表 3.4.6。

**防排烟及通风设备检测项目表**　　　　　　　　表3.4.6

| 序号 | 项目 | 检测内容 |
|---|---|---|
| 1 | 机械防烟设备 | 加压送风口布置、结构形式及功能<br>送风管道、机械加压风机的安装质量<br>加压送风的风速<br>防烟系统的正压值<br>风道防烟阀的设置、动作灵活性、气密性<br>防烟阀和加压风机的启停功能 |
| 2 | 机械排烟设备 | 排烟管道安装、排烟口位置及形式<br>机械排烟风机的安装质量<br>排烟风机的风速<br>排烟防火阀的设置、动作灵活性、气密性<br>区域排烟阀、排烟风机的启停功能 |
| 3 | 通风设备 | 空气中含有易燃、易爆物质的房间的通风设计<br>通风设备和管道安装、防火阀的设置<br>通风系统的保温材料 |
| 4 | 空调机组 | 防火阀与空调机组风机的联动功能<br>送风系统的管道中防火阀的位置及功能<br>空调系统与防排烟系统之间是否有窜流<br>空调系统的保温材料 |

7. 钢质防火卷帘、挡烟垂壁和防火门检测项目

检测项目见表3.4.7。

**钢质防火卷帘、挡烟垂壁和防火门检测项目表**　　　　表3.4.7

| 序号 | 项目 | 检测内容 |
|---|---|---|
| 1 | 钢质防火卷帘 | 防火卷帘和导轨的质量、安装、传动、运行时噪声<br>卷帘门的密闭性<br>温度金属熔断装置的功能<br>防火卷帘的启、闭平均速度<br>手动、远程手动、自动控制和机械操作功能<br>联动功能和信号反馈 |
| 2 | 挡烟垂壁 | 动作是否顺畅<br>隔烟效果<br>联动和信号反馈 |
| 3 | 防火门 | 外观和安装质量<br>手动、电动和自动控制功能<br>联动功能 |

8. 系统监控计算机和消防控制室的检测项目
（1）消防控制室环境；
（2）消防控制室内的设置与设备布置；
（3）消防控制室供电电源；
（4）消防监控主机的监控软件和管理软件的功能；
（5）消防控制系统及与其他智能化系统的接口；
（6）消防控制室的接地设施。

## 第五节 安全防范系统

**一、设备材料质量要求**

1. 安全防范系统进场的设备材料必须具有质量合格证明文件，质量证明文件包括产品出厂合格证或质量保证书、检验报告、试验报告、进口产品或材料的商检证明和说明书等，质量证明文件应反映工程材料的品种、规格、数量、性能指标并与实际进场的设备材料相符；

2. 设备材料进场时做检查验收，对照质量证明文件对设备材料的品种、规格、外观等进行检查验收；设备材料的品种符合设计要求，标识、规格、型号及性能检测报告应符合国家相关技术标准，实行产品许可证和强制性产品认证标志的产品应有产品许可证和强制性产品认证标志；产品进场时应包装完好，表面无划痕及外力冲击破损；经监理工程师核查确认，形成记录；

3. 产品功能、性能等项目的检测应按相应的现行国家产品标准进行；供需双方有特殊要求的产品，可按合同规定或设计要求进行；

4. 产品质量检查应包括列入《中华人民共和国实施强制性产品认证的产品目录》或实施生产许可证或上网许可证管理的产品，未列入强制性认证产品目录或未实施生产许可证或上网许可证管理的产品应按规定程序通过产品检测后方可使用；

5. 软件产品的质量应按下列内容检查：
（1）商业化的软件，如操作系统、数据库管理系统和应用系统软件等应做好使用许可证及使用范围的检查；
（2）由系统承包商编制的用户应用软件、用户组态软件及接口软件等，应进行功能测试和系统测试，尤其应根据需要进行容量、可靠性、安全性、可恢复性、兼容性、自诊断等测试，并保证软件的可维护性；
（3）所有自编软件均应提供完整的文档，包括软件资料、程序结构说明、安装调试说明、使用和维护说明书等；
（4）软件界面应汉化。

6. 依规定程序获得批准使用的新材料和新产品除符合上述规定外，尚应提供主管部门规定的相关证明文件；

7. 进口产品除应符合上述规定外，尚应提供原产地证明，配套提供的质量合格证明、检测报告及安装、使用、维护说明书等文件资料宜为中文文本(或附中文译文)。

## 二、系统质量要求及检测

(一) 基本要求

1. 总体防范范围应符合设计要求;
2. 设防情况和防范功能应符合设计要求;
3. 重点防范部位的设防情况和防范功能应符合设计要求;
4. 监控中心的图像质量、图像记录和其他数据记录的保存时间应满足管理要求。图像存储、回放及恢复的质量应满足设计、合同及国家现行有关标准规范的要求;
5. 入侵报警系统的报警事件记录、出入口通信信息、巡更数据记录、停车场(库)的出入信息记录等的记录应完整,记录的保存时间应满足管理要求;
6. 安全防范各子系统内及与其他弱电系统的联动功能应符合设计要求。

(二) 视频监控系统

1. 系统前端设备:

(1) 摄像机的选配应与被监视的环境相匹配,分辨率及灰度应符合相关要求(一般为黑白≥350线,彩色≥270线,灰度≥8级),视频电信号应符合相关要求($1Vp-p±20\%$,75Ω复合视频信号),照度指标应与现场条件相匹配;

(2) 镜头应满足被监视目标的距离及视角要求,镜头的调节功能(包括光圈调节、焦距调节、变倍调节)应动作正常;

(3) 摄像机云台的水平、俯仰方向的转动应平稳、旋转速率应符合相关要求;旋转范围应满足监视目标的需要;

(4) 摄像机的防护罩选配应符合设计要求,特别是室外用摄像机防护罩应选配全天候型;固定摄像机的支架应符合设计要求;

(5) 解码器功能应满足设计要求,应支持对摄像机、镜头、云台的控制,并具有为云台、摄像机供电的功能,同时如有需要,应可为雨刷、灯光、电源提供现场开关量节点。

2. 图像质量:

(1) 监视器与摄像机的数量应符合设计要求;

(2) 视频信号在监视器输入端的电压峰值,应为 $1Vp-p±3dB$;

(3) 图像应无损伤和干扰,达到4级标准;

(4) 系统在低照度使用时,监视画面应达到可用图像要求;

(5) 数字式视频监控系统的图像质量(包括实时监视图像质量与录像回放图像质量)应符合相关要求。

3. 系统应具有报警的布防输入、报警时的调用功能及其他报警输出(视频丢失报警、硬盘满警告、报警满警告等)功能;

4. 系统应具有权限设置功能和热键屏蔽功能:确保不能进行不被授权的操作;

5. 当监控中心采用屏幕墙显示时,数字视频系统应具备中心逆向还原功能,即能将数字硬盘录像机通过网络传回中心的数字信号逆向还原成模拟的音、视频信号,并在屏幕墙上切换显示;

6. 前端监控主机检测到断电故障,应能自动关机,来电后,系统能够自动重起,进入

工作状态,恢复断电前录像文件。任何异常死机均会被前端主机设备自动检测并重新启动;

7. 网络型视频监控系统的前端监控主机应可无人值守,全自动运行。中心端可对前端主机进行设置和控制,并可在中心端对系统进行升级。

（三）入侵报警系统

1. 探测器的安装位置、方式及与其对应的有效探测区间,应符合设计要求;

2. 为了防止误报警,不能将红外探测器对准任何温度会快速改变的物体,如加热器、火炉、暖气、空调器的出风口、白炽灯以及受到阳光直射的门窗等热源,以免由于热气流的流动而引起误报;

3. 为了防止误报警,不能将红外探测器安装在某些热源（如暖气片、加热器、热管道等）的上方或其附近。红外探测器应与热源保持至少 1.5m 以上的间隔距离;

4. 警戒区内注意不要有高大的遮挡物遮挡和电风扇叶片的干扰;

5. 在规定条件下的动物活动不应触发探测器的报警,特别是被动红外探测器、复合探测器等;

6. 探测器的防破坏功能是指现场安装的探测器及其组件,包括信号处理部分、前端驱动部分等,在遇到破坏时应具有报警功能;防破坏的报警信号应不受布防/撤防状态的影响,报警信号应持续到报警原因被排除后才能实现复位;

7. 报警控制器对现场防区的布防和撤防的管理功能、对发生非预定的关机的报警功能以及自检、巡检功能应满足设计或合同要求;

8. 报警响应时间:一般要求小于 4s(1、2 级风险工程小于 2s);

9. 现场报警事件在监控中心的显示形式有:声、光信号显示,报警点位置的显示,通过电子地图显示报警点的位置等。报警信息应能记录;

10. 一旦发生市电停电时,要求系统的备用电源自动切换投入,按《防盗报警控制器通用技术条件》(GB 12663—1990)的规定,备用电源应保证系统设置为警戒满载条件下能连续工作 24h;当市电恢复供电时,系统能自动切换到市电供电;

11. 系统应有断电事件数据记忆功能;

12. 报警信号应能与城市 110 报警系统联网,报警信息上传时应具有人工确认功能,以减少误报事件;

13. 通过运行记录检查系统工作的稳定性:系统处于正常警戒状态下,在正常大气条件下连续工作 7d,不应产生误报警和漏报警。

（四）出入口控制（门禁）系统

1. 人工制造无效卡、无效时段、无效时限,检查识别器、控制器的工作情况:系统应对无效卡、无效时段、无效时限的判别符合要求,系统拒绝放行;

2. 识别器应具有防破坏功能,包括:防拆卸、防撬功能,信号线断开、短路,电源线断开等情况的报警;

3. 非接触式读卡器的读卡距离应符合产品的指标;

4. 具有液晶显示器的读卡器,应有相应信息的显示,如:有效、读错误、无效卡、无效时段等;

5．识别器,特别是生物特征识别器的"误识率"和"拒识率"应符合产品的指标;

6．控制器应具有防破坏功能,包括:防拆卸、防撬功能,信号线断开、短路,电源线断开等情况的报警;

7．控制器前端响应时间,即从接受到读卡信息到做出动作时间应小于 0.5s,确保有效卡能立即打开通道门;

8．直接由管理计算机给出指令,控制器应能即时开锁或闭锁;

9．系统应具有对非法通行(无效卡、无效时段等)的报警功能;

10．现场控制器应具有和门禁控制器间进行信息传输的功能,当门禁控制器允许通行时在监控中心工作站上应有通行者的信息、门磁开关的状态信息等;

11．市电停电时,控制器充电电池应自动投入,蓄电池应能支持工作 8h 以上;市电正常供电时,充电电池的充电功能应正常,现场控制器可在规定时间内自动切换到市电供电,充电电池自动切换过程中控制器存储的记录应无丢失;市电供电掉电、直流欠压时,系统应发出报警信号;

12．应可通过软件对控制器进行设置,如增加卡、删除卡、设定时间表、级别、日期、时间、布/撤防等功能的设置;

13．对具有电子地图功能的软件,可在电子地图上对门禁点进行定义、查看详细信息,包括:门禁状态、报警信息、门牌号、通行人员的卡号及姓名、进入时间、通行是否成功等信息;

14．系统应具有自检功能,当系统发生故障时,管理计算机应以声音或文字发出报警;

15．门禁系统软件对系统操作人员应能分级授权;

16．控制器和监控中心管理计算机的通行数据记录、非法入侵事件记录应一致;

17．数据存储的时间应符合管理要求。

（五）巡更系统

1．有线巡更信息开关或无线巡更信息钮,应安装在各出入口、主要通道、主要部门或其他需要巡更的地点,高度和位置按设计和规定要求设置;安装应牢固、端正,户外应有防水措施;

2．现场巡更钮应具有防破坏功能,包括:防拆卸、防撬功能;

3．系统应具有防止巡更数据和信息被恶意破坏和修改的功能;

4．在线式巡更系统,用人工制造无效卡、对巡更点漏检、不按规定路线、不按规定时间(提前到达及未按时到达指定巡更点)等异常巡更事件,检查巡更异常时的故障报警情况,监控主机应能立即接收到报警信号,并记录巡更情况。

（六）停车场(库)管理系统

1．车位状况信号指示器应安装在车道出入口明显位置,其底部离地面高度为 2.0~2.4m 左右;

2．车位状况信号指示器一般安装在室内,安装在室外时,应考虑防水措施;

3．车位引导指示器应安装在车道中央上方,便于识别引导信号;

4．用一辆车或一根铁棍($\phi10\times200$mm 左右)分别压在出、入口的各个感应线圈上,感应线圈应有反应；

5．分别用实际使用的各类通行卡(贵宾卡、长期卡、临时卡等)检查出、入口读卡机对有效卡的识别能力，有无"误识"和"拒识"的情况；

6．分别用实际使用的通行卡检查出、入口非接触式感应卡读卡机的读卡距离和灵敏度，应符合设计要求；

7．读卡机的读卡距离：按设计要求，分别在设计读卡距离的0%、25%、50%、75%和100%等5个距离上检查读卡机的读卡效果；

8．读卡机的响应时间应小于2s；

9．分别用无效卡在入口站、出口站进行功能检查，读卡机应发出拒绝放行信号，并向管理系统报警；

10．入口处发卡(票)机的功能应顺畅、正常，应保证每车一卡，无一次吐多张卡，或吐不出卡等现象；

11．卡上记录的车辆进场日期、时间、入口点等数据应正确无误；

12．出、入口控制器动作的响应时间应符合相关要求；

13．应急情况下，出、入口控制器应能手动控制；

14．出、入口自动栏杆应具有手动、自动、遥控升降功能，其升降速度、运行噪声应符合设计要求；

15．当栏杆下有"车辆"时，手动操作栏杆下落，栏杆应不会下落；当栏杆下落过程中碰到阻碍时，栏杆应自动抬起；

16．满位显示器显示的数据应与停车场内的实际空车位数相符；

17．出、入口管理系统功能应满足设计要求；

18．出、入口摄像机摄取的车辆图像信息(包括车型、颜色、车牌号)应符合车型可辨认、颜色失真小、车牌字迹清晰的要求；

19．采用车牌自动识别时检查识别情况，应满足识别率大于98%；

20．对卡管理的安全性检测，包括：

(1) 未进先出；

(2) 入库车辆未出库，再次持该卡进场("防折返"功能)；

(3) 已出场的卡再重复出场一次；

(4) 临时卡未交款先出场；

(5) 临时卡交款后在超出规定的时间后出场；

(6) 出场车辆的卡号和进场时车辆的车牌号、车型不同等。

（七）安全防范综合管理系统

1．安全防范综合管理系统是指对建筑物内安全防范各子系统：视频监控系统、入侵报警系统、出入口管理系统、巡更系统、停车场(库)管理系统等进行综合管理，从而达到综合防范的目的；

2．综合管理系统对各子系统发送的管理命令，各子系统应能及时、准确地响应；

3．各子系统应能及时、准确地向综合管理系统传输监视图像、报警信息等；

4．系统联动功能的检测：

(1) 检查火灾自动报警及消防联动系统报警时,通过综合管理系统与视频监控子系统、出入口管理子系统、停车场(库)管理子系统和入侵报警子系统间的联动信号;

(2) 检查入侵报警子系统报警时,通过综合管理系统与视频监控子系统、出入口管理子系统、停车场(库)管理子系统之间的联动信号;

(3) 检查入侵报警子系统报警时,通过综合管理系统与建筑设备监控子系统、公共广播系统的联动信号;

(4) 检查出入口管理子系统报警时,通过综合管理系统与视频监控子系统的联动信号;

(5) 检查巡更管理子系统报警时,通过综合管理系统与视频监控子系统、出入口管理子系统的联动信号。

## 第六节　综合布线系统

**一、设备材料质量要求**

1. 综合布线系统进场的设备材料必须具有质量合格证明文件,质量证明文件包括产品出厂合格证或质量保证书、检验报告、试验报告、进口产品或材料的商检证明和说明书等,质量证明文件应反映工程材料的品种、规格、数量、性能指标并与实际进场的设备材料相符;

2. 设备材料进场时做检查验收,对照质量证明文件对设备材料的品种、规格、外观等进行检查验收;设备材料的品种符合设计要求,标识、规格、型号及性能检测报告应符合国家相关技术标准;产品进场时应包装完好,表面无划痕及外力冲击破损;经监理工程师核查确认,形成记录;

3. 产品功能、性能等项目的检测应按相应的现行国家产品标准进行;供需双方有特殊要求的产品,可按合同规定或设计要求进行;

4. 接线模块(又称接续模块)、接线排、信息插座和其他连接硬件,应外观完好、无损坏,所用的塑料材质具有阻燃性能,品种、数量、产地符合要求;

5. 接线排的过压、过流保护设施的各项性能指标应符合通信行业标准中的规定要求;

6. 光纤插座的连接器使用的型号、规格和数量等应与设计规定相符合,光纤插座的零配件应配套齐全;

7. 光纤插座面板应与模块配套,面板上应有表示发射(TX)或接收(RX)的明显标志;

8. 光缆接续盒及其附件的规格均应符合设计要求,其内部的零部件应装配齐全,且安装合理、牢固可靠。如接续盒为塑料时,要求其机械、物理性能和外观形式应符合安装要求;

9. 光纤跳线外面应有经过防火处理的光纤保护外皮层(增强其保护性能);

10. 光纤的两端活动连接器(活接头用)的端面应装配有合适的保护盖帽;

11. 光纤跳线应有明显的标明该光纤类型的标记;

12. 六类跳线应为生产厂家原装产品;

13．由系统承包商编制的布线系统管理软件应进行功能测试和系统测试，尤其应根据需要进行可靠性、安全性、可恢复性、兼容性、自诊断等测试，并保证软件的可维护性；

14．所有自编软件均应提供完整的文档，包括软件资料、程序结构说明、安装调试说明、使用和维护说明书等；

15．依规定程序获得批准使用的新材料和新产品除符合上述规定外，尚应提供主管部门规定的相关证明文件；

16．进口产品除应符合上述规定外，尚应提供原产地证明，配套提供的质量合格证明、检测报告及安装、使用、维护说明书等文件资料宜为中文文本（或附中文译文）。

二、系统质量要求

1．系统安装质量检测应执行《建筑与建筑群综合布线系统工程验收规范》GB/T 50312—2000、ANSI/TIA/EIA－568B 铜缆双绞线 6 类标准、《智能建筑工程质量验收规范》GB 50339—2003 第 9.2 节等的规定；

2．在同一项目中，选用的主要部件和材料，应具有性能和外观的一致性；

3．机柜、机架、配线架：

（1）机柜、机架、配线架等设备安装的位置应符合设计要求，其水平度和垂直度应符合有关规范要求，一般要求机柜、机架、设备与地面垂直，其前后左右的垂直偏差度均不应大于 3mm；

（2）机柜、机架、配线架必须安装牢固可靠，无松动、缺件、损坏或腐蚀等缺陷，机架不应有摇晃现象；

（3）机柜不宜直接安装在活动地板上，应按设备的底平面尺寸制作底座，底座直接与地面固定，机柜固定在底座上，底座高度应与活动地板高度相同，底座水平误差每平方米不应大于 2mm；

（4）为便于维护，机柜、机架、配线架前应留出 800mm 的空间，背后与墙或其他设备距离应大于 600mm，相邻设备应靠近，同列设备应排列整齐；

（5）机柜、机架、配线架上的各种零件不应缺少或碰坏，内部不应留有线头等杂物，各种标志应统一、完整、清晰、醒目；

（6）缆线在机柜、机架、配线架上应做到路径合理、布局整齐、缆线的曲率半径符合规定、捆扎牢固、松紧适宜、护套完整；

（7）机柜、机架、配线架上的跳线环等应牢固可靠，其位置横竖、上下、前后均整齐、平直、一致；接线端子按电缆用途划分连接区域，方便连接，并设置明显标志；

（8）采用双面配线架落地安装方式时，缆线从配线架下面引上走线，配线架的底座位置应与电缆的上线孔相对应；

（9）明装壁挂式或墙壁暗埋式机柜底面距地面不宜小于 500mm；

（10）桥架或线槽与机架的连接应符合要求，桥架或线槽应直接进入机架或机柜内。

4．系统连接硬件：

（1）接线模块等连接硬件的型号、规格和数量必须与设备配套使用，根据设计文件配置，做到连接硬件正确安装、缆线连接区域划分明确，标志应完整、正确、齐全、清晰、醒目，以利于维护管理；

(2) 接线模块等连接硬件要求安装牢固稳定,无松动现象,表面的面板应保持在一个水平面上,做到美观整齐;

(3) 卡入配线架连接模块内的单根线缆色标应和模块卡槽的色标相一致,大对数电缆按标准色谱的组合规定进行排序;

(4) 端接于 RJ45 口的配线架的线序及排列方式按有关国家标准规定的两种端接标准(T568A 或 T568B)之一进行端接,但必须与信息插座模块的线序排列使用同一种标准;

(5) 采用屏蔽电缆时,电缆屏蔽层与连接部位终端处的屏蔽罩应有稳定可靠的接触,形成 360°圆周的接触界面,接触长度不小于 10mm;

(6) 各种缆线(包括跳线)和接插件间必须接触良好、连接正确、标志清楚。跳线选用的类型和品种应符合设计要求;

(7) 综合布线系统在设备间应设有等电位接地体,配线设备的配线架、过压与过流保护器应可靠接地,进入建筑物的缆线的金属外皮和屏蔽电缆的屏蔽层应可靠接地,机柜(机架)要可靠接地。

5. 线缆、线槽、桥架和电线管:

(1) 布放电缆应有余量,在交接间、设备间的电缆预留长度一般为 3~6m,工作区为 0.3~0.6m,有特殊要求的按设计文件要求检查;

(2) 管线填充率应符合设计要求;

(3) 电缆转弯时的弯曲半径应符合:非屏蔽 4 对双绞线缆的弯曲半径至少为电缆外径的 4 倍;屏蔽双绞线电缆的弯曲半径至少为电缆外径的 6~10 倍;主干双绞线电缆的弯曲半径至少为电缆外径的 10 倍;

(4) 屏蔽电缆的屏蔽层在电气上必须端对端是连续的;

(5) 电源线与接地线、其他弱电系统线缆和综合布线系统缆线应分隔布放,缆线间的最小净距应符合设计要求;

(6) 利用管道敷设光缆后,应留有适当的余量,避免光缆过于绷紧;

(7) 人孔或手孔中光缆需要接续时,其预留长度应符合:自然弯曲增加长度每千米为 5m;每人(手)孔内弯曲增加长度 0.5~1.0m;接续每侧预留长度一般为 6~8m;设备每侧预留长度一般为 10~20m;其他预留按设计要求;

(8) 光缆在人孔或手孔中,光缆穿放的管孔出口端应封堵严密,以防水或杂物进入管内;光缆及其接续应有识别标志(编号、光缆型号和规格等);按设计或产品要求,在严寒地区应采取防冻措施,以防光缆受冻损伤;人孔中预留的光缆应固定在孔壁,对于有可能被碰损伤的部位,应采取保护措施;

(9) 建筑群主干电、光缆进入建筑物部位的处理方式应符合设计要求;

(10) 其余详见第三章"建筑电气工程"。

6. 信息插座:

信息插座的安装位置应符合设计文件的要求;安装在地面上或活动地板上的地面信息插座,接线盒体应埋在地面下,其盒盖面应与地面平齐,且可以方便开启,有严密防水、防尘和抗压功能;安装在墙上的信息插座,其位置距地高为 300mm;信息插座应有明显标志,采用颜色、图形、文字符号来表示所接终端设备的类型,以便使用时区别。

**三、系统检测**

1．综合布线系统电气性能测试内容应根据布线链路或信道的设计指标、布线系统的类别制定测试项目；

2．电缆系统的电气性能测试项目应包括以下内容：

(1) 连接图；

(2) 长度；

(3) 衰减；

(4) 近端串扰；

(5) 回波损耗；

(6) 衰减对近端串扰比值；

(7) 等效远端串扰；

(8) 综合功率近端串扰；

(9) 综合功率衰减对近端串扰比值；

(10) 综合功率等效远端串扰；

(11) 插入损耗；

(12) 屏蔽层导通；

(13) 设计中规定的特殊测试内容。

3．光缆检测项目应包括以下内容：

(1) 连通性检测；

(2) 对整个光纤信道(包括光纤和连接器)的衰减测试；

(3) 光纤链路的反射测量以确定链路长度及故障点位置长度。

**四、布线系统管理**

1．综合布线系统每个组成部分的标识符与标签的设置应符合设计要求；

2．位于弱电间、设备间、通道出入口、中间位置、工作区每个独立出口/连接器均应设置有标签；

3．每根缆线应有指定专用标识符，并在缆线的护套或在距每一端护套300mm内设置标签，缆线的终接点和连接硬件(人孔、配线或端接模块面板等)应设置指定的专用标识符；

4．接地体和接地导线应有指定专用标识符，标签应设置在靠近导线和接地体的连接处的明显部位；

5．不同部位、不同类型的标签(如粘贴型、插入型或其他类型)的表示内容应清晰，材质应具有耐磨、抗恶劣环境、附着力强等性能；

6．终接色码应符合缆线的布放要求，缆线两端终端点的色码标签颜色应一致；

7．系统管理软件的功能应符合设计要求，软件的功能应包括：

(1) 中文平台；

(2) 能显示所有硬件设备及其楼层平面图；

(3) 能显示干线子系统和配线子系统的元件位置；

(4) 能显示各配线架接线图。

# 第七节　智能化系统集成

## 一、智能化系统集成内容

可以是以下这些：

（1）建筑设备监控系统，包括：空调监控系统、冷冻站监控系统、给排水监控系统、变配电监控系统、热力监控系统、照明控制系统、电梯运行监视系统等；

（2）安全防范系统，包括：视频监控系统、入侵报警系统、出入口控制（门禁）系统、巡更系统、停车场管理系统、一卡通系统等；

（3）火灾报警及联动系统，包括：火灾报警系统和消防联动系统等；

（4）通信网络系统，包括：电话交换机系统、无线信号覆盖系统、背景音乐及紧急广播系统、电子会议系统、会议电视系统、卫星数字电视及有线电视系统等；

（5）计算机网络系统；

（6）综合信息管理系统，包括：事物处理系统、办公自动化系统、物业管理系统、视讯服务系统等；

（7）综合布线系统；

（8）其他相关系统。

## 二、系统集成的方式

在实现 BMS 系统集成时，为了解决互联和互操作的问题，所采用的技术手段大致可分为以下几种：

（1）采用统一通信协议实现系统集成的方式；

（2）采用协议转换实现系统集成的方式；

（3）采用 OPC 技术实现系统集成的方式；

（4）采用 ODBC 技术实现系统集成的方式。

## 三、设备材料质量要求

1. 网络设备、服务器、工作站、协议网关及各种接插件、电缆等硬件设备材料必须具有质量合格证明文件，质量证明文件包括产品出厂合格证或质量保证书、检验报告、试验报告、进口产品或材料的商检证明和说明书等，质量证明文件应反映工程材料的品种、规格、数量、性能指标并与实际进场的设备材料相符；

2. 设备材料进场时做检查验收，对照质量证明文件对设备材料的品种、规格、外观等进行检查验收；设备材料的品种符合设计要求，标识、规格、型号及性能检测报告应符合国家相关技术标准；产品进场时应包装完好，表面无划痕及外力冲击破损；经监理工程师核查确认，形成记录。

3. 产品功能、性能等项目的检测应按相应的现行国家产品标准进行；供需双方有特殊要求的产品，可按合同规定或设计要求进行；

4. 软件产品的质量应按下列内容检查：

（1）商业化的软件，如操作系统、数据库管理系统和应用系统软件等应做好使用许可证及使用范围的检查；

（2）由系统承包商编制的用户应用软件、用户组态软件及接口软件等,应进行功能测试和系统测试,尤其应根据需要进行容量、可靠性、安全性、可恢复性、兼容性、自诊断等测试,并保证软件的可维护性;

（3）所有自编软件均应提供完整的文档,包括软件资料、程序结构说明、安装调试说明、使用和维护说明书等;

（4）软件界面应汉化。

5. 依规定程序获得批准使用的新材料和新产品除符合上述规定外,尚应提供主管部门规定的相关证明文件;

6. 进口产品除应符合上述规定外,尚应提供原产地证明,配套提供的质量合格证明、检测报告及安装、使用、维护说明书等文件资料宜为中文文本(或附中文译文)。

**四、系统检测**

（一）系统集成网络连接的检测项目

1. 硬件产品的设备性能和功能;
2. 网络服务器、网卡、通用路由器和交换机连接测试;
3. 网络接口连接测试。

（二）系统数据集成的检测项目

1. 数据集成功能检测应包括共享数据库的建立和数据查询等内容;
2. 被集成的各系统的数据是否在统一界面下,界面的汉化及图形化程度;
3. 集成主机显示各个被集成系统的数据的响应时间、准确性和误码率。

（三）各弱电子系统之间协调控制的检测项目

1. 系统集成的协调控制涉及建筑设备监控系统、火灾自动报警及消防联动系统、安全防范系统等;

2. 在系统服务器(集成主机)上对建筑设备监控系统集成功能进行下列检测:

（1）实时、图形化显示主要部位的温度、相对湿度、流量、压力、液位、电量等传感器的位置和测量数据;

（2）实时、图形化显示主要设备,包括空调与新风系统、变配电系统、公共照明系统、热源和热交换系统、冷冻机组、给排水系统、循环泵、电梯等的运行及故障报警等状态信息;

（3）发生紧急情况时,应提供公共照明回路、空调风机、通风机、电梯及自动扶梯等设备与其他系统的联动控制。

3. 在系统服务器(集成主机)上对火灾自动报警及消防联动系统集成功能进行下列检测:

（1）实时、图形化显示烟感、温感等探测器和手动报警器的位置及状态信息;

（2）实时、图形化显示消防喷淋泵、消火栓水泵运行及故障报警等状态信息;

（3）检查发生火灾报警时,消防系统内部必需的联动控制和响应情况;

（4）检查发生火灾报警时,向建筑设备监控系统发出联动控制的信号,及建筑设备监控系统的响应情况;

（5）检查发生火灾报警时,向安全防范系统发出联动控制的信号,及安全防范系统的响应情况。

4．在系统服务器(集成主机)上对安全防范系统集成功能进行下列检测：

(1) 入侵报警系统的分布图和状态,撤防和布防情况；

(2) 视频监控系统的监控平面图,以及摄像机的位置、状态与图像等信号；

(3) 出入口控制(门禁)系统设置平面图、出入人员管理情况、系统工作状态；

(4) 停车场(库)管理系统的分布图、工作状态和管理信息,例如车辆的流量、车位资料、收费信息等；

(5) 安全防范系统各子系统的联动控制及与其他系统的联动控制功能；

(6) 在服务器和有操作权限的客户端检测系统的报警信息及处理、设备连锁控制功能等。

(四) 系统集成综合管理及冗余的检测项目

1．系统集成的综合管理功能：

包括基于数据库基础上的物业管理、设备管理、能源管理等是否符合设计要求。

2．系统集成的信息管理和服务功能：

包括对系统集成的各种数据的管理,以及信息服务等功能的检测。要求具有对集成数据的加工、发布；集成的视频图像信息应显示清晰、切换正常、网络传输稳定、无拥塞。

3．对被集成系统的管理功能：

(1) 各个被集成系统的运行状态；

(2) 全局事件的决策管理功能,实现对火灾、防盗、防灾等全局事件的决策管理；

(3) 系统及设备运行、维护的自动化管理功能。

4．检测集成系统的冗余和容错功能(包括双机备份及切换、数据库备份、备用电源及切换和通信链路冗余切换)、故障自诊断、事故情况下应急措施。

5．系统联动条件下,火灾自动报警系统的独立性。系统集成不得影响火灾自动报警及消防联动系统的独立运行。

(五) 系统集成可维护性和安全性的检测项目

1．检查系统集成商提供的系统维护说明书,包括可靠性维护重点和预防性维护计划,故障查找及迅速排除故障的措施等内容,并进行验证；

2．检测系统集成安全性,包括安全隔离、身份认证、访问控制、信息加密和解密、抗病毒攻击能力和采用 VLAN 技术等。

# 第八节　电源与接地

## 一、设备材料质量要求

1．电源与接地的设备材料必须具有质量合格证明文件,质量证明文件包括产品出厂合格证或质量保证书、检验报告、试验报告、进口产品或材料的商检证明和说明书等,质量证明文件应反映工程材料的品种、规格、数量、性能指标并与实际进场的设备材料相符；

2．设备材料进场时做检查验收,对照质量合格证明文件对设备材料的品种、规格、外观等进行检查验收；设备材料的品种符合设计要求,标识、规格、型号及性能检测报告应符合国家相关技术标准,实行产品许可证和强制性产品认证标志的产品应有产品许可证和强制性产品认证标志;产品进场时应包装完好,表面无划痕及外力冲击破损;经监理工程师核查确认,形成记录;

3. 产品功能、性能等项目的检测应按相应的现行国家产品标准进行;供需双方有特殊要求的产品,可按合同规定或设计要求进行;

4. 产品质量检查应包括列入《中华人民共和国实施强制性产品认证的产品目录》或实施生产许可证和上网许可证管理的产品,未列入强制性认证产品目录或未实施生产许可证和上网许可证管理的产品应按规定程序通过产品检测后方可使用;

5. 依规定程序获得批准使用的新材料和新产品除符合上述规定外,尚应提供主管部门规定的相关证明文件;

6. 进口产品除应符合上述规定外,尚应提供原产地证明,配套提供的质量合格证明、检测报告及安装、使用、维护说明书等文件资料宜为中文文本(或附中文译文)。

## 二、系统质量要求

1. 不间断电源的整流装置、逆变装置和静态开关装置的规格,型号必须符合设计要求。内部接线连接正确,紧固件齐全,可靠不松动,焊接连接无脱落现象;

2. 不间断电源的输入、输出各级保护系统和输出的电压稳定性、波形畸变系数、频率、相位、静态开关的动作等各项技术性能指标必须符合产品技术文件要求,且符合设计文件要求;

3. 不间断电源装置间连线的线间、线对地间绝缘电阻值应大于 $0.5M\Omega$;

4. 不间断电源输出端的中性线(N极),必须与由接地装置直接引来的接地干线相连接,做重复接地;

5. 智能化系统的防过流、过压元件的接地装置、防电磁干扰屏蔽的接地装置、防静电接地装置,其设置应符合设计要求,应连接可靠;

6. 需要保护的电子信息系统必须采取等电位连接与接地保护措施;

7. 防雷接地与交流工作接地、直流工作接地、安全保护接地共用一组接地装置时,接地装置的接地电阻值必须按接入设备中要求的最小值确定;

8. 接地装置应优先利用建筑物的自然接地体,当自然接地体的接地电阻达不到要求时应增加人工接地体;

9. 电子信息系统设备由 TN 交流配电系统供电时,配电线路必须采用 TN–S 系统的接地方式;

10. 架空天线必须置于直击雷防护区($LPZO_B$)内。

## 三、系统检测

(一)检测要求

电源与接地系统检测应执行《智能建筑工程质量验收规范》GB 50339—2003 第 11.2 和第 11.3 节;《建筑电气工程施工质量验收规范》GB 50303—2002 第 6.1.8、第 8.1、第 8.2、第 9.1、第 9.2、第 12.1、第 13.1、第 14.1 和第 15.1 节;《建筑物电子信息系统防雷技术规范》GB 50343—2004 的规定。

(二)电源系统的检测项目

1. 智能化系统正常工作时的供电电源和应急工作状态下的供电电源及切换；
2. 智能化系统独立设置的稳压稳流装置、不间断电源装置的供电及切换；
3. 智能化系统蓄电池组及充电设备的工作及切换；
4. 智能化系统机房(中央监控室、网络中心、程控交换机房、有线电视机房、综合布线机房等)的供电；
5. 智能化系统机房电源线路的安装质量。

（三）防雷及接地系统的检测项目

1. 防雷与接地系统的引接；
2. 智能化系统等电位连接及共用接地系统，包括接地装置与等电位接地连接导体的规格和连接方式、接地干线的规格和敷设方式、金属管道与接地线直接的连接、等电位连接接地带的材料规格和连接方式等；
3. 智能化系统增加的人工接地体装置；
4. 智能化系统的屏蔽接地及布线，包括进出建筑物线缆的安装和屏蔽、进出机房的电缆的安装和屏蔽等；
5. 智能化系统的防雷与接地，包括防电涌保护器的选型是否适配、安装位置、连接方式、连接导线的规格和连接方式等；
6. 智能化系统的接地线缆敷设。

# 第九节 环境检测

## 一、设备材料质量要求

1. 民用建筑工程中所采用的无机非金属材料和装修材料必须有放射性指标检测报告，并应符合设计要求；
2. 民用建筑工程室内采用天然花岗岩石材作为饰面材料时，当总面积大于 $200m^2$ 时，应对不同材料产品分别进行放射性指标的复验；
3. 民用建筑工程室内装修中所采用的人造木板及饰面人造木板，必须有游离甲醛含量和游离甲醛释放量检测报告，应符合设计要求；
4. 民用建筑工程室内装修中采用的某一种人造木板及饰面人造木板面积大于 $500m^2$ 时，应对不同产品进行游离甲醛释放量的复验；
5. 民用建筑工程室内装修中所采用的水性涂料、水性胶粘剂、水性处理剂必须有总挥发性有机化合物(TVOC)和游离甲醛含量检测报告；溶剂型涂料、溶剂型胶粘剂必须有总挥发性有机化合物(TVOC)、苯、游离甲苯二异氰酸酯(TDI)(聚氨酯类)含量检测报告，并应符合设计要求；
6. 建筑材料或装修材料的检验项目不全或对检测结果有疑问时，必须将材料送有资格的检测机构进行检验，检验合格后方可使用；
7. 家具也应严格检查，应有正规厂家的检验合格证。最好应购置木质家具，如有人造板制作的家具，其部件应全部做封边处理；
8. 电器产品(包括家电)应具有环保认证标志(通过 ISO14000)。室内电磁环境涉及管线布置和用电设备：如空调、微波炉、电热水器、电热炊具、变频控制设备、开关电源、日光灯、荧光灯、开关等，这些器材和设备必须具有防电磁干扰或抗电磁干扰的性能指标，符合国家有关电磁辐射或防护的标准，符合设计要求。必要时，还应有相应的检测报告。

二、安装质量要求

(一) 空间环境

1. 机房装修

(1) 吊顶所用龙骨、吊杆、连接件等必须符合产品组合要求。安装位置、造型尺寸必须准确。龙骨架构排列整齐顺直，表面必须平整；

(2) 龙骨架构各节点必须牢固，拼缝严密无松动，安全可靠；

(3) 吊顶板的品种、规格、花饰、图案应符合设计要求；

(4) 板面不得有污染、裂纹、翘角、碰伤、变形等缺陷，镀膜完好无划痕，无明显色差；

(5) 板面起拱度准确，吊顶下表面应平整；

(6) 墙壁、顶棚、地面等应选用不脱皮、不起尘、不吸灰的材料，尤其是机房的装修材料；

(7) 机房吊顶检测项目及允许偏差见表3.9.1。

机房吊顶检测项目及允许偏差　　　　表3.9.1

| 序号 | 项　　目 | 允许偏差（mm） |
|---|---|---|
| 1 | 金属吊顶表面平整度 | 1.5 |
| 2 | 其他吊顶表面平整度 | 3 |
| 3 | 接缝平直 | <1.5 |
| 4 | 分格线平直 | 1 |
| 5 | 接缝高低差 | 0.3 |
| 6 | 压条间距 | 2 |
| 7 | 收口线标高差 | 2 |

2. 防静电检测

(1) 基本工作间不用活动地板时，可铺设导静电地面，导静电地面可采用导电胶与建筑地面粘牢，导静电地面的体积电阻率应为 $1.0 \times 10^7 \sim 1.0 \times 10^{10} \Omega \cdot cm$，其导电性能应长期稳定且不易发尘；

(2) 电子设备主机房内采用活动地板时，活动地板可由钢、铝或其他阻燃材料制成。活动地板表面应是导静电的，严禁暴露金属部分。单元活动地板的系统电阻应符合《防静电活动地板通用规范》SJ/T 10796—1996 的规定；

(3) 电子设备主机房内的工作台面及坐椅垫套材料应是导静电的，体积电阻率应为 $1.0 \times 10^7 \sim 1.0 \times 10^{10} \Omega \cdot cm$；

(4) 电子设备主机房内的导体必须与大地做可靠的连接，不得有对地绝缘的孤立导

体;

(5) 导静电地面、活动地板必须进行静电接地;

(6) 静电接地的连接线应有足够的机械强度和化学稳定性。导静电地面和台面采用导电胶与接地导体粘接时,其接触面积不宜小于 $10cm^2$;

(7) 静电接地可以经过限流电阻及自己的连接线与接地装置相连,阻流电阻的阻值宜为 1MΩ;

(8) 活动地板面的静电电压应小于 1000V。

3．环境噪声检测

(1) 环境噪声测试合格标准的推荐值为:室内距建筑物外窗 1m 处的噪声测试值——白天 55dB(A),夜间 45dB(A);位于工业区的住宅分别加 5dB(A);

(2) 智能化系统的监控室的环境噪声推荐值为:35~40dB(A)。

(二)室内空调环境

1．温度、湿度检测

在《计算机场地技术要求》GB 2887—1989 中对计算机、电子设备工作环境的温度及湿度要求如表 3.9.2。

计算机、电子设备工作环境的温度及湿度要求　　　表 3.9.2

| 项　目 | | 指　标 | | |
|---|---|---|---|---|
| | | A 级 | | B 级 |
| | | 夏季 | 冬季 | |
| 开机时间 | 温度(℃) | 23 ± 2 | 20 ± 2 | 15~30 |
| | 温度变化率(℃/h) | <5,不得凝露 | | <5,不得凝露 |
| | 相对湿度(%) | 45~65 | | 40~70 |
| 停机时间 | 温度(℃) | 5~35 | | 5~35 |
| | 温度变化率(℃/h) | <5,不得凝露 | | <5,不得凝露 |
| | 相对湿度(%) | 40~70 | | 20~80 |

2．风量、风速检测

(1) 空调系统的新风量应取下列三项中的最大值:

① 室内总风量的 5%;

② 按工作人员每人 $40m^3/h$;

③ 维持室内正压所需的风量。

(2) 出口风速要求:采用活动地板下送风时,出口风速不应大于 3m/s。

3．正压检测

正压要求:电子设备主机房必须维持一定的正压,主机房与其他房间、走廊间的压差不应小于 4.9Pa,与室外静压差不应小于 9.8Pa。

（三）室内空气环境质量

室内空气污染物总量控制指标见表3.9.3。

室内空气污染物总量控制指标　　　表3.9.3

| 序号 | 污染物名称 | 单位 | 浓度限值 | 备注 |
|---|---|---|---|---|
| 1 | 一氧化碳（CO） | $mg/m^3$ | 10.0 | 日平均浓度 |
| 2 | 二氧化碳（$CO_2$） | % | 0.10 | 日平均值 |
| 3 | 氨（$NH_3$） | $mg/m^3$ | 0.2 | 日平均浓度 |
| 4 | 甲醛（HCHO） | $mg/m^3$ | 0.1 | 小时均浓度 |
| 5 | 二氧化硫（$SO_2$） | $mg/m^3$ | 0.5 | 小时均浓度 |
| 6 | 二氧化氮（$NO_2$） | $mg/m^3$ | 0.24 | 小时均浓度 |
| 7 | 苯（$C_6H_6$） | $mg/m^3$ | 0.11 | 小时均浓度 |
| 8 | 总挥发性有机物（TVOC） | $mg/m^3$ | 0.60 | 日平均浓度 |
| 9 | 氡 | $Bq/m^3$ | 100 | 年平均平衡当量浓度 |

（四）机房照明环境

（1）电子设备机房普通照明的照度要求：其照度在离地面0.75m处不应低于500lx；

（2）设备机房、终端室，以及已记录的媒体存放间的应急照明的照度要求：其照度在离地面0.75m处不应低于50lx；

（3）主要通道及有关房间根据需要所设的疏散照明的照度要求：其照度在离地面0.75m处不应低于0.5lx。

（五）室内电磁环境

1．室内无线电干扰环境检测

无线电干扰环境场强要求：电子设备机房内无线电干扰环境场强，在频率范围0.15～1000MHz时不大于126dB。

2．室内磁场干扰环境检测

磁场干扰环境场强要求：电子设备机房内磁场干扰环境场强不大于800A/m（相当于10Oe）。

# 第四章 通风与空调工程

## 第一节 风管制作

### 一、风管系统类别

风管系统按系统性质及系统的工作压力(总风管静压)划分为三个等级,即低压系统、中压系统与高压系统。不同压力等级的风管,可以适用于不同类别的风管系统,如一般通风、空调和净化空调等系统。其类别划分如表4.1.1。

风管系统类别　　　　　　　　表4.1.1

| 系统类别 | 系统工作压力 $P$ (Pa) | 强度要求 | 密封要求 | 使用范围 |
| --- | --- | --- | --- | --- |
| 低压系统 | $P \leqslant 500$ | 一般 | 接缝和接管连接处严密 | 一般空调及排气等系统 |
| 中压系统 | $500 < P \leqslant 1500$ | 局部增强 | 接缝和接管连接处增加密封措施 | 1000级及以下空气净化、排烟、除尘等系统 |
| 高压系统 | $P > 1500$ | 特殊加固,不得用按扣式咬接 | 所有的拼接缝和接管连接处,均应采取密封措施 | 1000级及以上空气净化、气力输送、生物工程等系统 |

### 二、风管的规格

1. 通风管道规格的验收,风管以外径或外边长为准,风道以内径或内边长为准。风管板材的厚度较薄,以外径或外边长为准对风管的截面积影响很小,且与风管法兰以内径或内边长为准可相匹配。建筑风道的壁厚较厚,以内径或内边长为准可以正确控制风道的内截面面积。

2. 通风管道的规格

(1) 圆形风管见表4.1.2。

圆形风管规格　　　　　　　　表4.1.2

| 风管直径 $D$ (mm) | | | | | | | |
| --- | --- | --- | --- | --- | --- | --- | --- |
| 基本系列 | 辅助系列 | 基本系列 | 辅助系列 | 基本系列 | 辅助系列 | 基本系列 | 辅助系列 |
| 100 | 80 | 220 | 210 | 500 | 480 | 1120 | 1060 |
|  | 90 | 250 | 240 | 560 | 530 | 1250 | 1180 |
| 120 | 110 | 280 | 260 | 630 | 600 | 1400 | 1320 |
| 140 | 130 | 320 | 300 | 700 | 670 | 1600 | 1500 |

续表

| 风管直径 D (mm) |||||||| 
|---|---|---|---|---|---|---|---|
| 基本系列 | 辅助系列 | 基本系列 | 辅助系列 | 基本系列 | 辅助系列 | 基本系列 | 辅助系列 |
| 160 | 150 | 360 | 340 | 800 | 750 | 1800 | 1700 |
| 180 | 170 | 400 | 380 | 900 | 850 | 2000 | 1900 |
| 200 | 190 | 450 | 420 | 1000 | 950 | | |

圆形风管规定了基本和辅助两个系列。为实行工程的标准化施工,应优先采用基本系列。一般送、排风及空调系统应采用基本系列。除尘与气力输送系统的风管,管内流速高,管径对系统的阻力损失影响较大,在优先采用基本系列的前提下,可以采用辅助系列。

(2) 矩形风管见表 4.1.3。

矩形风管规格  表 4.1.3

| 风 管 边 长 (mm) ||||
|---|---|---|---|
| 120 | 400 | 1250 | 3500 |
| 160 | 500 | 1600 | 4000 |
| 200 | 630 | 2000 | |
| 250 | 800 | 2500 | |
| 320 | 1000 | 3000 | |

对于矩形风管的口径尺寸,从工程施工的情况来看,规格数量繁多,不便于明确规定。因此采用规定边长规格,按需要组合的表达方法。

(3) 非规则椭圆形风管参照矩形风管,并以长径平面边长及短径尺寸为准。

三、风管材料质量要求

风管制作所使用的板材、型材等主要材料的品种、规格、性能与厚度等应符合设计和现行国家产品标准的规定。

(一) 资料审查:进场材料应提供质量合格证明文件、性能检测报告等质量文件。

(二) 外观检查:所有进场材料应进行外观检查。

1. 普通薄钢板:要求表面平整光滑,厚度均匀,允许有紧密的氧化层薄膜,不得有裂纹、结疤等缺陷。

2. 镀锌薄钢板:要求表面洁净,镀锌层均匀,有镀锌层结晶花纹。

3. 不锈钢板:要求表面光洁,厚度均匀,板面不得有划痕、刮伤、锈蚀、凹穴等缺陷。

4. 铝板:要求光泽度良好,无明显的磨损及划伤。

5. 塑料复合钢板:要求表面喷涂层色泽均匀,厚度一致,且表面无起皮、分层或部分塑料涂层脱落等现象。

6. 硬聚氯乙烯板:要求表面平整,厚度均匀,不得有气泡、裂缝、分层等现象。

(三) 风管板材厚度

1. 风管板材的厚度,以满足功能的需要为前提,过厚或过薄都不利于工程的使用。《通风与空调工程施工质量验收规范》GB 50243—2002 从保证工程风管质量的角度出发,对常用材料风管的厚度,主要是对最低厚度进行了规定;而对无机玻璃风管则是规定了一个厚度范围,均不得违反。

2. 各类风管的材料品种、规格、性能与厚度等应符合设计和现行国家产品标准的规定。当设计无规定时,应按 GB 50243—2002 执行。

3. 用于高压风管系统的非金属风管厚度应按设计规定。

4. 风管板材厚度的检查:

检查数量:按材料与风管加工批数量抽查 10%,不得少于 5 件。

检查方法:查验材料质量合格证明文件、性能检测报告,尺量、观察检查。

(四) 风管材料的消防要求

1. 防火风管的本体、框架与固定材料、密封垫料必须为不燃材料,其耐火等级应符合设计的规定。

2. 复合材料风管的覆面材料必须为不燃材料,内部的绝热材料应为不燃或难燃 B1 级,且对人体无害的材料。

3. 风管材料的消防检查:

检查数量:按材料与风管加工批数量抽查 10%,不应少于 5 件。

检查方法:查验材料质量合格证明文件、性能检测报告,观察检查与点燃试验。

四、金属风管的制作

(一) 金属风管的下料

1. 根据设计要求,结合现场实测数据绘制风管加工草图,以此为依据展开下料并严格控制下料误差,矩形板材应严格控制角方。对形状较复杂的弯头、三通、四通等配件应有具体的下料尺寸和制作步骤。

2. 风管外径或外边长的允许偏差:当小于或等于 300mm 时,为 2mm;当大于 300mm 时,为 3mm。管口平面度的允许偏差为 2mm,矩形风管两条对角线长度之差不应大于 3mm;圆形法兰任意正交两直径之差不应大于 2mm。

3. 圆形弯管的弯曲角度及圆形三通、四通支管与总管夹角的制作偏差不应大于 3°;圆形弯管的曲率半径(以中心线计)和最少分节数量应符合表 4.1.4 的规定。

**圆形弯管曲率半径和最少节数** 表 4.1.4

| 弯管直径 $D$(mm) | 曲率半径 $R$ | 弯管角度和最少节数 | | | | | | | |
|---|---|---|---|---|---|---|---|---|---|
| | | 90° | | 60° | | 45° | | 30° | |
| | | 中节 | 端节 | 中节 | 端节 | 中节 | 端节 | 中节 | 端节 |
| 80 ~ 220 | ≥1.5D | 2 | 2 | 1 | 2 | 1 | 2 | — | 2 |
| 220 ~ 450 | D ~ 1.5D | 3 | 2 | 2 | 2 | 1 | 2 | — | 2 |

续表

| 弯管直径 D(mm) | 曲率半径 R | 弯管角度和最少节数 | | | | | | | |
|---|---|---|---|---|---|---|---|---|---|
| | | 90° | | 60° | | 45° | | 30° | |
| | | 中节 | 端节 | 中节 | 端节 | 中节 | 端节 | 中节 | 端节 |
| 450~800 | D~1.5D | 4 | 2 | 2 | 2 | 1 | 2 | 1 | 2 |
| 800~1400 | D | 5 | 2 | 3 | 2 | 2 | 2 | 1 | 2 |
| 1400~2000 | D | 8 | 2 | 5 | 2 | 3 | 2 | 2 | 2 |

（二）金属风管的成型

1．金属风管成型连接方法主要采用咬接、焊接。选用时应根据板材的厚度、材质和保证结构连接的强度、稳定性和施工的技术力量、加工设备等条件确定，具体见表4.1.5。在可能的情况下，应尽量采用咬接，因为咬接的口缝可以增加风管的强度，变形小，外形美观。焊接的特点是严密性好，但焊后往往容易变形，焊缝处容易锈蚀或氧化。

金属风管的咬接或焊接　　　　　表 4.1.5

| 板厚 δ(mm) | 材　质 | | |
|---|---|---|---|
| | 钢　板 | 不锈钢板 | 铝　板 |
| δ≤1.0 | 咬　接 | 咬　接 | 咬　接 |
| 1.0<δ≤1.2 | 咬　接 | 焊接(氩弧焊或电焊) | 咬　接 |
| 1.2<δ≤1.5 | 焊　接 | 焊接(氩弧焊或电焊) | 焊接(氩弧焊或气焊) |
| δ>1.5 | 焊　接 | 焊接(氩弧焊或电焊) | 焊接(氩弧焊或气焊) |

镀锌钢板及各类含有复合保护层的钢板，应采用咬口连接或铆接，不得采用影响其保护层防腐性能的焊接连接方法。

2．金属风管的咬接：
(1) 金属风管和配件的常用咬口形式有以下五种（图4.1.1）。
(2) 咬口的质量要求：
① 咬口缝结合应紧密，不应有半咬口或张裂现象；
② 咬缝宽度要均匀，否则不但影响美观，同时也影响咬缝的牢固和紧密性；
③ 风管板材拼接的咬口缝应错开，不得有十字形拼接缝；
④ 矩形风管的咬口应设在四角部位；
⑤ 风管折角应平直，圆弧应均匀，两端面平行；
⑥ 风管无明显扭曲与翘角；
⑦ 风管表面应平整，凹凸不大于10mm。

3．金属风管的焊接：

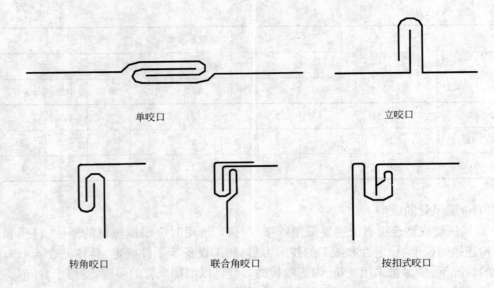

图 4.1.1 金属风管和配件的常用咬口形式

（1）焊接方法

金属风管焊接时，应根据不同风管材质选用相应焊接种类，以达到焊接的质量要求。

① 厚度 >2.0mm 的普通钢板主要采用直流电弧焊，厚度 <2.0mm 的普通薄钢板可采用气焊；

② 不锈钢板风管采用氩弧焊或直流电弧焊，采用氩弧焊较好，不得采用气焊；

③ 铝板风管可采用氩弧焊或气焊，焊接口必须脱脂及清除氧化膜。

（2）焊缝形式

① 对接焊缝；

② 搭接焊缝；

③ 翻边焊缝；

④ 角焊缝。

（3）焊接的质量要求：

焊接风管的焊缝应平整，不应有裂缝、凸瘤、穿透的夹渣、气孔及其他缺陷等，纵向焊缝应错开，焊接后板材的变形应矫正，并将焊渣及飞溅物清除干净。

（三）金属风管的连接

1．金属风管的法兰连接

（1）金属风管法兰材料规格不应小于表 4.1.6、表 4.1.7 的规定。中、低压系统风管法兰的螺栓及铆钉孔的孔距不得大于 150mm；高压系统风管不得大于 100mm。矩形风管法兰的四角部应设有螺孔。

当采用加固方法提高了风管法兰部位的强度时，其法兰材料规格相应的使用条件可适当放宽。

（2）风管法兰的焊缝应熔合良好、饱满，无假焊和孔洞；法兰平面度的允许偏差为

2mm,同一批量加工的相同规格法兰的螺孔排列应一致,并具有互换性。

**金属圆形风管法兰及螺栓规格(mm)**　　　　　　　　　　表 4.1.6

| 风管直径 D | 法兰材料规格 | | 螺栓规格 |
|---|---|---|---|
| | 扁钢 | 角钢 | |
| $D \leqslant 140$ | 20×4 | — | M6 |
| $140 < D \leqslant 280$ | 25×4 | — | M6 |
| $280 < D \leqslant 630$ | — | 25×3 | M6 |
| $630 < D \leqslant 1250$ | — | 30×4 | M8 |
| $1250 < D \leqslant 2000$ | — | 40×4 | M8 |

**金属矩形风管法兰及螺栓规格(mm)**　　　　　　　　　　表 4.1.7

| 风管长边尺寸 b | 法兰材料规格(角钢) | 螺栓规格 |
|---|---|---|
| $b \leqslant 630$ | 25×3 | M6 |
| $630 < b \leqslant 1500$ | 30×3 | M8 |
| $1500 < b \leqslant 2500$ | 40×4 | M8 |
| $2500 < b \leqslant 4000$ | 50×5 | M10 |

(3) 风管与法兰采用铆接连接时,铆接应牢固、不应有脱铆和漏铆现象;翻边应平整、紧贴法兰,其宽度应一致,且不应小于 6mm;咬缝与四角处不应有开裂与孔洞。

(4) 风管与法兰采用焊接连接时,风管端面不得高于法兰接口平面。除尘系统的风管,宜采用内侧满焊、外侧间断焊形式,风管端面距法兰接口平面不应小于 5mm。

当风管与法兰采用点焊固定连接时,焊点应融合良好,间距不应大于 100mm;法兰与风管应紧贴,不应有穿透的缝隙或孔洞。

(5) 当不锈钢板或铝板风管的法兰采用碳素钢时,应根据设计要求做防腐处理;铆钉应采用与风管材质相同或不产生电化学腐蚀的材料。

2. 金属风管的无法兰连接

(1) 金属风管板材拼接的咬口缝应错开,不得有十字形拼接缝;

(2) 无法兰连接风管的接口及连接件和圆形风管的芯管连接应符合表 4.1.8~表 4.1.10 的要求;

(3) 薄钢板法兰矩形风管的附件,其尺寸应准确,开头应规则,接口处应严密;

薄钢板法兰的折边(或法兰条)应平直,弯曲度不应大于 5/1000;弹性插条或弹簧夹应与薄钢板法兰相匹配;角件与风管薄钢板法兰四角接口的固定应稳固、紧贴,端面应平整、相连处不应有缝隙大于 2mm 的连续穿透缝;

(4) 采用 C、S 形插条连接的矩形风管,其边长不应大于 630mm;插条与风管加工插口

的宽度应匹配一致,其允许偏差为 2mm;连接应平整、严密,插条两端压倒长度不应小于 20mm;

圆形风管无法兰连接形式　　　　　　　　　　表 4.1.8

| 无法兰连接形式 | | 附件板厚(mm) | 接口要求 | 使用范围 |
| --- | --- | --- | --- | --- |
| 承插连接 | | — | 插入深度≥30mm,有密封要求 | 低压风管直径＜700mm |
| 带加强筋承插 | | — | 插入深度≥20mm,有密封要求 | 中、低压风管 |
| 角钢加固承插 | | — | 插入深度≥20mm,有密封要求 | 中、低压风管 |
| 芯管连接 | | ≥管板厚 | 插入深度≥20mm,有密封要求 | 中、低压风管 |
| 立筋抱箍连接 | | ≥管板厚 | 翻边与楞筋匹配一致,紧固严密 | 中、低压风管 |
| 抱箍连接 | | ≥管板厚 | 对口尽量靠近不重叠,抱箍应居中 | 中、低压风管宽度≥100mm |

风管无法兰连接形式　　　　　　　　　　表 4.1.9

| 无法兰连接形式 | | 附件板厚(mm) | 使用范围 |
| --- | --- | --- | --- |
| S形插条 | | ≥0.7 | 低压风管单独使用连接处必须有固定措施 |
| C形插条 | | ≥0.7 | 中、低压风管 |

续表

| 无法兰连接形式 | | 附件板厚(mm) | 使用范围 |
|---|---|---|---|
| 立插条 | | ≥0.7 | 中、低压风管 |
| 立咬口 | | ≥0.7 | 中、低压风管 |
| 包边立咬口 | | ≥0.7 | 中、低压风管 |
| 薄钢板法兰插条 | | ≥1.0 | 中、低压风管 |
| 薄钢板法兰弹簧夹 | | ≥1.0 | 中、低压风管 |
| 直角形平插条 | | ≥0.7 | 低压风管 |
| 立联合角形插条 | | ≥0.8 | 低压风管 |

注：薄钢板法兰风管也可采用铆接法兰条连接的方法。

圆形风管的芯管连接　　　　表 4.1.10

| 风管直径 $D$(mm) | 芯管长度 $l$(mm) | 自攻螺丝或抽芯铆钉数量(个) | 外径允许偏差(mm) | |
|---|---|---|---|---|
| | | | 圆 管 | 芯 管 |
| 120 | 120 | 3×2 | −1～0 | −3～−4 |
| 300 | 160 | 4×2 | | |

续表

| 风管直径 $D$(mm) | 芯管长度 $l$(mm) | 自攻螺丝或抽芯铆钉数量(个) | 外径允许偏差(mm) ||
|---|---|---|---|---|
| | | | 圆 管 | 芯 管 |
| 400 | 200 | 4×2 | 2~0 | -4~-5 |
| 700 | 200 | 6×2 | | |
| 900 | 200 | 8×2 | | |
| 1000 | 200 | 8×2 | | |

(5) 采用立咬口、包边立咬口连接的矩形风管,其立筋的高度应大于或等于同规格风管的角钢法兰宽度。同一规格风管的立咬口、包边立咬口的高度应一致,折角应倾角、直线度允许偏差为 5/1000;咬口连接铆钉的间距不应大于 150mm,间隔应均匀;立咬口四角连接处的铆固,应紧密、无孔洞。

**五、非金属风管制作**

(一) 非金属风管的下料要求同金属风管

(二) 硬聚氯乙烯风管的制作

1. 硬聚氯乙烯风管的制作程序,一般须经过放样划线、切割下料、坡口、加热、成型和焊接等。

2. 硬聚氯乙烯风管和配件的板材,应按设计要求确定,在设计没有明确要求时,风管的板材厚度及其外径或外边长的允许偏差,应符合规定。

3. 硬聚氯乙烯风管及配件的板材连接,应采用焊接,并应进行坡口,焊缝的坡口形式和角度应符合表 4.1.11 的规定。

硬聚氯乙烯风管焊缝形式及坡口　　　　表 4.1.11

| 焊缝形式 | 焊缝名称 | 图形 | 焊缝高度(mm) | 板材厚度(mm) | 焊缝坡口张角 α° |
|---|---|---|---|---|---|
| 对接焊缝 | V形单面焊 | 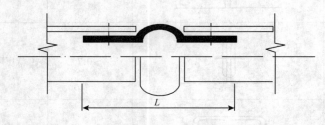 | 2~3 | 3~5 | 70~90 |

续表

| 焊缝形式 | 焊缝名称 | 图形 | 焊缝高度（mm） | 板材厚度（mm） | 焊缝坡口张角 α° |
|---|---|---|---|---|---|
| 对接焊缝 | V形双面焊 | | 2~3 | 5~8 | 70~90 |
| | X形双面焊 | | 2~3 | ≥8 | 70~90 |
| 搭接焊缝 | 搭接焊 | | ≥最小板厚 | 3~10 | — |
| 填角焊缝 | 填角焊无坡角 | | ≥最小板厚 | 6~18 | — |
| | | | ≥最小板厚 | ≥3 | — |

续表

| 焊缝形式 | 焊缝名称 | 图形 | 焊缝高度(mm) | 板材厚度(mm) | 焊缝坡口张角 α° |
|---|---|---|---|---|---|
| 对角焊缝 | V形对角焊 | (图：1~1.5) | ≥最小板厚 | 3~5 | 70~90 |
| | V形对角焊 | (图：1~1.5) | ≥最小板厚 | 5~8 | 70~90 |
| | V形对角焊 | (图：3~5) | ≥最小板厚 | 6~15 | 70~90 |

聚氯乙烯材料受热膨胀变化非常敏感。为防止焊件(包括零件和组合件)的变形,施焊时应在内径或悬空焊接部位及周围,设有支撑设施以增加刚度,防止凹陷变形和焊缝开裂,以致造成渗漏。

聚氯乙烯通风管道及配件的焊接质量,应满足如下要求:
(1) 焊条的材质应与焊件相同;
(2) 焊缝应饱满,焊条排列应整齐,无焦黄、断裂现象;
(3) 焊缝的强度,不得低于母材强度的60%。

4. 硬聚氯乙烯风管的质量要求
(1) 热成型的硬聚氯乙烯风管和配件,不得出现气泡、分层、炭化、变形和裂纹等缺陷。
(2) 风管的两端面平行,无明显扭曲,外径或外边长的允许偏差为2mm;表面平整、圆弧均匀,凹凸不应大于5mm。

(三) 玻璃钢风管的制作

玻璃钢是一种新型建筑材料,主要用于通风工程中的挡水板、淋水塔和制作风管、配件和通风设备等。

玻璃钢通风管道、配件和部件等制作,是由专门的玻璃钢厂生产,安装施工单位仅负责安装。但安装前应认真检查玻璃钢风管、配件和配套产品的质量。

玻璃钢风管的质量要求：

1. 制作玻璃钢应符合设计要求和施工规范、国家专业产品的规定。制作玻璃钢风管和配件所用的合成树脂，应根据设计要求的耐酸、耐碱和自熄性能来选用。合成树脂中填充料的含量应符合技术文件的要求。

2. 玻璃钢中玻璃布的含量与规格应符合设计要求，玻璃布应保持干燥、清洁和不得含蜡；玻璃布的铺置接缝应错开，无重叠现象。

3. 玻璃钢风管树脂固化度应达到90%以上。

4. 玻璃钢风管不应有明显扭曲、内表面应平整光滑，外表面应整齐美观，厚度应均匀，且边缘无毛刺，并无气泡及分层现象。

5. 玻璃钢风管与配件的接口缝应紧密、宽度应一致；折角应平直，圆弧应均匀；两端面平行。风管无明显扭曲与翘角，表面应平整，凹凸不大于10mm。

6. 有机玻璃钢风管还应符合下列规定：

（1）风管的外径或外边长尺寸的允许偏差为3mm，圆形风管的任意正交两直径之差不应大于5mm；矩形风管的两对角线之差不应大于5mm；

（2）法兰应与风管成一整体，并应有过渡圆弧，并与风管轴线成直角，管口平面度的允许偏差为3mm；螺孔的排列应均匀，至管壁的距离应一致，允许偏差为2mm；

（3）矩形风管的边长大于900mm，且管段长度大于1250mm时，应加固。加固筋的分布应均匀、整齐。

7. 无机玻璃钢风管还应符合下列规定：

（1）风管的表面应光洁、无裂纹、无明显泛霜和分层现象；

（2）风管的外形尺寸的允许偏差应符合表4.1.12的规定。

无机玻璃钢风管外形尺寸(mm)　　　　　表4.1.12

| 直径或大边长 | 矩形风管外表平面度 | 矩形风管管口对角线之差 | 法兰平面度 | 圆形风管两直径之差 |
|---|---|---|---|---|
| ≤300 | ≤3 | ≤3 | ≤2 | ≤3 |
| 301～500 | ≤3 | ≤4 | ≤2 | ≤3 |
| 501～1000 | ≤4 | ≤5 | ≤2 | ≤4 |
| 1001～1500 | ≤4 | ≤6 | ≤3 | ≤5 |
| 1501～2000 | ≤5 | ≤7 | ≤3 | ≤5 |
| >2000 | ≤6 | ≤8 | ≤3 | ≤5 |

8. 玻璃钢常见制作质量缺陷的检查：

（1）风管歪斜：由于未达固化程度脱模或放置在不平处而造成；

（2）法兰不平整：法兰制作达不到要求，由于风管变形又增加了法兰的不平整度；

（3）风管表面不平整，加固筋不一致；

(4) 壁厚不均匀,有气泡和分层:壁厚不均匀是由于操作时树脂未刮平,玻璃布铺放不均。有气泡和分层原因较多,如树脂配方不正确,玻璃布不干净或含有水分等;

(5) 玻璃钢风管、配件及部件安装前应存放在有遮阳的场地,不得放在露天处暴晒。

(四) 非金属(硬聚氯乙烯、有机、无机玻璃钢)风管的连接

非金属风管的连接可采用法兰连接、套管连接或承插连接。

1. 法兰连接:

(1) 风管法兰的焊缝应熔合良好、饱满,无假焊和孔洞;法兰平面度的允许偏差为2mm,同一批量加工的相同规格法兰的螺孔排列应一致,并具有互换性;

(2) 非金属风管法兰螺栓孔的间距不得大于120mm;矩形风管法兰的四角处,应设有螺孔;

(3) 法兰的规格应符合规范规定。

2. 套管连接:套管厚度不应小于风管板材厚度,套管长度宜为150~250mm。

3. 承插连接:插口深度应符合设计要求及相关规定。

(五) 复合材料风管的质量要求

复合材料风管都是以产品供应的形式应用于工程的。规范仅规定了一些基本的质量要求。在实际工程应用中,除应符合风管的一般质量要求外,还需根据产品技术标准的详细规定进行施工和验收。

1. 复合材料风管采用法兰连接时,法兰与风管板材的连接应可靠,其绝热层不得外露,不得采用降低板材强度和绝热性能的连接方法。

2. 双面铝箔绝热板风管还应符合下列规定:

(1) 板材拼接宜采用专用的连接构件,连接后板面平面度的允许偏差为5mm;

(2) 风管的折角应平直,拼缝粘接应牢固、平整,风管的粘结材料宜为难燃材料;

(3) 风管采用法兰连接时,其连接应牢固,法兰平面度的允许偏差为2mm;

(4) 风管的加固,应根据系统工作压力及产品技术标准的规定执行。

3. 铝箔玻璃纤维板风管还应符合下列规定:

(1) 风管的离心玻璃纤维板材应干燥、平整;板外表面的铝箔隔气保护层应与内芯玻璃纤维材料粘合牢固;内表面应有防纤维脱落的保护层,并应对人体无危害。

(2) 当风管连接采用插入接口形式时,接缝处的粘接应严密、牢固,外表面铝箔胶带密封的每一边粘贴宽度不应小于25mm,并应有辅助的连接固定措施。

当风管的连接采用法兰形式时,法兰与风管的连接应牢固,并应能防止板材纤维逸出和冷桥。

(3) 风管表面应平整、两端面平行,无明显凹穴、变形、起泡、铝箔无破损等。

(4) 风管的加固,应根据系统工作压力及产品技术标准的规定执行。

(六) 砖、混凝土风道的质量要求

(1) 砖、混凝土风道的变形缝,应符合设计要求,不应渗水和漏风。

(2) 砖、混凝土风道内表面水泥砂浆应抹平整、无裂缝,不渗水。

六、风管的加固

通风空调系统在风机开启或关闭时,风管内的压力发生激烈变化都易发出振动的声

音;即使在风机运行时,风管可有管内气流扰动,也会发出振动的声音。为避免风管产生噪声和提高风管的强度,一般断面较大的风管要进行加固处理。

（一）风管的加固范围

1. 圆形风管（不包括螺旋风管）直径大于等于800mm,且其管段长度大于1250mm或管段长度不大于1250mm,但总表面积大于$4m^2$时,均应采取加固措施;

2. 矩形风管边长大于630mm、保温风管边长大于800mm,管段长度大于1250mm或管段长度不大于1250mm,但低压风管单边平表面积大于$1.2m^2$;中、高压风管单边平表面积大于$1.0m^2$时,均应采取加固措施;

3. 中压和高压系统风管的管段,其长度大于1250mm时,还应有加固框补强。高压系统金属风管的单咬口缝,还应有防止咬口缝胀裂的加固或补强措施;

4. 非规则椭圆风管的加固,应参照矩形风管执行。在我国,非规则椭圆风管也已经开始应用,它主要采用螺旋风管的生产工艺,再经过定型加工而成。风管除去两侧的圆弧部分外,另两侧中间的平面部分与矩形风管相类似,故对其的加固也应执行与矩形风管相同的规定。

（二）风管的加固形式

风管的加固可采用楞筋、立筋、角钢（内、外加固）、扁钢、加固筋和管内支撑等形式,如图4.1.2所示。

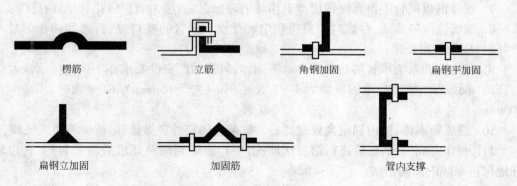

图4.1.2 风管的加固形式

（三）风管加固的质量要求

1. 楞筋或楞线的加固,排列应规则,间隔应均匀,板面不应有明显的变形;

2. 角钢、加固筋的加固,应排列整齐、均匀对称,其高度应小于或等于风管的法兰宽度。角钢、加固筋与风管的铆接应牢固、间隔应均匀,不应大于220mm;两相交处应连接成一体;

3. 管内支撑与风管的固定应牢固,各支撑点之间或与风管的边沿或法兰的间距应均匀,不应大于950mm。

（四）不同材料特性非金属风管的加固

1. 因硬聚氯乙烯风管焊缝的抗拉强度较低,当硬聚氯乙烯风管的直径或边长大于500mm时,其风管与法兰的连接处应设加强板,且间距不得大于450mm;

2. 有机玻璃钢矩形风管的边长大于 900mm，且管段长度大于 1250mm 时，应加固。加固筋的分布应均匀、整齐；

3. 有机及无机玻璃钢风管的加固，应为本体材料或防腐性能相同的材料，并与风管成一整体。

## 七、净化空调系统风管

空气净化空调系统与一般通风、空调系统风管之间的区别，主要是体现在对风管的清洁度和严密性能要求上的差异。净化空调系统风管制作除满足以上要求外，还应符合下列规定：

1. 净化空调系统的风管咬接处应采取有效的密封措施；

2. 矩形风管边长小于或等于 900mm 时，底面板不应有拼接缝；大于 900mm 时，不应有横向拼接缝；

3. 风管所用的螺栓、螺母、垫圈和铆钉均应采用与管材性能相匹配、不会产生电化学腐蚀的材料，或采取镀锌或其他防腐措施，并不得采用抽芯铆钉；

4. 不应在风管内设加固框及加固筋，风管无法兰连接不得使用 S 形插条、直角形插条及立联合角形插条等形式；

5. 空气洁净等级为 1～5 级的净化空调系统风管不得采用按扣式咬口；

6. 风管的清洗不得用对人体和材质有危害的清洁剂；

7. 镀锌钢板风管不得有镀锌层严重损坏的现象，如表层大面积白花、锌层粉化等；

8. 现场应保持清洁，存放时应避免积尘和受潮。风管的咬口缝、折边和铆接等处有损坏时，应做防腐处理；

9. 净化空调系统风管的洁净度等级不同，对风管的严密性要求亦不同。风管法兰铆钉孔的间距，当系统洁净度的等级为 1～5 级时，不应大于 65mm；为 6～9 级时，不应大于 100mm；

10. 静压箱本体、箱内固定高效过滤器的框架及固定件应做镀锌、镀镍等防腐处理；

11. 制作完成的风管，应进行第二次清洗，经检查达到清洁要求后应及时封口，以较好地保持系统内部的清洁。

## 八、风管工艺性检测

风管的强度和严密性能，是风管加工和制作质量的重要指标之一，因此风管必须通过工艺性的检测或验证。

（一）风管的强度检测

风管强度的检测主要检查风管的耐压能力，以保证系统安全运行的性能。

风管的强度应能满足在 1.5 倍工作压力下，风管的咬口或其他连接处没有张口、开裂等损坏的现象。

（二）风管的严密性检测

风管系统由于结构的原因，少量漏风是正常的，也可以说是不可避免的。但是过量的漏风，则会影响整个系统功能的实现和能源的大量浪费。因此，必须进行风管的严密性检测。

风管的严密性检测要求应符合设计或下列规定：

1. 矩形风管的允许漏风量应符合以下规定：

低压系统风管　　　$Q_L \leq 0.1056 P^{0.65}$

中压系统风管　　　$Q_M \leq 0.0352 P^{0.65}$

高压系统风管　　　$Q_H \leq 0.0117 P^{0.65}$

式中　$Q_L$、$Q_M$、$Q_H$——系统风管在相应工作压力下，单位面积风管单位时间内的允许漏风量[$m^3/(h \cdot m^2)$]；

　　　　$P$——指风管系统的工作压力(Pa)。

2. 低压、中压圆形金属风管、复合材料风管以及采用非法兰形式的非金属风管的允许漏风量，应为矩形风管规定值的50%；

3. 砖、混凝土风道的允许漏风量不应大于矩形低压系统风管规定值的1.5倍；

4. 排烟、除尘、低温送风系统按中压系统风管的规定，1～5级净化空调系统按高压系统风管的规定。

（三）检验方法

检查数量：按风管系统的类别和材质分别抽查，不得少于3件及15$m^2$。

检查方法：检查产品合格证明文件和测试报告，或进行风管强度和漏风量测试。

## 第二节　风管部件与消声器制作

风管部件有施工企业按工程的需要自行加工的，也有外购的产成品。按我国工程施工发展的趋势，风管部件以产品生产为主的格局正在逐步形成。为此，规范规定对一般风量调节阀按制作风阀的要求验收，其他的宜按外购产成品的质量进行验收。一般风量调节阀是指用于系统中，不要求严密关断的阀门，如三通调节阀、系统支管的调节阀等。

一、材料要求

1. 风管部件与消声器的材质、厚度、规格型号应严格按照设计要求及相关标准选用，应具有出厂合格证明书或质量鉴定文件。

2. 风管部件与消声器制作材料，应进行外观检查，各种板材表面应平整，厚度均匀，无明显伤痕，并不得有裂缝纹、锈蚀等质量缺陷，型材应等型、均匀、无裂纹及严重锈蚀等情况。

3. 其他材料不能因其本身缺陷而影响或降低产品的质量或使用效果。

4. 防爆系统的部件必须严格按照设计要求制作，所用的材料严禁代用。

5. 消声器所选用的材料应符合设计规定及相关的防火、防腐、防潮和卫生标准的要求。吸声材料的材质、密度、吸湿率及防火性能应达到设计使用要求。

6. 柔性短管应选用防腐、防潮、不透气、不易霉变的材料。防排烟系统的柔性短管的制作材料必须为不燃材料，空气洁净系统的柔性短管应是内壁光滑、不产尘的材料。

7. 防火阀所选用的零(配)件必须符合有关消防产品标准的规定。

二、风口制作

1. 风口的规格及尺寸的允许偏差

风口的规格以颈部外径或外边长为准，其尺寸的允许偏差值应符合表4.2.1的规定。

风口尺寸允许偏差(mm)　　　　　　　　表 4.2.1

| 圆 形 风 口 | | |
|---|---|---|
| 直径 | ≤250 | >250 |
| 允许偏差 | 0~-2 | 0~-3 |

| 矩 形 风 口 | | | |
|---|---|---|---|
| 边长 | <300 | 300~800 | >800 |
| 允许偏差 | 0~-1 | 0~-2 | 0~-3 |
| 对角线长度 | <300 | 300~500 | >500 |
| 对角线长度之差 | ≤1 | ≤2 | ≤3 |

2．风口制作质量要求

（1）风口的外表装饰面应平整光滑，采用板材制作的风口外表装饰面拼接的缝隙，应小于或等于 0.2mm，采用铝型材制作应小于或等于 0.15mm。

（2）风口的转动、调节部分应灵活、可靠，定位后应无松动现象。手动调节风口叶片与边框铆接应松紧适当。

（3）风口的叶片或扩散环的分布应匀称、颜色应一致、无明显的划伤和压痕。

（4）插板式及活动箅板式风口，其插板、箅板应平整，边缘应光滑，启闭应灵活。组装后应能达到完全开启和闭合的要求。

（5）百叶风口的叶片间距应均匀，其叶片间距应允许偏差为 ±1.0mm，两端轴应同心。叶片中心线直线度允许偏差 3/1000；叶片平行度允许偏差为 4/1000。叶片应平直，与边框无碰擦。

（6）散流器的扩散环和调节环应同轴，轴向间距分布应均匀。

（7）孔板式风口的孔口不得有毛刺，孔径和孔距应符合实际要求。

（8）旋转式风口，转动应轻便灵活，接口处不应有明显漏风，叶片角度调解范围应符合设计要求。

（9）球形风口内外球面间的配合应转动自如、定位后无松动。风量调节片应能有效的调解风量。

（10）风口活动部分，如轴、套轴的配合等，应松紧适宜，并应在装配完成后加注润滑油。

（11）如风口尺寸较大，应在适当部位对叶片及外框采用加固补强措施。

三、风阀制作

1．风阀组装应按照规定的程序进行，阀门的结构应牢固，调节应灵活、定位应准确、可靠，并应标明风阀的启闭方向及调节角度。

2．风阀内的转动部件应采用耐磨耐腐蚀材料制作，以防锈蚀。

3．电动、气动调节风阀的驱动装置，动作应可靠，在最大工作压力下工作正常。

4．手动单叶片或多叶片调节风阀应符合下列规定：

(1) 手动单叶片或多叶片调节风阀的手轮或扳手,应以顺时针方向转动为关闭,其调节范围及开启角度指示应与叶片开启角度相一致。用于除尘系统间歇工作点的风阀,关闭时应能密封。

　　(2) 结构应牢固,启闭应灵活,叶片间距应均匀,法兰应与相应材质风管的相一致。

　　(3) 叶片关闭时应相互贴合,搭接应一致,与阀体缝隙应小于 2mm。

　　(4) 大截面的多叶调节风阀提高叶片与轴的刚度,截面积大于 $1.2m^2$ 的风阀应实施分组调节。

　　5. 止回风阀应符合下列规定：

　　(1) 阀轴启闭必须灵活,阀板关闭时应严密；

　　(2) 阀叶的转轴、铰链应采用不易锈蚀的材料制作,保证转动灵活、耐用；

　　(3) 阀片的强度应保证在最大负荷压力下不弯曲变形；

　　(4) 水平安装的止回风阀应有可靠的平衡调节机构。

　　6. 防火阀和排烟阀(排烟口)必须符合有关消防产品标准的规定,并具有相应的产品合格证明文件。防火阀在阀体制作完成后要加装执行机构,并逐台进行检验阀板的关闭是否灵活和严密。

　　7. 防爆风阀的制作材料必须符合设计规定,不得自行替换。

　　8. 插板风阀应符合下列规定：

　　(1) 壳体应严密,内壁应做防腐处理；

　　(2) 插板应平整,启闭灵活,并有可靠的定位固定装置；

　　(3) 斜插板风阀的上下接管应成一直线。

　　9. 三通调节风阀应符合下列规定：

　　(1) 拉杆或手柄的转轴与风管的结合处应严密；

　　(2) 拉杆可在任意位置上固定,手柄开关应标明调节的角度；

　　(3) 阀板调节方便,并不与风管相碰擦。

　　10. 风量平衡阀一个精度较高的风阀,一般由专业工厂生产,应符合产品技术文件的规定。

　　11. 净化空调系统的风阀,其活动件、固定件以及坚固件均应采取镀锌或做其他防腐处理(如喷塑或烤漆)；阀体与外界相通的缝隙处,应有可靠的密封措施。

　　12. 工作压力大于 1000Pa 的调节风阀,生产厂应提供(在 1.5 倍工作压力下能自由开关)强度测试合格的证书(或试验报告)。

　　13. 风阀组装完成后应进行调整和检验,并根据要求进行防腐处理。

　　**四、风罩制作**

　　1. 罩类部件的组装根据所用材料及使用要求,可采用咬接、焊接等方式,其方法及要求详见风管制作部分；

　　2. 尺寸正确、连接牢固、开口规则、表面平整光滑,其外壳不应有尖锐边角；

　　3. 槽边侧吸罩、条缝抽风罩尺寸应正确,转角处弧度均匀、形状规则,吸入口平整,罩口加强板分隔间距应一致；

　　4. 厨房锅灶排烟罩应采用不易锈蚀材料制作,其下部集水槽应严密不漏水,并坡向排放口、罩内油烟过滤器应便于拆卸和清洗；

5. 用于排除蒸汽或其他潮湿气体的伞形罩，应在罩口内边采取排除凝结液体的措施。

### 五、风帽制作

风帽主要可分为：伞形风帽、锥形风帽和筒形风帽三种。

1. 尺寸应正确，结构牢靠，风帽接管尺寸的允许偏差同风管的规定一致；
2. 伞形风帽伞盖的边缘应有加固措施，支撑高度尺寸应一致；
3. 锥形风帽内外锥体的中心应同心，锥体组合的连接缝应顺水，下部排水应畅通；
4. 筒形风帽的形状应规则，外筒体的上下沿口应加固，其不圆度不应大于直径的2%，伞盖边缘与外筒体的距离应一致，挡风圈的位置应正确；
5. 三叉形风帽三个支管的夹角应一致，与主管的连接应严密。主管与支管的锥度应为 $3° \sim 4°$。

### 六、柔性短管制作

柔性短管的主要作用是隔振，常应用于风机或带有动力的空调设备的进出口处，作为风管系统中的连接管；有时也用于建筑物的沉降缝处，作为伸缩管使用。

（一）材质

1. 柔性短管制作应选用防腐、防潮、不透气、不易霉变的柔性材料，一般可采用人造革、帆布、树脂玻璃布、软橡胶板、增强石棉布等材料。
2. 防排烟系统柔性短管的制作材料必须为不燃材料。
3. 用于净化空调系统的还应是内壁光滑、不易产生尘埃的材料。

（二）长度

1. 柔性短管的长度，一般宜为 150～300mm。
2. 设于结构变形缝的柔性短管，其长度宜为变形缝的宽度加 100mm 及以上。

（三）制作要求

1. 连接处应严密、牢固可靠。
2. 柔性短管不得出现扭曲现象，两侧法兰应平行。

（四）功能要求

1. 柔性短管不宜作为找正、找平的异径连接管。
2. 用于空调系统的应采取防止结露的措施。

### 七、检查门

1. 检查门应平整、启闭灵活、关闭严密。
2. 检查门与风管或空气处理室外的连接处应采取密封措施，无明显渗漏。
3. 净化空调系统风管检查门的密封垫料，宜采用民型密封胶带或软橡胶条制作。

### 八、导流叶片

1. 矩形弯管导流叶片的迎风侧边缘应圆滑，固定应牢固。
2. 导流片的弧度应与弯管的角度相一致。
3. 导流片的分布应符合设计规定。
4. 当导流叶片的长度超过 1250mm 时，应有加强措施。

### 九、消声器制作

消声器主要可分为：阻性、抗性与阻抗复合式消声器三种。

#### （一）材料

所选用的材料，应符合设计的规定，如防火、防腐、防潮和卫生性能等要求。

#### （二）外壳及框架结构

1. 消声器外壳根据所用材料及使用要求，应采用咬接、焊接等方式。
2. 外壳应牢固、严密，其漏风量应符合规范规定。
3. 隔板与壁板结合处应紧贴、严密。
4. 穿孔板应平整、无毛刺，其孔径和穿孔率应符合设计要求。
5. 消声片单体安装时，应有规则的排列，应保持片距的正确。

#### （三）填充材料

消声材料的填充后应按设计及相关技术文件规定的单位密度均匀进行敷设，并应有防止下沉的措施。需粘贴的应按规定的厚度粘贴牢固，拼缝密实，表面平整。

#### （四）覆面

消声材料的填充后应按设计及相关技术文件要求采用透气的覆面材料覆盖，覆盖材料拼接应顺气流方向、拼接密实、表面平整，不得破损，且应拉紧，界面无毛边，不应有凹凸不平。

#### （五）消声弯管

1. 消声弯管的平面边长大于 800mm 时，应加设吸声导流片，以改善气流组织，提高消声性能。
2. 消声器内直接迎风面的布质覆面层应有保护措施。
3. 净化空调系统消声器内的覆面应为不易产尘的材料，以保证风管内的洁净要求。

#### （六）成品检验

1. 消声器制作尺寸应准确，连接应牢固，其外壳不应由锐边。
2. 消声器制作完成后，应通过专业检测，其性能应能满足设计及相关技术文件规定的要求。

## 第三节　风管系统安装

### 一、一般规定

1. 安装风管前，应将图纸与施工现场进行核对，检查能否按设计的标高和位置进行安装。检查支、吊架的敷设、设备基础和预留孔洞是否符合要求。
2. 检查已制作好的风管和部件：风管不应有变形、扭曲、开裂、孔洞，法兰脱落；法兰开焊、漏焊、漏打螺栓孔等缺陷。
3. 风管法兰垫料的材质、规格、厚度符合设计要求，弹性良好、厚度均匀。
4. 风口的尺寸、规格、形式符合要求，表面平整、无变形，自带调节部分应灵活、无卡涩和松动。表面喷涂的风口应颜色均匀、无色差、表面无划痕。
5. 风管无法兰连接时，采用法兰插条和弹簧夹的规格、厚度、强度应能铆足设计和使用要求。

6. 风阀、柔性短管、风帽和消声器采用法兰连接时,其法兰规格应与风管法兰规格相匹配。

## 二、支、吊架制作安装

(一)支、吊架制作

1. 从风管系统受力安全角度出发,风管支、吊架的固定件、吊杆、横担和所有配件材料的有关载荷额定值和应用参数应符合制造商提供的数据要求。

2. 支吊架宜按有关标准图集与规范选用强度和刚度相适应的形式和规格,直径大于2000mm或边长大于2500mm的超宽、超重特殊风管的支、吊架应由设计进行相关受力计算后确定形式和规格。

(1) 矩形金属水平风管在最大允许安装距离下,吊架的最小规格应符合表4.3.1的规定。

金属矩形水平风管吊架的最小规格(mm)　　　　　　表4.3.1

| 风管长边 $b$ | 吊杆直径 | 吊架规格 | |
|---|---|---|---|
| | | 角钢 | 槽形钢 |
| $b \leqslant 400$ | $\phi 8$ | ⌐25×3 | [40×20×1.5 |
| $400 < b \leqslant 1250$ | $\phi 8$ | ⌐30×3 | [40×40×2.0 |
| $1250 < b \leqslant 2000$ | $\phi 10$ | ⌐40×4 | [40×40×2.5<br>[60×40×2.0 |
| $2000 < b \leqslant 2500$ | $\phi 10$ | ⌐50×5 | — |
| $b > 2500$ | 按设计确定 | | |

(2) 圆形金属水平风管在最大允许安装距离下,吊架的最小规格应符合表4.3.2的规定。

金属圆形水平风管吊架的最小规格(mm)　　　　　　表4.3.2

| 风管直径 $D$ | 吊杆直径 | 抱箍规格 | | 横担 |
|---|---|---|---|---|
| | | 钢丝 | 扁钢 | 角钢 |
| $D \leqslant 250$ | $\phi 8$ | $\phi 2.8$ | 25×0.75 | ⌐25×3 |
| $250 < D \leqslant 450$ | $\phi 8$ | *$\phi 2.8$或$\phi 5$ | | |
| $450 < D \leqslant 630$ | $\phi 8$ | *$\phi 3.6$ | 25×1.0 | ⌐30×3 |
| $630 < D \leqslant 900$ | $\phi 8$ | *$\phi 3.6$ | | |
| $900 < D \leqslant 1250$ | $\phi 10$ | — | | |
| $1250 < D \leqslant 1600$ | *$\phi 10$ | | *25×1.5 | ⌐40×4 |

续表

| 风管直径 D | 吊杆直径 | 抱箍规格 | | 横担 |
|---|---|---|---|---|
| | | 钢丝 | 扁钢 | 角钢 |
| 1600 < D ≤ 2000 | *φ10 | — | *25×2.0 | |
| D > 2000 | 按设计确定 | | | |

注：*为两根圆钢(钢丝)，其扁钢箍为两个半圆弧的组合。

(3) 非金属风管水平安装的支架可选用相应规格的角钢和槽钢，也可选用槽形钢。各类吊架允许吊装风管的最大规格按表4.3.3的规定。

非金属风管吊架允许吊装的风管最大规格(mm)　　　表4.3.3

| 角钢或槽形钢 | ∟25×3<br>[40×20×1.5 | ∟30×3<br>[40×20×1.5 | ∟40×4<br>[40×20×1.5 | ∟50×5<br>[60×40×2 | ∟63×5<br>[80×60×2 |
|---|---|---|---|---|---|
| 聚氨酯复合风管 | ≤630 | 630~1250 | >1250 | — | — |
| 酚醛复合风管 | ≤630 | 630~1250 | >1250 | — | — |
| 玻纤复合风管 | ≤450 | 450~1000 | 1100~2000 | — | — |
| 无机玻璃钢风管 | ≤630 | — | ≤1000 | ≤1500 | <2000 |
| 硬聚氯乙烯风管 | ≤630 | — | ≤1000 | ≤2000 | >2000 |

(4) 非金属风管吊架的吊杆直径不应小于表4.3.4的规定。

非金属风管吊架的吊杆直径适用范围(mm)　　　表4.3.4

| 风管类别 | φ6 | φ8 | φ10 | φ12 |
|---|---|---|---|---|
| 聚氨酯复合风管 | b≤1250 | 1250<b≤2000 | — | — |
| 酚醛复合风管 | b≤800 | 800<b≤2000 | — | — |
| 玻纤复合风管 | b≤600 | 600<b≤2000 | — | — |
| 无机玻璃钢风管 | — | b≤1250 | 1250<b≤2500 | b>2500 |
| 硬聚氯乙烯风管 | — | b≤1250 | 1250<b≤2500 | b>2500 |

注：b为风管边长。

(5) 其他规格的风管：根据我国工程的应用实际，吊架安装后的挠度应小于等于9mm。当吊架间距或吊架形式发生变化时，可按下列支架挠度计算公式进行支架挠度校验计算。

$$y = \frac{(P-P_1)a(3L^2-4a^2)+(P_1+P_2)L3}{48EI}$$

式中　$y$——吊架挠度(mm)；
　　　$P$——风管、保温及附件总重(kg)；
　　　$P_1$——保温材料及附件重量(kg)；
　　　$a$——吊架与风管壁间距(mm)；
　　　$L$——吊架有效长度(mm)；
　　　$E$——刚度系数(kPa)；
　　　$I$——转动惯量($mm^4$)；
　　　$P_z$——吊架自重(kg)。

3．支吊架的下料宜采用机械加工，采用电气焊切割后，应对切割口进行打磨处理；不得采用电气焊开孔或扩孔。

4．风管支、吊架的形式、材质、加工尺寸、安装间距、制作精度、焊接等应符合设计要求。

5．支、吊架的焊接应外观整洁漂亮，要保证焊透、焊牢，不得有漏焊、欠焊、裂纹、咬肉等缺陷。

6．支吊架吊杆应平直，螺纹应完整、光洁。吊杆加长禁止采用对接焊，可采用以下方法拼接：

（1）采用搭接双侧连续焊，搭接长度不应小于吊杆直径的6倍；

（2）采用螺纹连接时，拧入连接螺母的螺丝长度应大于吊杆直径，并有防松动措施。

7．风管治、吊架制作完成后，应进行除锈刷漆。埋入墙、混凝土的部位不得油漆。

8．用于不锈钢、铝板风管的支架、抱箍应按设计要求做好防腐绝缘处理，防止电化学腐蚀。

（二）支、吊架安装

1．当设计无规定时，支吊架安装宜按下列规定执行：

（1）靠墙或靠柱安装的水平风管宜用悬臂支架或斜撑支架，不靠墙、柱安装的水平风管宜用托底吊架。直径或边长小于400mm的风管可采用吊带式吊架。

（2）靠墙安装的垂直风管应采用悬臂托架或有斜撑支架，不靠墙、柱穿楼板安装的垂直风管宜采用抱箍吊架，室外或屋面安装的立管应采用井架或拉索固定。

2．支、吊架固定方式有预埋法、胀锚法等。

（1）采用预埋法固定时，支吊架的预埋件应位置正确、牢固可靠，埋入部分应除锈、除油污，并不得涂漆。支吊架外露部分须做防腐处理。

（2）采用膨胀螺栓等胀锚方法固定时，必须符合其相应技术文件的规定。胀锚螺栓宜水平安装于强度等级C15及其以上混凝土构件；螺栓至混凝土构件边缘的距离应不小于螺栓直径的8倍；螺栓组合使用时，其间距不小于螺栓直径的10倍。螺栓孔直径和钻孔深度应要求，成孔后应对钻孔直径和钻孔深度进行检查。

3．支、吊架间距

（1）风管水平安装时，直径或边长尺寸小于等于400mm，支、吊架间距不应大于4m；直径或边长尺寸大于400mm，支、吊架间距不应大于3m。螺旋风管的支、吊架间距可分别延长至5m和3.75m；对于薄钢板法兰的风管，其支、吊架间距不应大于3m。

(2) 风管垂直安装时,其支架间距不应大于 4m。单根直风管至少应设置 2 个固定点。

(3) 水平弯管在 500mm 范围内应设置一个支架,支管距干管 1200mm 范围内应设置一个支架。

4. 当水平悬吊的主、干风管长度超过 20m 时,应设置防止摆动的固定点,每个系统不应少于 1 个。

5. 风管安装后,支、吊架受力应均匀,且无明显变形,吊架的横担挠度应小于 9mm。

6. 风管或空调设备使用的可调隔振支、吊架的拉伸或压缩量应按设计的要求进行调整。

7. 支、吊架不宜设置在风口、阀门、检查门及自控机构处,离风口或插接管的距离不宜小于 200mm。

8. 抱箍支架,折角应平直,抱箍应紧贴并箍紧风管。安装在支架上的圆形风管应设托座和抱箍,其圆弧应均匀,且与风管外径相一致。

9. 保温风管的支、吊架装置依次放在保温层外部,保温风管不得与支、吊托架直接接触,应点上坚固的隔热防腐材料,其保温度与保温层相同,防止产生"冷桥"。

10. 不锈钢板、铝板风管与碳素钢支架的横担接触处,应采取防腐措施。

11. 风管安装后,应立即对吊、支架进行调整,以避免出现各副支、吊架受力不匀或风管局部变形。

### 三、风管连接

(一)风管法兰连接

1. 连接法兰的螺栓应均匀拧紧,其螺母宜在同一侧。

2. 风管接口的连接应严密、牢固。风管法兰的垫片材质应符合系统功能的要求,厚度不应小于 3mm。垫片不应凸入管内,亦不宜凸出法兰外。

3. 法兰密封垫料。选用不透气、不产尘、弹性好的材料,法兰垫料应尽量减少接头,接头形式采用阶梯形或企口形,接头处应涂密封胶。

4. 不锈钢风管法兰连接的螺栓,宜用同材料的不锈钢制成,如用普通碳素钢,应按设计要求喷涂材料。

5. 铝板风管法兰连接应采用镀锌螺栓,并在法兰两侧垫镀锌垫圈。

6. 非金属风管连接两法兰断面应平行、严密,法兰螺栓两侧应加镀锌垫圈;复合材料风管采用法兰连接时,应有防冷桥措施。

(二)风管无法兰连接

1. 风管的连接处,应完整无缺损、表面应平整,无明显扭曲;

2. 承插式风管连接:要求承插式风管的四周缝隙应一致,无明显的弯曲或褶皱;内涂的密封胶应完整,外粘的密封胶带应粘贴牢固、完整无缺损;

3. 薄钢板法兰形式风管连接:要求薄钢板法兰形式风管的连接,弹性插条、弹簧夹或紧固螺栓的间隔不应大于 150mm,且分布均匀,无松动现象;

4. 插条式风管连接:适用于矩形风管,要求插条连接的矩形风管,连接后的板面应平整、无明显弯曲。

(三)风管连接的密封

1. 风管密封材料应选择能满足系统功能技术条件、对风管的材质无不良影响，并具有良好气密性能的材料。风管法兰垫料的种类和特性应符合要求。当设计无要求时，法兰垫片可按下列规定使用：

（1）法兰垫片厚度宜为3~5mm；

（2）输送温度低于70℃的空气，可用橡胶板、闭孔海绵橡胶板、密封胶带或其他闭孔弹性材料；

（3）防、排烟系统或输送温度高于70℃的空气或烟气，应采用耐热橡胶板或阻燃密封胶带等耐温、防火的材料；

（4）输送含有腐蚀性介质的气体，应采用耐酸橡胶板或软聚乙烯板；

（5）输送产生凝结水或含湿空气的空气，应采用橡胶板或闭孔海绵橡胶板；

（6）输送洁净空气，不得采用产尘及非闭孔材料。

2. 法兰垫片应减少拼接。法兰垫片不应凸入管内或凸出法兰外。

3. 薄钢板组合式法兰风管的法兰垫片厚度不宜大于3mm。风管的接合部、加强材的铆钉和螺钉穿通处、法兰角件连接处均应进行密封。

4. PVC或铝合金插条法兰连接后，应在四角填抹密封材料，进行密封处理。

5. 高压系统金属风管的连接宜增加相应的密封措施，密封方式见图4.3.1、图4.3.2所示。

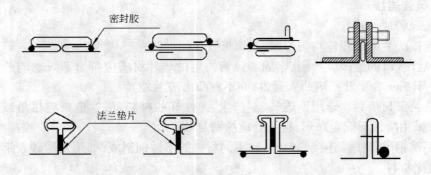

图4.3.1 矩形风管管段连接的密封

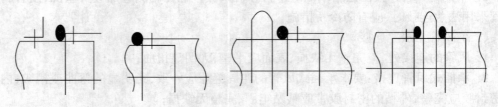

图4.3.2 圆形风管管段连接的密封

### 四、风管安装

（一）一般规定

1. 施工条件

(1) 风管系统的安装宜在建筑物围护结构施工完毕、安装部位和操作场所清理后进行。净化空调风管系统应在安装部位的地面已做好，墙面抹灰工序完毕，室内无飞尘或有防尘措施后进行安装。

(2) 风管安装前应完成风管位置、标高、走向的测量、定位、放线及技术复核，且符合设计要求。

(3) 建筑结构的预留孔洞位置应正确，考虑到风管法兰高度及风管保温的余量，孔洞应大于风管外边尺寸100mm或以上。

(4) 风管安装前应对其外观进行质量检查，应清除内、外杂物，并做好清洁和保护工作。

2．风管穿越施工要求

(1) 在风管穿过需要封闭的防火、防爆的墙体或楼板时，应设预埋管或防护套管，其钢板厚度不应小于1.6mm。风管与防护套管之间，应用不燃且对人体无危害的柔性材料封堵。

(2) 非金属风管穿过须密封的楼板或侧墙时，除无机玻璃钢和聚氯乙烯风管外，均应采用金属短管或外包金属套管。套管板厚应符合金属风管板材厚度的规定，与电加热器、防火阀或穿越设有火源等容易起火房间的风管，其材料必须采用不燃材料。

(3) 风管穿出屋面处应设有防雨装置。

3．风管安装技术要求

(1) 输送含有易燃、易爆气体或安装在易燃、易爆环境的风管系统应有良好的接地，通过生活区或其他辅助生产房间时必须严密，并不得设置接口。

(2) 输送空气温度高于80℃的风管，应按设计规定采取防护措施。

(3) 风管内严禁其他管线穿越。室外立管的固定拉索严禁拉在避雷针或避雷网上。

(4) 现场风管接口的配置，不得缩小其有效截面。如现场安装的风管接口、返弯或异径管等，由于配置不当、截面缩小过甚，往往会影响系统的正常运行，其中以连接风机和空调设备处的接口影响最为严重。

(5) 风管接口不得安装在墙内或楼板内，风管沿墙体或楼板安装时，距墙面宜大于200mm；距楼板宜大于150mm。

(6) 风管与砖、混凝土风道的连接接口，应顺着气流方向插入，并应采取密封措施。

(7) 输送产生凝结水或含蒸汽的潮湿空气风管，安装坡度应符合设计要求，并在最低处设排液装置。风管底部不宜设置拼接缝，如有拼接缝处应做密封处理。

(8) 风管测定孔应设置在不产生涡流区的便于测量和观察的部位；吊顶内的风管测定孔部位，应留出活动吊顶板或检查门。

(9) 不锈钢板、铝板风管与碳素钢支架的接触处，应有隔绝或防腐绝缘措施。

(10) 风管系统安装完毕后，应按系统类别进行严密性检验。

4．风管安装允许偏差

风管的连接应平直、不扭曲。其允许偏差应符合以下规定：

(1) 明装风管水平安装，水平度的允许偏差为3/1000，总偏差不应大于20mm。

(2) 明装风管垂直安装，垂直度的允许偏差为2/1000，总偏差不应大于20mm。

(3)暗装风管的位置,应正确、无明显偏差。

(二)金属风管安装

1．角钢法兰的连接应符合以下规定：

(1)角钢法兰的连接螺栓应均匀拧紧,其螺母宜在同一侧；

(2)不锈钢风管法兰的连接,宜采用同材质的不锈钢螺栓；采用普通碳素钢螺栓时,应按设计要求喷涂涂料；

(3)铝板风管法兰的连接,应采用镀锌螺栓,并在法兰两侧加垫镀锌垫圈；

(4)安装在室外或地下室等潮湿环境的风管角钢法兰连接处,应采用镀锌螺栓和镀锌垫圈。

2．薄钢板法兰的连接应符合以下规定：

(1)薄钢板法兰的弹性插条、弹簧夹、立咬口和包边立咬口的紧固螺栓(铆钉)应分布均匀,间距不应大于150mm,最外端的连接件距风管边缘不应大于100mm；

(2)风管四角处的角件与法兰四角接口的固定应稳固、紧贴,端面应平整,相连处不应有大于2mm的连续穿透缝；

(3)法兰端面粘贴密封胶条并紧固法兰四角螺丝后,方可安装插条或弹簧夹、顶丝卡,弹簧夹、顶丝卡不应有松动现象；

(4)组合型薄钢板法兰可利用插入风管管端的法兰条,调整法兰口的平面度后,再将法兰条与风管铆接(或本体铆接)。管段连接前在四角处插入角件,并在法兰平面粘贴密封条。

3．C、S插条连接应符合以下规定：

(1)C形平插条连接,应先插入风管水平插条,再插入垂直插条,最后将垂直插条两端延长部分,分别折90°封压水平插条。

(2)C形直角插条适用于主管与支管段的连接。主管开口处四边均应翻10～12mm宽的180°边。

(3)C形立插条、S形立插条的法兰四角立面处,应采取包角及密封措施。

4．立咬口连接的铆钉间距应小于或等于150mm,法兰四角处可在咬口内铆接长度大于60mm的90°角片。

5．边长小于等于630mm支风管与主风管的连接可采用下列方式,见图4.3.3。

(1)S形咬接式可按图4.3.3(a)制作,迎风面应有30°斜面或R=150mm弧面,连接四角处应做密封处理；

(2)联合式咬接式可按图4.3.3(b)制作,连接四角处应做密封处理；

(3)法兰连接式可按图4.3.3(c)制作,主风管内壁处上螺丝前应加扁钢垫。

(三)非金属风管安装

1．非金属风管的安装应符合下列的规定：

(1)风管连接两法兰端面应平行、严密,法兰螺栓两侧应加镀锌垫圈；

(2)应适当增加支、吊架与水平风管的接触面积；

(3)非金属风管接缝处应粘接严密、无缝隙和错口；

(4)非金属风管与法兰(或其他连接件)采用插接连接时,管板厚度与法兰(或其他连接件)槽宽度应有0.1～0.5mm的过盈量,插接面应涂满胶粘剂。法兰四角接头处应平整,不平度应小于或等于1.5mm,接头处的内边应填密封胶。

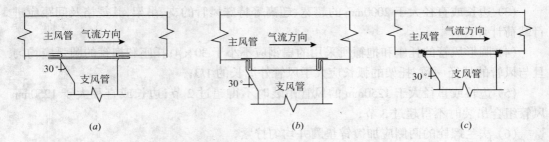

图4.3.3 支管短管连接方式

2. 复合材料风管的安装还应符合下列规定:

(1) 复合材料风管的连接处,接缝应牢固,无孔洞和开裂。当采用插接连接时,接口应匹配、无松动,端口缝隙不应大于5mm;

(2) 采用法兰连接时,应有防冷桥的措施;

(3) 支、吊架的安装宜按产品标准的规定执行。

3. 酚醛复合风管与聚氨酯复合风管安装还应符合以下规定:

(1) 插条法兰条的长度宜小于风管内边1～2mm,插条法兰的不平面度小于或等于2mm;

(2) 中、高压风管的插接法兰之间应加密封垫或采取其他密封措施;

(3) 插接法兰四角的插条端头应涂抹密封胶后再插护角;

(4) 垂直安装风管的支架间距不超过2.4m,每根立管的支架不少于2个;

(5) 矩形风管边长小于500mm的支风管与主风管接连时,可采用在主风管接口切内45°坡口,支风管管端接口处开外45°坡口直接粘接方法;

(6) 主风管上直接开口连接支风管可采用90°连接件或采其他专用连接件。连接件四角处应涂抹密封胶。

4. 玻纤复合风管安装应符合以下规定:

(1) 板材搬运中,应避免破坏铝箔外复面或树脂涂层;

(2) 风管预接的长度不宜超过2.8m。当风管采用地面预接然后架空安装时,限制预接长度是为了避免风管因自重产生的弯曲而破坏构件接口,当采用榫接时,必须待榫口的胶液干燥固化后才能粘合牢固;

(3) 垂直安装风管的支架间距不应大于1.2m。管段采用钢制槽型法兰或插条式构件连接时,应采用角钢或槽形钢抱箍作为风管支撑,在风管内壁应衬镀锌金属内套,用镀锌螺栓穿过管壁把抱箍固定在风管外壁上;螺孔间距应不大于120mm,螺母应位于风管外侧。螺栓穿过的管壁处应进行密封处理;

(4) 竖井内的垂直风管,可将角钢法兰加工成"井"字形,突出部分作为固定风管的吊耳。

5. 无机玻璃钢风管安装应符合以下规定:

(1) 垂直风管的支架,其间距应小于等于3m,每根垂直风管应不少于2个支架;

(2) 消声弯管或边长或直径大于1250mm的弯管、三通等应单独设置支、吊架;

(3) 边长或直径大于2000mm的超宽、超高等特殊风管的支、吊架,其规格及间距应进行载荷计算;

(4) 圆形风管的托座和抱箍所采用的扁钢应不小于30×4;托座和抱箍的圆弧应均匀且与风管的外径一致,托架的弧长应大于风管外周长的1/3;

(5) 边长或直径大于1250mm的风管吊装时不得超过2节;边长或直径大于1250mm风管组合吊装时不得超过3节;

(6) 法兰螺栓的两侧应加镀锌垫圈并均匀拧紧;

(7) 组合型保温式风管保温隔热层的切割面,应采用与风管材质相同的胶凝材料或树脂加以涂封。

6．硬聚氯乙烯风管应符合以下规定:

(1) 圆形风管采用套管连接或承插连接的形式。直径小于或等于200mm的圆形风管采用承插连接时,插口深度宜为40~80mm。粘接处应严密和牢固。采用套管连接时,套管长度宜为150~250mm,其厚度不应小于风管壁厚;

(2) 兰垫片宜采用3~5mm软聚氯乙烯板或耐酸橡胶板,连接法兰的螺栓应加钢制垫圈;

(3) 硬聚氯乙烯风管的直段连续长度大于20m,应按设计要求设置伸缩节;

(4) 风管穿越墙体或楼板处应设金属防护套管;

(5) 支管的重量不得由干管承受,必须自行设置支、吊架;

(6) 风管所用的金属附件和部件应做防腐处理。

(四) 柔性风管安装

1．可伸缩性金属或非金属柔性风管的长度不宜超过2m,并不应有死弯或塌凹。

2．安装非金属柔性风管应远离热源设备。

3．可伸缩的柔性风管安装后,应能充分伸展,以减少风阻,适宜的伸展度宜大于或等于60%。风管转弯处其截面不得缩小。

4．金属圆形柔性风管宜采用抱箍将风管与法兰紧固,当直接采用螺丝紧固时,螺丝间距应小于200mm,紧固螺丝距离风管端部应大于12mm。

5．柔性风管支吊架的间隔宜小于1.5m。风管在支架间的最大允许垂度宜小于40mm/m。

6．柔性风管的吊卡箍宽度应大于25mm。卡箍的圆弧长应大于1/2周长且与风管外径相符。柔性风管外保温层应有防潮措施,吊卡箍可安装在保温层上。

7．铝箔聚酯膜复合柔性风管应用于支管安装,风管长度应小于5m。风管与角钢法兰连接,应采用厚度大于等于0.5mm的镀锌板将风管与法兰紧固。圆形风管连接宜采用卡箍紧固,插接长度应大于50mm。当连接套管直径大于300mm时,应在套管端面10~15mm处压制环形凸槽,安装时卡箍应放置在套管的环形凸槽后面。

**五、风管部件安装**

(一) 风管部件安装必须符合下列规定

1．各类风管部件及操作机构的安装，应能保证其正常的使用功能，并便于操作；

2．斜插板风阀的安装，阀板必须为向上拉启；水平安装时，阀板还应为顺气流方向插入；

3．止回风阀、自动排气活门的安装方向应正确。

（二）风帽安装

1．风帽安装必须牢固，连接风管与屋面或墙面的交接处不应渗水。

2．风帽安装高度超过屋面1.5mm，应设拉索固定，拉索的数量不得少于3根，且设置均匀、牢固。

（三）风罩安装

排、吸风罩的安装位置应正确，排列整齐，牢固可靠。

（四）风口安装

1．风口与风管的连接应严密、牢固，与装饰面相紧贴；表面平整、不变形，调节灵活、可靠。

2．条形风口的安装，接缝处应衔接自然，无明显缝隙。

3．同一厅室、房间内的相同风口的安装高度应一致，排列应整齐。

4．风口安装允许偏差：

（1）明装无吊顶的风口，安装位置和标高偏差不应大于10mm。

（2）风口水平安装，水平度的偏差不应大于3/1000。

（3）风口垂直安装，垂直度的偏差不应大于2/1000。

5．带风量调解阀的风口安装时，应先安装调解阀框，后安装风口的叶片框。同一方向的风口，其调节装置应设在同一侧。

6．散流器风口安装时，应注意风口预留空洞要比喉口尺寸大，留出扩散板的安装位置。

7．洁净系统的风口安装前，应将风口擦拭干净，其风口边框与洁净室的顶棚或墙面之间应采用密封胶或密封垫料封堵严密，不得漏风。

8．球形旋转风口连接应牢固，球形旋转头要灵活，不得空阔晃动。

9．排烟口与送风口的安装部位应符合设计要求，与风管或混凝土风道的连接应牢固、严密。

（五）风阀安装

1．风阀安装前应检查框架结构是否牢固，调节、制动、定位等装置是否准确灵活。

2．防火阀、排烟阀(口)的安装方向、位置应正确。防火分区隔墙两侧的防火阀，距墙表面不应大于200mm。

3．手动密闭阀安装，阀门上标志的箭头方向必须与受冲击波方向一致。

4．各类风阀应安装在便于操作及检修的部位，阀件的操纵装置便于人工操作。安装后的手动或电动操作装置应灵活、可靠，阀板关闭应保持严密。

5．防火阀直径或长边尺寸大于等于630mm时，宜独立支、吊架。

6．防火阀的易熔片应安装在风管的迎风侧，其熔点的温度应符合设计要求。

7．排烟阀(排烟口)及手控装置(包括预埋套管)的位置应符合设计要求。预埋套管不得有死弯及瘪陷。

8. 除尘系统吸入管段的调节阀,宜安装在垂直管段上。

9. 安装完的风阀,应在阀体外壳上有明显和准确的开启方向、开启程度的标志。

(六) 柔性短管安装

1. 风管与风机、风机箱、空气处理机等设备相连处,应设置柔性短管,其长度为 150～300mm 或按设计规定。柔性短管不应作为找正、找平的异径连接管。风管穿越结构变形缝处应设置的柔性短管,其长度应大于变形缝宽度 100mm 以上。

2. 柔性短管安装应松紧适当,不得扭曲。安装在风机吸入口的柔性短管可安装的绷紧一些,防止风机启动后被吸入而减少截面尺寸。

3. 安装时,不得把柔性短管当成找平找正的连接管或异径管。

### 六、特殊系统风管的安装

(一) 净化空调系统风管安装

1. 风管系统安装前,建筑结构、门窗和地面施工应已完成;安装场地所用机具应保持清洁;安装人员应穿戴清洁工作服、手套和工作鞋等。

2. 风口安装前应清扫干净,其边框与建筑顶棚或墙面间的接缝处应加设密封垫料或密封胶,不应漏风。

3. 风管、静压箱及其他部件,必须擦拭干净,做到无油污和浮尘;经清洗干净包装密封的风管及其部件在安装前不得拆卸,安装时拆开端口封膜后应随即连接;当施工停顿或完毕时,端口应封好。

4. 法兰垫料应为不产尘、不易老化和具有一定强度和弹性的材料,厚度为 5～8mm,不得采用乳胶海绵、厚纸板、石棉橡胶板、铅油麻丝及油毡纸等。

5. 法兰垫片应尽量减少拼接,并不允许直缝对接连接,垫片接头应采用梯形或榫形连接,并应涂胶粘牢;严禁在垫料表面涂涂料;法兰均匀压紧后的垫料宽度应与风管内壁取平。

6. 风管与洁净室吊顶、隔墙等围护结构的接缝处应严密。

7. 带高效过滤器的送风口,应采用可分别调节高度的吊杆。

(二) 集中式真空吸尘系统风管安装

1. 除尘系统的风管,宜垂直或倾斜敷设,与水平夹角宜大于或等于 45°,小坡度和水平管应尽量短。

2. 真空吸尘系统弯管的曲率半径不应小于 4 倍管径,弯管的内壁面应光滑,不得采用褶皱弯管。

3. 真空吸尘系统三通的夹角不得大于 45°;四通制作应采用两个斜三通的做法。

4. 吸尘管道的坡度宜为 5/1000,并坡向立管或吸尘点。

5. 吸尘嘴与管道的连接,应牢固、严密。

### 七、风管系统检验

风管系统安装后,必须按系统类别进行严密性检验,漏风量应符合设计与规范规定,合格后方能交付下道工序。风管系统严密性检验以主、干管为主。在加工工艺得到保证的前提下,低压风管系统可采用漏光法检测。

（一）检验要求

1. 低压系统风管的严密性检验应采用抽检,抽检率为5%,且不得少于1个系统。在加工工艺得到保证的前提下,采用漏光法检测。检测不合格时,应按规定的抽检率做漏风量测试。

2. 中压系统风管的严密性检验,应在漏光法检测合格后,对系统漏风量测试进行抽检,抽检率为20%,且不得少于1个系统。

3. 高压系统风管的严密性检验,为全数进行漏风量测试。

（二）漏风量

1. 矩形风管的允许漏风量应符合以下规定：

低压系统风管　　　$Q_L \leq 0.1056 P^{0.65}$
中压系统风管　　　$Q_M \leq 0.0352 P^{0.65}$
高压系统风管　　　$Q_H \leq 0.0117 P^{0.65}$

式中　　$Q_L$、$Q_M$、$Q_H$——系统风管在相应工作压力下,单位面积风管单位时间内的允许漏风量$[m^3/(h \cdot m^2)]$;

　　　　$P$——指风管系统的工作压力(Pa)。

2. 低压、中压圆形金属风管、复合材料风管以及采用非法兰形式的非金属风管的允许漏风量,应为矩形风管规定值的50%；

3. 砖、混凝土风道的允许漏风量不应大于矩形低压系统风管规定值的1.5倍；

4. 排烟、除尘、低温送风系统按中压系统风管的规定,1~5级净化空调系统按高压系统风管的规定。

（三）判定

系统风管严密性检验的被抽检系统,应全数合格,则视为通过;如有不合格时,则应再加倍抽检,直至全数合格。

（四）测试方法

1. 漏光测试方法

（1）漏光法检测是利用光线对小孔的强穿透力,对系统风管严密程度进行检测的方法。

（2）检测应采用具有一定强度的安全光源。手持移动光源可采用不低于100W带保护罩的低压照明灯,或其他低压光源。

（3）系统风管漏光检测时,光源可置于风管内侧或外侧,但其相对侧应为暗黑环境。检测光源应沿着被检测接口部位与接缝作缓慢移动,在另一侧进行观察,当发现有光线射出,则说明查到明显漏风处,并应做好记录。

（4）对系统风管的检测,宜采用分段检测、汇总分析的方法。在对风管的制作与安装实施了严格的质量管理基础上,系统风管的检测以总管和干管为主。当采用漏光法检测系统的严密性时,低压系统风管以每10m接缝,漏光点不大于2处,且100m接缝平均不大于16处为合格;中压系统风管每10m接缝,漏光点不大于1处,且100m接缝平均不大于8处为合格。

（5）漏光检测中对发现的条缝形漏光,应做密封处理。

2．漏风量测试方法

(1) 漏风量测试装置应采用经检验合格的专用测量仪器，或采用符合现行国家标准GB 2624《流量测量节流装置》规定的计量元件组成的测量装置。

(2) 正压或负压风管系统与设备的漏风量测试，分正压试验和负压试验两类。一般可采用正压条件下的测试来检验。

(3) 风管系统漏风量测试可以整体或分段进行，具体测试步骤如下：

① 测试前，被测风管系统的所有开口处均应严密封闭，不得漏风。

② 将专用的漏风量测试装置用软管与被测风管系统连接。

③ 开启漏风量测试装置的电源，调节变频器的频率，使风管系统内的静压达到设定值后，测出漏风量测试装置上流量节流器的压差值 $\Delta(m^3/h)$。

④ 测出流量节流器的压差值 $\Delta P(m^3/h)$ 后，按公式 $Q = K\Delta P(m^3/h)$ 计算出流量值，该流量值 $Q(m^3/h)$ 再除以被测风管系统的展开面积 $F(m^2)$，即为被测风管系统在实验压力下的漏风量 $Q(m^3/h \cdot m^2)$。

(4) 当被测风管系统的漏风量 $Q(m^3/(h \cdot m^2))$ 超过设计的规定时，应查出漏风部位(可用听、摸、观察、或用水或烟气检漏)，做好标记；并在修补后重新测试，直至合格。

## 第四节　通风与空调设备安装

**一、一般规定**

1．通风与空调设备应有装箱清单、设备说明书、产品质量合格证书和产品性能检测报告等随机文件，进口设备还应具有商检合格的证明文件。

2．设备安装前，应进行开箱检查，并形成验收文字记录。参加人员为建设、监理、施工和厂商等方单位的代表。

3．设备就位前应对其基础进行验收，合格后方能安装。

4．设备的搬运和吊装必须符合产品说明书的有关规定，并应做好设备的保护工作，防止因搬运或吊装而造成设备损伤。

**二、通风机的安装**

(一) 基础验收

1．风机安装前应根据设计图纸对设备基础进行全面检查，坐标、标高及尺寸应符合设备安装要求。

2．风机安装前，应在基础表面铲出麻面，以使二次浇筑的混凝土或水泥能与基础紧密结合。

(二) 通风机开箱检查

1．按设备装箱清单检查设备及所带备件、配件应齐备完好。随设备所带资料和产品合格证应完备，有无缺损等情况。

2．通风机型号、规格应符合设计规定。

3．通风机进、出风口的位置方向应正确。

4．核对叶轮、机壳和其他部位的主要尺寸。

5．通风机叶轮旋转方向应符合设备技术文件的规定。

（三）通风机安装

1．固定通风机的地脚螺栓应拧紧，并有防松动措施。地脚螺栓灌注时，应使用不低于混凝土基础等级的混凝土。

2．风机安装在无隔振器的支架上，应垫上4～5mm厚的橡胶板，找平找正后固定牢；风机安装在有隔振器的机座上时，地面应平整，各组隔振器承受荷载的压缩量应均匀，高度误差应小于2mm。

3．安装风机的隔振钢支、吊架，其结构形式和外形尺寸应符合设计或设备技术文件的规定；焊接应牢固，焊缝应饱满、均匀。

4．通风机与电动机用三角皮带传动时，应对设备进行找正，以保证电动机与通风机的轴线平行，并使两个皮带轮的中心线相重合。

5．叶轮转子与机壳的组装位置应正确；叶轮进风口插入风机机壳进风口或密封圈的深度，应符合设备技术文件的规定，或为叶轮外径值的1/100。

6．通风机传动装置的外露部位以及直通大气的进、出口，必须装设防护罩（网）或采取其他安全设施。

7．叶轮旋转应平稳，严禁与壳体碰擦，停转后不应每次停留在同一位置上。

8．风机试运转：经过全面检查，手动盘车，确认供应电源相序正确后方可送电试运转，运转前轴承箱必须加上适当的润滑油，并检查各项安全措施；叶轮旋转方向必须正确；在额定转速下试运转时间不得少于2h。运转后，在检查风机减振基础又无位移和损坏现象，做好记录。

9．试运转时，叶轮旋转方向必须正确。经不少于2h的运转后，滑动轴承温升不超过35℃，最高温度不超过70℃，滚动轴承温升不超过40℃，最高温度不超过80℃。

10．现场组装的轴流风机叶片安装角度应一致，达到在同一平面内运转，叶轮与筒体之间的间隙应均匀，水平度允许偏差为1/1000。

11．通风机安装的允许偏差，应符合表4.4.1的规定。

通风机安装的允许偏差　　　　　表4.4.1

| 项次 | 项　目 | | 允许偏差 | 检　验　方　法 |
|---|---|---|---|---|
| 1 | 中心线的平面位移 | | 10mm | 经纬仪或拉线和尺量检查 |
| 2 | 标　高 | | ±10mm | 水准仪或水平仪、直尺、拉线和尺量检查 |
| 3 | 皮带轮轮宽中心平面偏移 | | 1mm | 在主、从动皮带轮端面拉线和尺量检查 |
| 4 | 传动轴水平度 | | 纵向0.2/1000 横向0.3/1000 | 在轴或皮带轮0°和180°的两个位置上，用水平仪检查 |
| 5 | 联轴器 | 两轴芯径向位移 | 0.05mm | 在联轴器互相垂直的四个位置上，用百分表检查 |
| | | 两轴线倾斜 | 0.2/1000 | |

### 三、空调机组的安装

1. 空调机组的安装应符合下列规定：

(1) 设备基础的验收：根据安装图对设备基础的强度、外形尺寸、坐标、标高及减振装置进行认真检查。

(2) 设备开箱检查：开箱后认真核对设备及各段的名称、规格、型号、方向和技术参数是否符合设计要求。产品说明书、合格证、随机清单和设备技术文件应齐全。设备表面应无缺陷、缺损、损坏、锈蚀、受潮的现象。

(3) 现场组装的组合式空气调节机组应做漏风量的检测，其漏风量必须符合现行国家标准《组合式空调机组》GB/T 14294 的规定。

2. 组合式空调机组及柜式空调机组的安装应符合下列规定：

(1) 组合式空调机组各功能段的组装，应符合设计规定的顺序和要求；各功能段之间的连接应严密，整体应平直；

(2) 机组与供回水管的连接应正确，机组下部冷凝水排放管的水封高度应符合设计要求；

(3) 机组应清扫干净，箱体内应无杂物、垃圾和积尘；

(4) 机组内空气过滤器（网）和空气热交换器翅片应清洁、完好。

3. 单元式空调机组的安装应符合下列规定：

(1) 分体式空调机组的室外机和风冷整体式空调机组的安装，固定应牢固、可靠；除应满足冷却风循环空间的要求外，还应符合环境卫生保护有关法规的规定；

(2) 分体式空调机组的室内机的位置应正确、并保持水平，冷凝水排放应畅通。管道穿墙处必须密封，不得有雨水渗入；

(3) 整体式空调机组管道的连接应严密、无渗漏，四周应留有相应的维修空间。

### 四、空气净化设备的安装

1. 洁净室空气净化设备的安装，应符合下列规定：

(1) 带有通风机的气闸室、吹淋室与地面间应有隔振垫；

(2) 机械式余压阀的安装，阀体、阀板的转轴均应水平，允许偏差为 2/1000。余压阀的安装位置应在室内气流的下风侧，并不应在工作面高度范围内；

(3) 传递窗的安装，应牢固、垂直，与墙体的连接处应密封。

2. 空气处理室的安装应符合下列规定：

(1) 金属空气处理室壁板及各段的组装位置应正确，表面平整，连接严密、牢固；

(2) 喷水段的本体及其检查门不得漏水，喷水管和喷嘴的排列、规格应符合设计的规定；

(3) 表面式换热器的散热面应保持清洁、完好。当用于冷却空气时，在下部应设有排水装置，冷凝水的引流管或槽应畅通，冷凝水不外溢；

(4) 表面式换热器与围护结构间的缝隙，以及表面式热交换器之间的缝隙，应封堵严密；

(5) 换热器与系统供回水管的连接应正确，且严密不漏。

3. 装配式洁净室的安装应符合下列规定：

(1) 洁净室的顶板和壁板(包括夹芯材料)应为不燃材料;

(2) 洁净室的地面应干燥、平整,平整度允许偏差为 1/1000;

(3) 壁板的构配件和辅助材料的开箱,应在清洁的室内进行,安装前应严格检查其规格和质量。壁板应垂直安装,底部宜采用圆弧或钝角交接;安装后的壁板之间、壁板与顶板间的拼缝,应平整严密,墙板的垂直允许偏差为 2/1000,顶板水平度的允许偏差与每个单间的几何尺寸的允许偏差均为 2/1000;

(4) 洁净室吊顶在受荷载后应保持平直,压条全部紧贴。洁净室壁板若为上、下槽形板时,其接头应平整、严密;组装完毕的洁净室所有拼接缝,包括与建筑的接缝,均应采取密封措施,做到不脱落,密封良好。

4. 洁净层流罩的安装应符合下列规定:

(1) 层流罩安装的高度和位置应符合设计要求,应设立单独的吊杆,并有防晃动的固定措施,以保持层流罩的稳固;

(2) 层流罩安装的水平度允许偏差为 1/1000,高度的允许偏差为 ±1mm;

(3) 层流罩安装在吊顶上,其四周与顶板之间应设有密封及隔振措施。

**五、净化空调设备的安装**

1. 净化空调设备的安装应符合下列规定:

(1) 净化空调设备与洁净室围护结构相连的接缝必须密封;

(2) 风机过滤器单元(FFU 与 FMU 空气净化装置)应在清洁的现场进行外观检查,目测不得有变形、锈蚀、漆膜脱落、拼接板破损等现象;在系统试运转时,必须在进风口处加装临时中效过滤器作为保护。

2. 空气过滤器的安装应符合下列规定:

(1) 安装平整、牢固,方向正确。过滤器与框架、框架与围护结构之间应严密无穿透缝;

(2) 框架式或粗效、中效袋式空气过滤器的安装,过滤器四周与框架应均匀压紧,无可见缝隙,并应便于拆卸和更换滤料;

(3) 卷绕式过滤器的安装,框架应平整、展开的滤料,应松紧适度、上下筒体应平行。

3. 风机过滤器单元(FFU、FMU)的安装应符合下列规定:

(1) 风机过滤器单元的高效过滤器安装前应按本规范第 7.2.5 条的规定检漏,合格后进行安装,方向必须正确;安装后的 FFU 或 FMU 机组应便于检修;

(2) 安装后的 FFU 风机过滤器单元,应保持整体平整,与吊顶衔接良好。风机箱与过滤器之间的连接,过滤器单元与吊顶框架间应有可靠的密封措施。

4. 高效过滤器的安装应符合下列规定:

(1) 高效过滤器应在洁净室及净化空调系统进行全面清扫和系统连续试车 12h 以上后,在现场拆开包装并进行安装;

(2) 安装前需进行外观检查和仪器检漏。目测不得有变形、脱落、断裂等破损现象;

(3) 仪器抽检检漏应符合产品质量文件的规定,合格后立即安装,其方向必须正确;

(4) 高效过滤器采用机械密封时,须采用密封垫料,其厚度为 6~8mm,并定位贴在过滤器边框上,安装后热料的压缩应均匀,压缩率 25%~50%;

(5) 采用液槽密封时,槽架安装应水平,不得有渗漏现象,槽内无污物和水分,槽内密封液高度宜为2/3槽深。密封液的熔点宜高于50℃;

(6) 安装后的高效过滤器四周及接口,应严密不漏;在调试前应进行扫描检漏。

5. 静电空气过滤器金属外壳接地必须良好。

6. 过滤吸收器的安装方向必须正确,并应设独立支架,与室外的连接管段不得泄漏。

7. 电加热器的安装必须符合下列规定:

(1) 电加热器与钢构架间的绝热层必须为不燃材料;接线柱外露的应加设安全防护罩;

(2) 电加热器的金属外壳接地必须良好;

(3) 连接电加热器的风管的法兰垫片,应采用耐热不燃材料。

8. 转轮式换热器安装的位置、转轮旋转方向及接管应正确运转应平稳。

9. 蒸汽加湿器的安装应设置独立支架,并固定牢固;接管尺寸正确、无渗漏。

10. 干蒸汽加湿器的安装,蒸汽喷管不应朝下。

11. 转轮去湿机安装应牢固,转轮及传动部件应灵活、可靠,方向正确;处理空气与再生空气接管应正确;排风水平管须保持一定的坡度,并坡向排出方向。

**六、风机盘管及诱导管的安装**

1. 风机盘管、诱导器设备的结构形式、安装形式、出口方向、进水位置应符合设计安装要求。并应具有出厂合格证明书或质量鉴定文件。

2. 风机盘管和诱导器应逐台进行通电试验检查,机械部分不得摩擦,电器部分不得漏电。

3. 风机盘管机组安装前宜进行单机三速试运转及水压检漏试验。试验压力为系统工作压力的1.5倍,试验观察时间为2min,不渗漏为合格。

4. 风机盘管机组应设独立支、吊架,安装的位置、高度及坡度应正确、固定牢固。

5. 风机盘管机组与风管、回风箱或风口的连接,应严密、可靠。

6. 暗装风机盘管,吊顶应留有活动检查门,便于机组能整体拆卸和维修。

7. 凝结水管应柔性连接,软管长度不大于300mm,并用喉箍紧固严密,不渗漏,坡度应正确。凝结水畅通地排放到指定位置,水盘应无积水现象。

8. 诱导器安装前必须逐台进行质量检查,检查项目如下:

(1) 各连接部分不得有松动、变形和产生破裂等情况;喷漆不能脱落、堵塞。

(2) 静压箱缝头处缝隙密封材料不能有裂痕和脱落;一次风调节阀必须灵活可靠,并调节到全开位置。

9. 诱导器经检查合格后按设计要求就位安装,并检查喷嘴型号是否正确。

(1) 暗装卧式诱导器应用支、吊架固定,并便于拆卸和维修。

(2) 诱导器与一次风管连接处应严密,防止漏风。

(3) 诱导器水管接头方向和回风面朝向应符合实际要求。立式双面回风诱导器为利用于回风,靠墙一面应留50mm以上空间。卧式双回风诱导器,要保证靠楼板一面留有足够空间。

10. 风机盘管、诱导器同冷热媒管道连接,应在管道系统冲洗排污合格后进行,以防堵塞热交换器。

11. 变风量末端装置的安装,应设单独支、吊架,与风管连接前宜做动作试验。

### 七、消声器的安装

1. 吸声材料应严格按照设计要求选用,并满足对防火、防潮和耐腐蚀性能的要求。

2. 消声器安装前应保持干净,做到无油污和浮尘。

3. 消声器安装的位置、方向应正确,并标明气流方向。与风管的连接应严密,不得有损坏与受潮。两组同类型消声器不宜直接串联。

4. 现场安装的组合式消声器,消声组件的排列、方向和位置应符合设计要求。单个消声器组件的固定应牢固。

5. 消声器、消声弯管均应设独立支、吊架,不得有风管来支撑,其支、吊架的设置应位置正确、牢固可靠。

6. 消声材料的敷设应达到片状材料粘贴牢固,平整;散状材料充填均匀、无下沉。

7. 消声材料的覆盖面应顺气流方向拼接,拼接整齐,无损坏;穿孔板无毛刺,孔距排列均匀。

### 八、除尘器的安装

1. 一般规定

(1) 设备开箱检查验收。按除尘器设备装箱清单,核对主机、辅机、附件、支架、传动机构和其他零部件和备件的数量、主要尺寸、进、出口的位置、方向是否符合设计要求。安装前必须按图检查各零件的完好情况,若发现变形和尺寸变动,应整形或校正后方可安装。

(2) 除尘器安装前,对设计基础进行全面的检查,外形尺寸、标高、坐标应符合设计,基础螺栓预留孔位置、尺寸应正确。

(3) 除尘器的型号、规格、进出口方向必须符合设计要求。

(4) 除尘器的安装位置应正确、牢固平稳,允许误差应符合要求。

(5) 除尘器的活动或转动部件的动作应灵活、可靠,并应符合设计要求。

(6) 除尘器的排灰阀、卸料阀、排泥阀的安装应严密,并便于操作与维护修理。

2. 现场组装的静电除尘器的安装,还应符合设备技术文件及下列规定:

(1) 阳极板组合后的阳极排平面度允许偏差为5mm,其对角线允许偏差为10mm;

(2) 阴极小框架组合后主平面的平面度允许偏差为5mm,其对角线允许偏差为10mm;

(3) 阴极大框架的整体平面度允许偏差为15mm,整体对角线允许偏差为10mm;

(4) 阳极板高度小于或等于7m的电除尘器,阴、阳极间距允许偏差为5mm。阳极板高度大于7m的电除尘器,阴、阳极间距允许偏差为10mm;

(5) 振打锤装置的固定,应可靠;振打锤的转动,应灵活。锤头方向应正确;振打锤头与振打砧之间应保持良好的线接触状态,接触长度应大于锤头厚度的0.7倍;

(6) 现场组装的除尘器壳体应做漏风量检测,在设计工作压力下允许漏风率为5%,其中离心式除尘器为3%。

3. 现场组装布袋除尘器的安装,还应符合下列规定:

(1) 外壳应严密、不漏,布袋接口应牢固;

(2) 分室反吹袋式除尘器的滤袋安装,必须平直。每条滤袋的拉紧力应保持在 25~35N/m;与滤袋连接接触的短管和袋帽,应无毛刺;

(3) 机械回转扁袋袋式除尘器的旋臂,转动应灵活可靠,净气室上部的顶盖,应密封不漏气,旋转应灵活,无卡阻现象;

(4) 脉冲袋式除尘器的喷吹孔,应对准文氏管的中心,同心度允许偏差为 2mm;

(5) 布袋除尘器、电除尘器的壳体及辅助设备接地应可靠。

### 九、空气风幕机的安装

1. 空气风幕机安装位置方向应正确、牢固可靠,与门框之间应采用弹性垫片隔离,防止空气风幕机的振动传递到门框上产生共振。

2. 空气风幕机的安装不得影响其回风口过滤网的拆卸和清洗。

3. 空气风幕机的安装高度应符合设计要求,风幕机吹出的空气应能有效的隔断室内外空气的对流。

4. 空气风幕机的安装纵向垂直度和横向水平度的偏差均不应大于 2/1000。

## 第五节 空调制冷系统安装

### 一、基本规定

1. 制冷设备、制冷附属设备、管道、管件及阀门的型号、规格、性能及技术参数等必须符合设计要求。设备机组的外表应无损伤、密封应良好,随机文件和配件应齐全。

2. 与制冷机组配套的蒸汽、燃油、燃气供应系统和蓄冷系统的安装,还应符合设计文件、有关消防规范与产品技术文件的规定。

3. 空调用制冷设备的搬运和吊装,应符合产品技术文件和相关规范规定。

4. 制冷机组本体的安装、试验,试运转及验收还应符合现行国家标准《制冷设备、空气分离设备安装工程施工及验收规范》GB 50274 有关条文的规定。

### 二、制冷机组的安装

(一) 进场检验

制冷设备、制冷附属设备的型号、规格和技术参数必须符合设计要求,并具有产品合格证书、产品性能检验报告。

(二) 基础验收

设备的混凝土基础必须进行质量交接验收,合格后方可安装。检查内容主要包括:外形尺寸、平面的水平度、中心线、标高、地脚螺栓的深度和间距、埋设件等。

(三) 设备安装

1. 设备安装的位置、标高和管口方向必须符合设计要求。用地脚螺栓固定的制冷设备或制冷附属设备,其垫铁的放置位置应正确、接触紧密;螺栓必须拧紧,并有防松动措施。

2. 利用平垫铁或斜垫铁对设备进行初平,垫铁的放置位置和数量应符合安装要求。

3. 设备初平合格后,应对地脚螺栓孔进行二次灌浆,所用的细石混凝土或水泥砂浆的强度等级,应比基础强度等级高 1~2 级。灌浆前应清理孔内的污物、泥土等杂物。每个孔洞灌浆必须一次完成,分层捣实,并保持螺栓处于垂直状态。待其强度达到 70% 以上时,方能拧紧地脚螺栓。

4．采用隔振措施的制冷设备或制冷附属设备,其隔振器安装位置应正确;各个隔振器的压缩量,应均匀一致,偏差不应大于 2mm。

5．设置弹簧隔振的制冷机组,应设有防止机组运行时水平位移的定位装置。

6．模块式冷水机组单元多台并联组合时,接口应牢固,且严密不漏。连接后机组的外表,应平整、完好,无明显的扭曲。

(四) 附属设备安装

1．制冷系统的附属设备如冷凝器、贮液器、油分离器、中间冷却器、集油器、空气分离器、蒸发器和制冷剂泵等就位前,应检查管口的方向与位置、地脚螺栓孔与基础的位置,并应符合设计要求。

2．直接膨胀表面式冷却器的外表应保持清洁、完整,空气与制冷剂应呈逆向流动;表面式冷却器与外壳四周的缝隙堵严,冷凝水排放应畅通。

3．当安装带有集油器的设备时,集油器的一端应稍低。

4．洗涤式油分离器的进液口的标高宜比冷凝器的出液口标高低。

5．与设备连接的管道,其进、出口方向及位置应符合工艺流程和设计的要求。

6．当安装低温设备时,设备的支撑和与其他设备接触处应增设垫木,垫木应预先进行防腐处理,垫木的厚度不应小于绝热层的厚度。

7．附属设备的安装,应进行气密性试验及单体吹扫,气密性试验压力应符合设计和设备技术文件的规定。

(五) 允许偏差

1．制冷设备及制冷附属设备安装位置、标高的允许偏差,应符合表 4.5.1 的规定。

制冷设备与制冷附属设备安装允许偏差和检验方法　　　　表 4.5.1

| 项次 | 项目 | 允许偏差(mm) | 检 验 方 法 |
|---|---|---|---|
| 1 | 平面位移 | 10 | 经纬仪或拉线和尺量检查 |
| 2 | 标　高 | ±10 | 水准仪或经纬仪、拉线和尺量检查 |

2．整体安装的制冷机组,其机身纵、横向水平度的允许偏差为 1/1000,并应符合设备技术文件的规定。

3．制冷附属设备安装的水平度或垂直度允许偏差为 1/1000,并应符合设备技术文件的规定。

4．燃油系统油泵和蓄冷系统载冷剂泵的安装,纵、横向水平度允许偏差为 1/1000,连轴器两轴芯轴向倾斜允许偏差为 0.2/1000,径向位移为 0.05mm。

(六) 检验

制冷设备的各项严密性实验和试运行的技术数据,均应符合设备技术文件的规定。对组装式的制冷机组和现场充注制冷剂的机组,必须进行吹污、气密性实验、真空实验和充注制冷剂捡漏实验,其相应的技术数据必须符合产品技术文件和有关现行国家标准、规范的规定。

### 三、制冷系统管道安装

(一) 材料要求

1. 制冷系统的管道、管件和阀门的型号、材质及工作压力等必须符合设计要求,并应具有出厂合格证、质量证明书。

2. 无缝钢管内外表面应无显著腐蚀、无裂纹、重皮及凹凸不平等缺陷。

3. 铜管内外壁均应光洁、无疵孔、裂缝、结疤、层裂或气泡等缺陷。

4. 法兰、螺纹等处的密封材料应与管内的介质性能相适应。

5. 氨制冷剂系统管道、附件、阀门及填料不得采用铜或铜合金材料(磷青铜除外),管内不得镀锌。氨系统的管道焊缝应进行射线照相检验,抽检率为10%,以质量不低于Ⅲ级为合格。在不易进行射线照相检验操作的场合,可用超声波检验代替,以不低于Ⅱ级为合格。

6. 氨属于有毒、有害气体,但又是性能良好的制冷介质。为了保障使用的安全,本条文对氨制冷系统的管道及其部件安装的密封要求作出了严格的规定,必须遵守。

7. 输送乙二醇溶液的管道系统,不得使用内镀锌管道及配件。

(二) 管道安装

1. 滑油系统的管子、管件应将内外壁铁锈及污物清除干净,除完锈的管子应将管口封闭,并保持内外壁干燥。

2. 管道、管件的内外壁应清洁、干燥;铜管管道支吊架的形式、位置、间距及管道安装标高应符合设计要求,连接制冷机的吸、排气管道应设单独支架;管径小于等于20mm的铜管道,在阀门外应设置支架;管道上下平行敷设时,吸气管应在下方。

3. 制冷剂管道弯管的弯曲半径不应小于3.5D(管道直径),其最大外径与最小外径之差不应大于0.08D,且不应使用焊接弯管及皱褶弯管。

4. 制冷剂管道分支管应按介质流向弯成90℃弧度与主管连接,不宜使用弯曲半径小于1.5D的压制弯管。

5. 铜管切口应平整、不得油毛刺、凹凸等缺陷,切口允许倾斜偏差为管径的1%,管口翻边后应保持同心,不得有开裂及皱褶,并应有良好的密封面。

6. 采用承插钎焊焊接连接的铜管,其插接深度应符合要求,承插的扩口方向应迎介质流向。当采用套接钎焊焊接连接时,其插接深度应不小于承插连接的规定。

采用对接焊缝组对管道的内壁应齐平,错边量不大于0.1倍壁厚,且不大于1mm。

7. 管道穿越墙体或楼板时,管道的支吊架和钢管的焊接应按规范有关规定执行。

8. 制冷系统的液体管安装不应有局部向上凸起的弯曲现象,以免形成气囊。气体管不应有局部向下凹的弯曲现象。以免形成液囊。

9. 从液体干管引出支管,应从干管上底部或侧面接出,从气体干管引出支管,应从干管上部或侧部接出。

10. 有两根以上得支管从干管引出时,连接部位应错开,间距不应小于2倍支管直径,且不小于200mm。

11. 管道成三通连接时,应将支管按制冷剂流向弯成弧形再进行焊接,当支管与干管直径相同且管道内径小于 50mm 时,须在干管的连接部位换上大一号管径的管段,再按以上规定进行焊接。

12. 不同管径管子对接焊接时,应采用同心异径管。

13. 制冷机与附属设备之间制冷剂的管道的连接,其坡度与坡向应符合设计及设备技术文件要求。制冷剂和润紫铜管连接宜采用承插焊接或套管式焊接,承口的扩口深度不应小于直径,扩口方向应迎介质流向。

14. 紫铜管切口表面应平齐,不得有毛刺、凹凸等缺陷。

15. 乙二醇系统管道连接时严禁焊接,应采用丝接或卡箍连接。

(三) 阀门安装

1. 制冷系统的各类阀件必须采用专用产品,安装前应设计要求对型号、规格进行核对检查,并按照规范要求做好清洗、强度和严密性试验。强度试验压力为阀门公称压力的 1.5 倍,时间不得少于 5min;严密性试验压力为阀门公称压力的 1.1 倍,持续时间 30s 不漏为合格。合格后应保持阀体内干燥。如阀门进、出口封闭破损或阀体锈蚀的还应保持解体清洁。

2. 阀门安装的位置、方向、高度应符合设计要求,不得反装。

3. 水平管道上的阀门的手柄不应朝下;垂直管道上的阀门手柄应朝向便于操作的地方。

4. 自控阀门安装的位置应符合设计要求。电磁阀、调节阀、热力膨胀阀、升降式止回阀等的阀头均应向上。

5. 热力膨胀阀的安装位置应高于感温包,感温包应装在蒸发器末端的回气管上,与管道接触良好,绑扎紧密。

6. 安全阀安装前,应检查铅封情况、出厂合格证书和定压测试报告,不得随意拆启。

7. 安全阀应垂直安装在便于检修的位置,其排气管的出口应朝向安全地带,排液管应装在泻水管上。

8. 制冷系统投入运行前,应对安全阀进行调试校核,其开启和回座压力应符合设备技术文件。

(四) 制冷管道系统检验

制冷管道系统应进行强度、气密性试验及真空试验,且必须合格。

1. 系统吹扫:

整个制冷系统是一个密封而又清洁的系统,不得有任何杂物存在,必须采用洁净干燥的空气对整个系统进行吹扫。

制冷系统的吹扫排污应采用压力为 0.6MPa 的干燥压缩空气或氮气,以浅色布检查 5min,无污物为合格。系统吹扫干净后,应将系统中阀门的阀芯拆下清洗干净。

2. 系统气密性试验:

系统内污物吹净后,应对整个系统进行气密性试验。制冷剂为氨的系统,采用压缩空气进行试验;制冷剂为氟里昂的系统,采用瓶装压缩氮气进行试验。对于较大的制冷系统也可采用压缩空气,但须干燥处理后再充入系统。

检漏方法：用肥皂水对系统所有焊接、阀门、法兰等连接部位进行仔细涂抹检漏。

在实验压力下，经稳压24h后观察压力值，不出现压力降为合格。试验过程中如发现泄漏要做好标记，必须在泄压后进行检修，不得带压修补。

3．系统抽真空试验：

在气密性试验后，采用真空泵将系统抽至生于压力小于5.3kPa(40mm汞柱)，保持24h，氨系统压力已不发生变化为合格，氟里昂系统压力会生不应大于0.35kPa(4mm汞柱)。

### 四、燃油系统安装

1．燃油系统的设备管道，以及储油罐以及日用油箱的安装，位置和连接方法应符合设计与消防要求。

2．燃油管道系统必须设置可靠的防静电接地装置，其管道法兰应采用镀锌螺栓连接或在法兰处用铜导线进行跨接，且接合良好。

3．为防止油中的杂质进入燃烧器、油蹦极电磁阀等部件，应在管路系统中安装过滤器，一般可设在油箱的出口处和燃烧器的入口处。

4．燃油管路应采用无缝钢管，焊接前应清除管内的铁锈和污物，焊接后应做强度和严密性试验。

5．燃油管道的最低点应设置排污阀，最高点应设置排气阀。

6．装有喷油泵回油管路时，回油管路系统中应装有旋塞、阀门等部件，保证管道畅通无阻。

7．管道采用无损检测时，其抽取比例和合格等级应符合设计文件要求。

8．当管道系统采用水冲洗时，合格后还应用干燥的压缩空气将管路中的水分吹干。

### 五、燃气系统安装

1．燃气系统设备的安装应符合设计和消防要求。调压装置、过滤器的安装和调节应符合设备技术文件的规定，且应可靠接地。

2．燃气系统管道与机组的连接不得使用非金属软管。燃气管道得吹扫和压力实验应为压缩空气或氮气，严禁用水。当燃气供气管道压力大于0.005MPa时，焊缝得无损检测得执行标准应按设计规定。当设计无规定，且采用超声波探伤时，应全数检测，以质量不低于Ⅱ级为合格。

3．燃气系统管路应采用无缝钢管，并采用明装敷设。特殊情况下采用暗装敷设时，必须便于安装和检查。

4．燃气管路的敷设，不得穿越卧室、易燃易爆品仓库、配电间、变电室等部位。

5．燃气管路进入机房后，应按设计要求配置球阀、压力表、过滤器及流量计等。

6．燃气管路宜采用焊接连接，应作强度、严密性试验和气体泄漏量试验。

7．燃气管路与设备连接前，应对系统进行吹扫，其清洁度应符合设计和有关规范的规定。

## 第六节 空调水系统管道与设备安装

**一、材料质量要求**

1. 空调工程水系统的设备与附属设备、管道、管配件及阀门的型号、规格、材质及连接形式应符合设计规定。

（1）管材：碳素钢管、无缝钢管。管材不得弯曲、锈蚀，无飞刺、重皮及凹凸不平现象。硬聚氯乙烯（PVC－U）、聚丙烯（PP－R）、聚丁烯（PB）与交联聚乙烯（PEX）等有机材料管道：表面无明显压瘪、无划伤等现象。

（2）阀门：铸造规矩、无毛刺、无裂纹，开关灵活严密，丝扣无损伤，直度和角度正确，强度符合要求，手轮无损伤。

（3）管件：无偏扣、方扣、乱扣、断丝和角度不正确现象。

2. 工程中所选用的对焊管件的外径和壁厚应与被连接管道的外径和壁厚相一致。

3. 丝接或粘接管道的管材与管件应匹配，丝接管件无偏丝、断丝等缺陷。

4. 设备安装所采用的减振器或减振垫的规格、材质和单位面积的承载率应符合设计和设备安装要求。

5. 支吊架固定采用的膨胀螺栓、射钉等，应选用符合国家标准的正规产品，其强度应能满足管道及设备的安装要求。

**二、水泵安装**

1. 施工前，应对土建施工的基础进行复查验收，特别是基础尺寸、标高、轴线、预留空洞等应符合设计要求。基础表面平整、混凝土强度达到设备安装要求；

2. 水泵安装前，检查水泵的名称、规格型号，核对水泵铭牌的技术参数是否符合设计要求；水泵外观应完好，无锈蚀或损坏；根据设备装箱清单，核对随机所带的零部件是否齐全，又无缺损和锈蚀；

3. 对水泵进行手动盘车，盘车应灵活，没有卡涩和异常声音等现象；

4. 垫铁组放置位置正确、平稳，接触紧密，每组不超过3块；

5. 地脚螺栓的二次灌浆时，应保持螺栓处于垂直状态，混凝土的强度硬比基础高1～2级，且不低于C25，并做好对地脚螺栓的保护工作；

6. 水泵的平面位置和标高允许偏差为±10mm，安装的地脚螺栓应垂直、拧紧，且与设备底座接触紧密；

7. 小型整体安装的管道水泵不应有明显偏斜；

8. 整体安装的泵，纵向水平偏差不应大于0.1/1000，横向水平偏差不应大于0.20/1000；解体安装的泵纵、横向安装水平偏差均不应大于0.05/1000；

9. 水泵与电机采用联轴器连接时，联轴器两轴芯的允许偏差，轴向倾斜不应大于0.2/1000，径向位移不应大于0.05mm；

10. 有隔振要求的水泵安装，其橡胶减振垫或减振器的规格型号和安装位置应符合设计要求。减振器与水泵基础连接牢固、平稳、接触紧密；

11. 水泵正常连续试运行的时间，不应少于2h。水泵试运转的轴承温升必须符合设备说明书的规定。

### 三、冷却塔安装

冷却塔安装的位置大都在建筑顶部，一般需要设置专用的基础或支座。冷却塔属于大型的轻型结构设备，运行时既有水的循环，又有风的循环。因此，在设备安装验收时，应强调安装的固定质量和连接质量。

1．冷却塔的型号、规格、技术参数必须符合设计要求。对含有易燃材料冷却塔的安装，必须严格执行防火安全的规定；

2．安装前应对基础进行检查，基础标高应符合设计的规定，应位于同一水平面上，高度允许误差为±20mm；

3．冷却塔地脚螺栓与预埋件的连接或固定应牢固，各连接部件应采用热镀锌或不锈钢螺栓，其紧固力应一致、均匀；

4．冷却塔的出水口及喷嘴的方向和位置应正确，积水盘应严密无渗漏；分水器布水均匀。带转动布水器的冷却塔，其转动部分应灵活，喷水出口按设计或产品要求，方向应一致；

5．风机组装应严格按照风机安装的标准进行，安装后冷却塔风机叶片端部与塔体四周的径向间隙应均匀。对于可调整角度的叶片，角度应一致；

6．冷却塔的填料安装应疏密适中、间距均匀，四周要与冷却塔内壁紧贴，块体之间无间隙；

7．冷却塔安装应水平，单台冷却塔安装水平度和垂直度允许偏差均为2/1000。同一冷却水系统的多台冷却塔安装时，各台冷却塔的水面高度应一致，高差不应大于30mm。

### 四、附属设备安装

1．阀门、集气罐、自动排气装置、除污器（水过滤器）等管道部件的安装应符合设计要求，并应符合下列规定：

（1）阀门安装的位置、进出口方向应正确，并便于操作；接连应牢固紧密，启闭灵活；成排阀门的排列应整齐美观，在同一平面上的允许偏差为3mm；

（2）电动、气动等自控阀门在安装前应进行单体的调试，包括开启、关闭等动作试验；

（3）冷冻水和冷却水的除污器（水过滤器）应安装在进机组前的管道上，方向正确且便于清污；与管道连接牢固、严密，其安装位置应便于滤网的拆装和清洗。过滤器滤网的材质、规格和包扎方法应符合设计要求；

（4）闭式系统管路应在系统最高处及所有可能积聚空气的高点设置排气阀，在管路最低点应设置排水管及排水阀。

2．水箱、集水器、分水器、储冷罐等设备的安装，支架或底座的尺寸、位置符合设计要求。设备与支架或底座接触紧密，安装平整、牢固。平面位置允许偏差为15mm，标高允许偏差为±5mm；垂直度允许偏差为1/1000。

膨胀水箱安装的位置及接管的连接，应符合设计文件的要求。

3．水箱、集水缸、分水缸、储冷罐的满水试验或水压试验必须符合设计要求。储冷罐内壁防腐涂层的材质、涂抹质量、厚度必须符合设计或产品技术文件要求，储冷罐与底座必须进行绝热处理。

### 五、管道安装

(一) 一般规定

1. 管道安装前,应配合土建单位做好预留预埋工作,并及时对预留空洞和预埋件进行复验,确保其位置、标高准确无误。

2. 从事金属管道焊接的企业,应具有相应项目的焊接工艺评定,焊工应持有相应类别焊接的焊工合格证书。

3. 镀锌钢管应采用螺纹连接。当管径大于 $DN100$ 时,可采用卡箍式、法兰或焊接连接,但应对焊缝及热影响区的表面进行防腐处理。

4. 隐蔽管道在隐蔽前必须经监理人员验收及认可签证。

5. 管道与设备的连接,应在设备安装完毕后进行,与水泵、制冷机组的接管必须为柔性接口。柔性短管不得强行对口连接,与其连接得管道应设置独立支架。

6. 冷热水及冷却水系统应在系统冲洗、排污合格(目测:以排出口的水色和透明度与入水口对比相近,无可见杂物),再循环试运行 2h 以上,且水质正常后才能与制冷机组、空调设备相贯通。

7. 风机盘管机组及其他空调设备与管道的连接,宜采用弹性接管或软接管(金属或非金属软管),其耐压值应大于等于 1.5 倍的工作压力。软管的连接应牢固、不应有强扭和瘪管。

8. 有保冷要求的管道在支吊架与管道之间应垫以防腐木瓦托,防止管道使用时产生"冷桥"现象。

9. 冷凝水管道的安装,其坡度应符合设计要求,不得出现倒坡、逆坡的现象,安装完后应做通水试验。

10. 空调用蒸汽管道的安装,应按现行国家标准《建筑给水、排水及采暖工程施工质量验收规范》GB 50242—2002 的规定执行。

(二) 金属管道安装

1. 管道和管件在安装前,应将其内、外壁的污物和锈蚀清除干净。当管道安装间断时,应及时封闭敞开的管口。

2. 焊接钢管、镀锌钢管不得采用热煨弯;管道弯制弯管的弯曲半径,热弯不应小于管道外径的 3.5 倍、冷弯不应小于 4 倍;捍接弯管不应小于 1.5 倍;冲压弯管不应小于 1 倍。弯管的最大外径与最小外径的差不应大于管道外径的 8/100,管壁减薄率不应大于 15%。

3. 冷凝水排水管坡度,应符合设计文件的规定。当设计无规定时,其坡度宜大于或等于 8‰;软管连接的长度,不宜大于 150mm。

4. 冷热水管道与支、吊架之间,应有绝热衬垫(承压强度能满足管道重量的不燃、难燃硬质绝热材料或经防腐处理的木衬垫),其厚度不应小于绝热层厚度,宽度应大于支、吊架支承面的宽度。衬垫的表面应平整、衬垫接合面的空隙应填实。

5. 管道安装的坐标、标高和纵、横向的弯曲度应符合表 4.6.1 的规定。在吊顶内等暗装管道的位置应正确,无明显偏差。

6. 金属管道的支、吊架的形式、位置、间距、标高应符合设计或有关技术标准的要求。设计无规定时,应符合下列规定:

管道安装的允许偏差和检验方法　　　　表 4.6.1

| 项　目 | | | 允许偏差(mm) | 检　查　方　法 |
|---|---|---|---|---|
| 坐标 | 架空及地沟 | 室外 | 25 | 按系统检查管道的起点、终点、分支点和变向点及各点之间的直管<br>用经纬仪、水准仪、液体连通器、水平仪、拉线和尺量检查 |
| | | 室内 | 15 | |
| | 埋地 | | 60 | |
| 标高 | 架空及地沟 | 室外 | 20 | |
| | | 室内 | 15 | |
| | 埋地 | | 25 | |
| 水平管道平直度 | $DN \leqslant 100mm$ | | $2L$‰，最大 40 | 用直尺、拉线和尺量检查 |
| | $DN > 100mm$ | | $3L$‰，最大 60 | |
| 立管垂直度 | | | $5L$‰，最大 25 | 用直尺、线锤、拉线和尺量检查 |
| 成排管段间距 | | | 15 | 用直尺尺量检查 |
| 成排管段或成排阀门在同一平面上 | | | 3 | 用直尺、拉线和尺量检查 |

(1) 支、吊架的安装应平整牢固，与管道接触紧密。管道与设备连接处，应设独立支、吊架；

(2) 冷(热)媒水、冷却水系统管道机房内总、干管的支、吊架，应采用承重防晃管架；与设备连接的管道管架宜有减振措施。当水平支管的管架采用单杆吊架时，应在管道起始点、阀门、三通、弯头及长度每隔 15m 设置承重防晃支、吊架；

(3) 无热位移的管道吊架，其吊杆应垂直安装；有热位移的，其吊杆应向热膨胀(或冷收缩)的反方向偏移安装，偏移量按计算确定；

(4) 滑动支架的滑动面应清洁、平整，其安装位置应从支承面中心向位移反方向偏移 1/2 位移值或符合设计文件规定；

(5) 竖井内的立管，每隔 2~3 层应设导向支架。在建筑结构负重允许的情况下，水平安装管道支、吊架的间距应符合规定；

(6) 管道支、吊架的焊接应由合格持证焊工施焊，并不得有漏焊、欠焊或焊接裂纹等缺陷。支架与管道焊接时，管道侧的咬边量，应小于 0.1 管壁厚；

(7) 固定在建筑结构上的管道支、吊架，不得影响结构的安全。

7. 金属管道的焊接应符合下列规定：

(1) 管道焊接材料的品种、规格、性能应符合设计要求。管道对接焊口的组对和坡口形式等应符合要求；对口的平直度为 1/100，全长不大于 10mm。管道的固定焊口应远离设备，且不宜与设备接口中心线相重合。管道对接焊缝与支、吊架的距离应大于 50mm。

(2) 管道焊缝表面应清理干净，并进行外观质量的检查。焊缝外观质量不得低于现行国家标准《现场设备、工业管道焊接工程施工及验收规范》GB 50236 中第 11.3.3 条的Ⅳ级规定(氨管为Ⅲ级)。

8. 螺纹连接的管道,螺纹应清洁、规整,断丝或缺丝不大于螺纹全扣数的10%;连接牢固;接口处根部外露螺纹为2~3扣,无外露填料;镀锌管道的镀锌层应注意保护,对局部的破损处,应做防腐处理。

9. 法兰连接的管道,法兰面应与管道中心线垂直,并同心。法兰对接应平行,其偏差不应大于其外径的1.5/1000,且不得大于2mm;连接螺栓长度应一致、螺母在同侧、均匀拧紧。螺栓紧固后不应低于螺母平面。法兰的衬垫规格、品种与厚度应符合设计的要求。

(三)非金属管道安装

1. 当空调水系统的管道,采用建筑用硬聚氯乙烯(PVC-U)、聚丙烯(PP-R)、聚丁烯(PB)与交联聚乙烯(PEX)等有机材料管道时,其连接方法应符合设计和产品技术要求的规定。

2. 采用建筑用硬聚氯乙烯(PVC-U)、聚丙烯(PP-R)与交联聚乙烯(PEX)等管道时,管道与金属支、吊架之间应有隔绝措施,不可直接接触。当为热水管道时,还应加宽其接触的面积。支、吊架的间距应符合设计和产品技术要求的规定。

(四)复合管道安装

1. 钢塑复合管道的安装,当系统工作压力不大于1.0MPa时,可采用涂(衬)塑焊接钢管螺纹连接,与管道配件的连接深度和扭矩应符合要求;当系统工作压力为1.0~2.5MPa时,可采用涂(衬)塑无缝钢管法兰连接或沟槽式连接,管道配件均为无缝钢管涂(衬)塑管件。

2. 沟槽式连接的管道,其沟槽与橡胶密封圈和卡箍套必须为配套合格产品;支、吊架的间距应符合要求。

(五)套管制作安装

1. 管道穿越墙体或楼板处应设钢制套管,管道接口不得置于套管内,钢制套管应与墙体饰面或楼板底部平齐,上部应高出楼层地面20~50mm,并不得将套管作为管道支撑。

2. 保温管道与套管四周间隙应使用不燃绝热材料填塞紧密。

(六)补偿器安装

1. 补偿器的补偿量和安装位置必须符合设计及产品技术文件的要求,并应根据设计计算的补偿量进行预拉伸或预压缩。

2. 设有补偿器(膨胀节)的管道应设置固定支架,其结构形式和固定位置应符合设计要求,并应在补偿器的预拉伸(或预压缩)前固定;导向支架的设置应符合所安装产品技术文件的要求。

**六、阀门安装**

1. 安装前,应仔细核对型号与规格是否符合设计要求,检查阀杆和阀盘是否灵活,有无卡住和歪斜现象。

2. 阀门的安装位置、高度、进出口方向必须符合设计要求,连接应牢固紧密。

3. 安装在保温管道上的各类手动阀门,手柄均不得向下。

4. 阀门安装前必须进行外观检查,阀门的铭牌应符合现行国家标准《通用阀门标志》GB 12220的规定。对于工作压力大于1.0MPa及其在主干管上起到切断作用的阀门,应进行强度和严密性试验,合格后方准使用。其他阀门可不单独进行试验,待在系统试压中检验。

(1) 强度试验时,试验压力为公称压力的1.5倍,持续时间不少于5min,阀门的壳体、填料应无渗漏。

(2) 严密性试验时,试验压力为公称压力的1.1倍;试验压力在试验持续的时间内应保持不变,以阀瓣密封面无渗漏为合格。

5. 对待操作机构或传动装置的阀门,应在阀门安装好后,在安装操作机构或传动装置。且在安装前先对它们进行清洗,安装完后还应进行调整,使其动作灵活、指示准确。

### 七、水压试验

管道系统安装完毕,外观检查合格后,应按设计要求进行水压试验。当设计无规定时,应符合下列规定:

1. 冷热水、冷却水系统的试验压力,当工作压力小于等于1.0MPa时,为1.5倍工作压力,但最低不小于0.6MPa;当工作压力大于1.0MPa,为工作压力加0.5MPa。

2. 对于大型或高层建筑垂直位差较大的冷(热)媒水、冷却水管道系统宜采用分区、分层试压和系统试压相结合的方法。一般建筑可采用系统试压方法。

(1) 分区、分层试压:对相对独立的局部区域的管道进行试压。在试验压力下,稳压10min,压力不得下降,再将系统压力降至工作压力,在60min内压力不得下降、外观检查无渗漏为合格。

(2) 系统试压:在各分区管道与系统主、干管全部连通后,对整个系统的管道进行系统的试压。试验压力以最低电的压力为准,但最低点的压力不得超过管道与组成件的承受压力。压力试验升至试验压力后,稳压10min,压力下降不得大于0.02MPa,再将系统压力降至工作压力,外观检查无渗漏为合格。

3. 各类耐压塑料管的强度试验压力为1.5倍工作压力,严密性工作压力为1.15倍的设计工作压力。

4. 凝结水系统采用充水试验,应以不渗漏为合格。

## 第七节 防腐与绝热

### 一、防腐

**(一)材料质量要求**

1. 防腐涂料和油漆,必须是在有效保质期限内的合格产品,不得使用过期、不合格的伪劣产品。油漆、涂料应具备产品合格证及性能检测报告或厂家的质量证明书。

2. 涂刷在同一部位的底漆和面漆的化学性能要相同,否则涂刷前应作亲溶性试验,合格后方可施工。

**(二)施工条件**

1. 油漆施工时,应采取防火、防冻、防雨等措施,并不应在低温或潮湿环境下作业。

2. 油漆使用前,应熟悉油漆的性能参数,了解各油漆的组分和配合比,包括油漆的表干时间、实干时间、理论用量以及按说明书施工情况下的漆膜厚度等。

3. 油漆施工前,待防腐处理的构件表面应无灰尘、铁锈、油污等污物,并保持干燥、清洁，不得因上述缺陷而影响油漆的附着力。

（三）施工步骤

1．油漆可分为底漆和面漆。底漆以附着和防锈蚀的性能为主，面漆以保护底漆、增加抗老化性能和调节表面色泽为主。

2．普通薄钢板在制作风管前，宜预涂防锈漆一遍。

3．明装部分的最后一遍色漆，宜在安装完毕后进行。

4．涂刷下道油漆时，应在上道油漆表干后进行。

（四）质量要求

1．防腐施工的方法、层次和防腐油漆的品种、规格必须符合设计要求。

2．支、吊架的防腐处理应与风管或管道相一致，其明装部分必须涂面漆。

3．喷、涂油漆的漆膜，应均匀、无堆积、皱纹、气泡、掺杂、混色与漏涂等缺陷。

4．各类空调设备、部件的油漆喷、涂，不得遮盖铭牌标志和影响部件的功能使用。

5．管道穿墙、穿楼板套管处的绝热，应用相近效果的软散材料填实。

二、绝热

（一）一般规定

1．材料要求

（1）所用绝热材料应有出厂合格证或质量鉴定文件，必须是有效保质期内的合格产品。

（2）使用的绝热材料的材质、密度、规格、厚度、含水率、导热系数等性能参数应符合设计要求和消防防火规范要求。

（3）在下列场合必须使用不燃绝热材料：

① 电加热器前后 800mm 的风管和绝热层；

② 穿越防火隔墙两侧 2m 范围内风管、管道和绝热层。

2．施工步骤

（1）绝热施工前，应清除风管、水管及设备表面的杂物，对有破坏的防腐层应及时进行修补工作。

（2）风管与部件及空调设备绝热工程施工应在风管系统严密性检验合格后进行。

（3）空调工程的制冷系统管道，包括制冷剂和空调水系统绝热工程的施工，应在管路系统强度与严密性检验合格和防腐处理结束后进行。

（4）管道及设备的绝热应在防腐及水压试验合格后进行，如果先做绝热层，应将管道的接口及焊接处留出，待水压试验合格后再做接口处的绝热施工。

（5）建筑物的吊顶及管井内需要做保温的管道，必须在防腐试压合格后进行，隐蔽验收检查合格后，土建才能最后封闭，严禁颠倒工序施工。

3．质量要求

（1）绝热材料层应密实，无裂缝、空隙等缺陷。表面应平整，应采用卷材或板材时，允许偏差为 5mm；采用涂抹或其他方式时，允许偏差为 10mm。防潮层（包括绝热层的端部）应完整，且封闭良好；其搭连缝应顺水。

（2）绝热涂料作绝热层时，应分层涂抹，厚度均匀，不得有气泡和漏涂等缺陷，表面固化层应光滑,牢固无缝隙。

(3) 当采用玻璃纤维布作绝热保护层时,搭接的宽度应均匀,宜为 30～50mm,且松紧适度。

(4) 金属保护壳的施工,应符合下列规定:

① 应紧贴绝热层,不得有脱壳、褶皱、强行接口等现象。接口的搭接应顺水,并有凸筋加强,搭接尺寸为 20～25mm。采用自攻螺丝固定时,螺钉间距应匀称,并不得刺破防潮层。

② 户外金属保护壳的纵、横向接缝,应顺水;其纵向接缝应位于管道的侧面。金属保护壳与外墙面或屋顶的交接处应加设泛水。

(二) 风管及部件绝热

1. 风管和管道的绝热,应采用不燃或难燃材料,其材质、密度、规格与厚度应符合设计要求。如采用难燃材料时,应对其难燃性进行检查,合格后方可使用。

2. 位于洁净室内的风管及管道的绝热,不应采用易产尘的材料(如玻璃纤维、短纤维矿棉等)。

3. 风管系统部件的绝热,不得影响其操作功能。

4. 风管绝热层采用粘结方法固定时,施工应符合下列规定:

(1) 胶粘剂的性能应符合使用温度和环境卫生的要求,并与绝热材料相匹配;

(2) 粘结材料宜均匀地涂在风管、部件或设备的外表面上,绝热材料与风管、部件及设备表面应紧密贴合,无空隙;

(3) 绝热层纵、横向的连缝,应错开;

(4) 绝热层粘贴后,如进行包扎或捆扎,包扎的搭连处应均匀、贴紧;捆扎的应松紧适度,不得损坏绝热层。

5. 风管绝热层采用保温钉连接固定时,应符合下列规定:

(1) 保温钉与风管、部件及设备表面的连接,可采用粘接或焊接,结合应牢固,不得脱落;焊接后应保持风管的平整,并不应影响镀锌钢板的防腐性能;

(2) 矩形风管或设备保温钉的分布应均匀,其数量底面每平方米不应少于 16 个,侧面不应少于 10 个,顶面不应少于 8 个。首行保温钉至保温材料边沿的距离应小于 120mm;

(3) 风管法兰部位的绝热层的厚度,不应低于风管绝热层的 0.8 倍;

(4) 有防潮隔汽层绝热材料的拼缝处,应用粘胶带封严。粘胶带的宽度不应小于 50mm。粘胶带应牢固地粘贴在防潮面层上,不得有胀裂和脱落。

(三) 管道及设备绝热

1. 输送介质温度低于周围空气露点温度的管道,当采用非闭孔性绝热材料时,隔汽层(防潮层)必须完整,且封闭良好。

2. 空调水系统管道阀门、过滤器及法兰部位的绝热结构应能单独拆卸。

3. 空调水系统管道绝热层的施工,应符合下列规定:

(1) 绝热产品的材质和规格,应符合设计要求,管壳的粘贴应牢固、铺设应平整;绑扎应紧密,无滑动、松弛与断裂现象;

(2) 硬质或半硬质绝热管壳的拼接缝隙,保温时不应大于 5mm、保冷时不应大于 2mm,并用粘结材料勾缝填满;纵缝应错开,外层的水平接缝应设在侧下方。当绝热层的厚度大于 100mm 时,应分层铺设,层间应压缝;

(3) 硬质或半硬质绝热管壳应用金属丝或难腐织带捆扎,其间距为 300～350mm,且每节至少捆扎 2 道;

(4) 松散或软质绝热材料应按规定的密度压缩其体积,疏密应均匀。毡类材料在管道上包扎时,搭接处不应有空隙。

4. 空调水系统管道防潮层的施工应符合下列规定:

(1) 防潮层应紧密粘贴在绝热层上,封闭良好,不得有虚粘、气泡、褶皱、裂缝等缺陷;

(2) 立管的防潮层,应由管道的低端向高端敷设,环向搭接的缝口应朝向低端;纵向的搭接缝应位于管道的侧面,并顺水;

(3) 卷材防潮层采用螺旋形缠绕的方式施工时,卷材的搭接宽度宜为 30～50mm。

(四) 制冷管道保温

1. 保温材料的材质、规格及防火性能必须符合设计和防火要求,并具有制造厂合格证明或检验报告。

2. 阀门、法兰及其他可拆卸部件的两侧必须留出空隙,再以相同的隔热材料填补整齐。

3. 保温层的端部和收头处必须作封闭处理。

4. 聚氨酯硬质(软质)泡沫塑料管壳、聚苯乙烯硬质(软质)泡沫塑料管壳应符合以下规定:粘接应牢固、无断裂,管壳之间的拼缝应均匀整齐,平整一致,横向缝应错开。

5. 棉毡管壳应符合以下规定:两个相临管壳的纵缝应错开 180°,横向接缝应握紧对严,包扎应牢固、平整。

6. 防潮层应符合以下规定:应紧密牢固地粘贴在绝热层上,搭接缝口朝向低端,搭接宽度应符合规定并应均匀整齐,封闭良好,无裂缝,外形美观。

7. 冷热源机房内制冷系统管道的外表面,应做色标。

## 第八节 系统调试与综合效能测定

### 一、一般规定

1. 系统调试所使用的测试仪器和仪表,性能应稳定可靠,其精度等级及最小分度值应能满足测定的要求,并应符合国家有关计量法规及检定规程的规定。

2. 通风与空调工程的系统调试,应由施工单位负责、监理单位监督,设计单位与建设单位参与和配合。系统调试的实施可以是施工企业本身或委托给具有调试能力的其他单位。

3. 系统调试前,承包单位应编制调试方案,报送专业监理工程师审核批准;调试结束后,必须提供完整的调试资料和报告。

### 二、设备单机试运转及调试

(一) 风机

风机的试运转,应符合设备技术文件和现行国家标准《压缩机、风机、泵安装工程施工及验收规范》GB 50275 的有关规定。

1．风机外观检查

(1) 核对风机、电动机型号、规格及皮带轮直径是否与设计相符;

(2) 检查风机、电动机皮带轮的中心轴线是否平行,地脚螺栓是否已拧紧;

(3) 检查风机进、出口处柔性短管是否严密,传动皮带松紧程度是否适合;

(4) 检查轴承处是否有足够润滑油;

(5) 用手盘动皮带时,叶轮是否有卡阻现象;

(6) 检查风机调节阀门的灵活性,定位装置的可靠性;

(7) 检查电机、风机、风管接地线连接的可靠性。

2．风机试运转要点

(1) 点动风机,检查叶轮运转方向是否正确,运转是否平稳,叶轮与机壳有无摩擦和不正常声响。

(2) 风机启动后,用钳形电流表测量电机的启动电流,待风机运转正常后再测量电动机运转电流,检查电机的运行功率是否符合设备技术文件的规定。

(3) 风机在额定转速下连续运行 2h 后,用数字温度计测量其轴承的温度,滑动轴承外壳最高温度不得超过 70℃,滚动轴承不得超过 80℃。

(4) 风机运行时,产生的噪声不宜超过产品性能说明书的规定值。

(二) 水泵

水泵的试运转,应符合设备技术文件和现行国家标准《压缩机、风机、泵安装工程施工及验收规范》GB 50275 的有关规定。

1．水泵外观检查

(1) 检查水泵和其附属系统的部件应齐全,各紧固连接部位不得松动;

(2) 用手盘动叶轮时应轻便、灵活、正常,不得有卡、碰现象和异常的振动和声响。

2．水泵试运转要点

(1) 水泵与附件管路系统上的阀门启闭状态要符合调试要求,水泵运转前,应将入口阀全开,出口阀全闭,待水泵启动后再将出口阀打开。

(2) 点动水泵,检查水泵的叶轮旋转方向是否正确。

(3) 启动水泵,用钳形电流表测量电动机的启动电流,待水泵正常运转后,再测量电动机的运转电流,检查其电机运行功率值,应符合设备技术文件的规定。

(3) 水泵在连续运行 2h 后,用数字温度计测量其轴承的温度,滑动轴承外壳最高温度不得超过 70℃,滚动轴承不得超过 75℃。

(5) 水泵运行时不应有异常振动和声响、壳体密封处不得渗漏、紧固连接部位不应松动、轴封的温升应正常;在无特殊要求的情况下,普通填料汇漏量不应大于 60mL/h,机械密封的不应大于 5mL/h。

(6) 水泵运行时,产生的噪声不宜超过产品性能说明书的规定值。

(三) 冷却塔

1．冷却塔运转前准备工作

(1) 清扫冷却塔内的杂物和尘垢,防止冷却水管或冷凝器等堵塞;
(2) 冷却塔和冷却水管路系统用水冲洗,管路系统应无漏水现象;
(3) 检查自动补水阀的动作状态是否灵活准确。
2. 冷却塔试运转要点
(1) 冷却塔风机与冷却水系统循环试运行不少于 2h,运转时冷却塔本体应稳固、无异常振动。用声级计测量其噪声应符合设备技术文件的规定。
(2) 冷却塔风机的运转可参考本条第(一)款的规定。
(3) 冷却塔试运转工作结束后,应清洗集水池。
(4) 冷却塔试运转后,如长期不使用,应将循环管路及集水池中的水全部放出,防止设备冻坏。
(四) 制冷机组、单元式空调机组的试运转
1. 制冷机组、单元式空调机组的试运转,应符合设备技术文件和现行国家标准《制冷设备、空气分离设备安装工程施工及验收规范》GB 50274 的有关规定,正常运转不应少于 8h;
2. 制冷机组、单元式空调机组运行时,产生的噪声不宜超过产品性能说明书的规定值。
(五) 电控防火、防排烟风阀(口)
1. 在调试前要检查所有的阀门均应全部开启。
2. 电动防火阀、防排烟风阀(口)的手动、电动操作应灵活、可靠,信号输出要正确。
(六) 风机盘管机组
1. 风机盘管机组的三速、温控开关的动作应正确,并与机组运行状态一一对应。
2. 风机盘管机组运行时,产生的噪声不宜超过产品性能说明书的规定值。

### 三、系统无生产负荷的联合试运转及调试

(一) 系统无生产负荷的联合试运转及调试的主要内容:
1. 通风机的风量、风压及转速的测定;
2. 通风与空调设备的风量、余压(指机外余压)与风机转速(指设备内风机)的测定;
3. 通风与空调系统与风口风量的测定与调整;
4. 通风机、制冷机、空调机组噪声的测定;
5. 制冷系统运行参数(压力、温度、流量等)的测定和调整;
6. 空调房间室内参数(温度、相对湿度、空气洁净度、静压差、噪声等)的测定和调整;
7. 防排烟系统正压送风前室静压的检测;
8. 空气净化系统高效过滤器的检漏和室内洁净度级别的测定;
9. 自动调节和监测系统的检验、调整与联动运行。
(二) 通风与空调工程系统无生产负荷的联合试运转及调试,应在制冷设备和通风与空调设备单机试运转合格后进行。空调系统带冷(热)源的正常联合试运转不应少于 8h,当竣工季节与设计条件相差较大时,仅做不带冷(热)源试运转。通风、除尘系统的连续试运转不应少于 2h。
(三) 系统无生产负荷的联合试运转及调试应符合下列规定:

1．系统总风量调试结果与设计风量的偏差不应大于10%；

2．空调冷热水、冷却水总流量测试结果与设计流量的偏差不应大于10%；

3．舒适空调的温度、相对湿度应符合设计的要求。恒温、恒湿房间室内空气温度、相对湿度及波动范围应符合设计规定。

（四）通风工程系统无生产负荷联动试运转及调试应符合下列规定：

1．系统联动试运转中，设备及主要部件的联动必须符合设计要求，动作协调、正确，无异常现象；

2．系统经过平衡调整，各风口或吸风罩的风量与设计风量的允许偏差不应大于15%；

3．湿式除尘器的供水与排水系统运行应正常。

（五）空调工程系统无生产负荷联动试运转及调试还应符合下列规定：

1．空调工程水系统应冲洗干净、不含杂物，并排除管道系统中的空气；系统连续运行应达到正常、平稳；水泵的压力和水泵电机的电流不应出现大幅波动。系统平衡调整后，各空调机组的水流量应符合设计要求，允许偏差为20%；

2．各种自动计量检测元件和执行机构的工作应正常，满足建筑设备自动化（BA、FA等）系统对被测定参数进行检测和控制的要求；

3．多台冷却塔并联运行时，各冷却塔的进、出水量应达到均衡一致；

4．调室内噪声应符合设计规定要求；

5．有压差要求的房间、厅堂与其他相邻房间之间的压差，舒适性空调正压为0~25Pa；工艺性的空调应符合设计的规定；

6．有环境噪声要求的场所，制冷、空调机组应按现行国家标准《采暖通风与空气调节设备噪声声功率级的测定——工程法》GB 9068的规定进行测定。洁净室内的噪声应符合设计的规定。

（六）净化空调系统运行前应在回风、新风的吸入口处和粗、中效过滤器前设置临时用过滤器（如无纺布等），实行对系统的保护。净化空调系统的检测和调整，应在系统进行全面清扫，且已运行24h及以上达到稳定后进行。

洁净室洁净度的检测，应在空态或静态下进行或按合约规定。室内洁净度检测时，人员不宜多于3人，均必须穿与洁净室洁净度等级相适应的洁净工作服。

（七）净化空调系统还应符合下列规定：

1．单向流洁净室系统的系统总风量调试结果与设计风量的允许偏差为0~20%，室内各风口风量与设计风量的允许偏差为15%。

2．新风量与设计新风量的允许偏差为10%。

3．单向流洁净室系统的室内截面平均风速的允许偏差为0~20%，且截面风速不均匀度不应大于0.25。

4．新风量和设计新风量的允许偏差为10%。

5．相邻不同级别洁净室之间和洁净室与非洁净室之间的静压不应小于5Pa，洁净室与室外的静压差不应小于10Pa。

6．室内空气洁净度等级必须符合设计规定的等级或在商定验收状态下的等级要求。

7. 高于等于 5 级的单向流洁净室,在门开启的状态下,测定距离门 0.6m 室内侧工作高度处空气的含尘浓度,亦不应超过室内洁净度等级上限的规定。

(八)防排烟系统联合试运行与调试的结果(风量及正压),必须符合设计与消防的规定。

(九)通风与空调工程的控制和监测设备,应能与系统的检测元件和执行机构正常沟通,系统的状态参数应能正确显示,设备联锁、自动调节、自动保护应能正确动作。

四、系统生产负荷的综合效能试验的测定与调整

(一)通风与空调工程交工前,应进行系统生产负荷的综合效能试验的测定与调整。

(二)通风与空调工程带生产负荷的综合效能试验与调整,应在已具备生产试运行的条件下进行,由建设单位负责,设计、施工单位配合。

(三)通风、空调系统带生产负荷的综合效能试验测定与调整的项目,应由建设单位根据工程性质、工艺和设计的要求进行确定。

(四)通风、除尘系统综合效能试验可包括下列项目:

1. 室内空气中含尘浓度或有害气体浓度与排放浓度的测定;
2. 吸气罩罩口气流特性的测定;
3. 除尘器阻力和除尘效率的测定;
4. 空气油烟、酸雾过滤装置净化效率的测定。

(五)空调系统综合效能试验可包括下列项目:

1. 送回风口空气状态参数的测定与调整;
2. 空气调节机组性能参数的测定与调整;
3. 室内噪声的测定;
4. 室内空气温度和相对湿度的测定与调整;
5. 对气流有特殊要求的空调区域做气流速度的测定。

(六)恒温恒湿空调系统除应包括空调系统综合效能试验项目外,尚可增加下列项目:

1. 室内静压的测定和调整;
2. 空调机组各功能段性能的测定和调整;
3. 室内温度、相对湿度场的测定和调整;
4. 室内气流组织的测定。

(七)净化空调系统除应包括恒温恒湿空调系统综合效能试验项目外,尚可增加下列项目:

1. 生产负荷状态下室内空气洁净度等级的测定;
2. 室内浮游菌和沉降菌的测定;
3. 室内自净时间的测定;
4. 空气洁净度高于 5 级的洁净室,除应进行净化空调系统综合效能试验项目外,尚应增加设备泄漏、防止污染扩散等特定项目的测定;
5. 洁净度等级高于等于 5 级的洁净室,可进行单向气流流线平等度的检测,在工作区内气流流向偏离规定方向的角度不大于 15°。

(八)防排烟系统综合效能试验的测定项目,为模拟状态下安全区正压变化测定及烟雾扩散试验等。

(九)净化空调系统的综合效能检测单位和检测状态,宜由建设、设计和施工单位三方协商确定。

**五、调试方法及要点**

(一)通风与空调系统风量的测试

空调系统风量的测定内容包括:测定总送风量、新风量、回风量、排风量,以及各干、支风管内风量和送(回)风口的风量等。

1. 风管内风量的测定法方法:

(1)测量截面位置和测量截面内侧点位置的确定:

在用毕托管和倾斜式微压计测系统总风量时,测定截面应选在气流比较均匀稳定的地方。一般都选在局部阻力之后大于或等于4倍管径(或矩形风管大边尺寸)和局部阻力之前大于或等于1.5倍管径(或矩形风管大边尺寸)的直管段上,当条件受到限制时,距离可适当缩短,且应适当增加测点数量。

(2)测点截面内侧点的位置和数目,主要根据风管形状而定,对于矩形风管,应将截面划分为若干个相等的小截面,并使各小截面尽可能接近于正方形,测点位于小截面的中心处,小截面的面积不大于 $0.05m^2$。在圆形风管内测量速度时,应根据管径的大小,将截面分成若干个面积相等的同心圆环,每个圆环上测量四个点,且这四个点必须位于互相垂直的两个直径上。

(3)绘制系统草图:

根据系统的实际安装情况,参考设计图纸,绘制出系统单线草图供测试时使用;在草图上,应标明风管尺寸、测定截面位置、送(回)风口的位置等在测定截面处应说明该截面的设计风量、面积。

(4)测量方法:

将毕托管插入测试孔,全压孔迎向气流方向,使倾斜式微压计处于水平状态,连接毕托管和倾斜式微压计,在测量动压时,无论处于吸入管段还是压出管段,都是将较大压力(全压)接"+"处,较小压力(静压)接"−"处,将多向阀手柄扳向"测量"位置,在测量管标尺上即可读出酒精柱长度,再乘以倾斜测量管所固定的位置上的仪器常数 $K$ 值,即得所测量的压力值。

(5)风管内风量的计算:

① 通过风管截面的风量可以按下式确定

$$L = 3600 FV$$

式中　$F$——风管截面积,$m^2$;

　　　$V$——测量截面内平均风速,$m/s$。

② 所测量的动压值通过计算求出平均风速

$$V = (2gP_{db}/\rho)^{0.5}$$

式中　$g$——重力加速度,一般取 $9.8m/s^2$;

　　　$\rho$——空气的密度,$kg/m^3$;

$P_{db}$——测得的平均动压，kPa。

(6) 系统总风量的调整：

系统总风量的调整可以通过调节风管上的风阀的开度的大小来实现。

2．送回风口风量的测定：

(1) 各送(回)风口或吸风罩风量的测定有两种方法：

① 用热球风速仪在风口截面处定点测量法进行测量，测量时可按风口截面的大小，划分为若干个面积相等的小块，在其中心处测量。

② 可用叶轮风速仪采用匀速移动测量法测量：

对于截面积不大的风口，可将风速仪沿整个截面按一定的路线慢慢地匀速移动，移动时风速仪不得离开测定平面，此时测得的结果可认可为是界面平均风速，此法须进行三次，取其平均值。

③ 送(回)风口和吸风罩风量的计算：

$$L = 3600 F \cdot V \cdot K$$

式中　$F$——送风口的外框面积，$m^2$；

　　　$K$——考虑送风口的结构和装饰形式的修正系数，一般取 0.7～1.0；

　　　$V$——风口外测得的平均风速 m/s。

(2) 风量调整：

目前使用风量调整方法有流量等比分配法、基础风口调整法和逐段分支调整法，调试时可根据空调系统的具体情况采用相应的方法进行调整。

3．系统风量调整平衡后，应达到：

(1) 风口的风量、新风量、排风量、回风量的实测值与设计风量的允许值不大于 10%。

(2) 新风量与回风量之和应近似等于总的送风量，或各送风量之和。

(3) 总的送风量应略大于回风量与排风量之和。

(4) 系统风量测定包括风量及风压测定，系统总风压以测量风机前后的全压差为准；系统总风量以风机的总风量或总风的风量为准。

4．系统风量测试调整时应注意的问题。

(1) 测定点截面位置选择应在气流比较均匀稳定的地方，一般选在产生局部阻力之后 4～5 倍管径(或风管长边尺寸)以及局部阻力之前约 1.5～2 倍管径(或风管长边尺寸)的直风管段上。

(2) 在矩形风管内测定平均风速时，应将风管测定截面划分若干个相等的小截面使其尽可能接近于正方形；在圆形风管内测定平均风速时，应根据管径大小，将截面分成若干个面积相等的同心圆环，每个圆环应测量四个点。

(3) 没有调节阀的风道，如果要调节风量，可在风道法兰处临时加插板进行调节，风量调好后，插板留在其中并密封不漏。

(二) 空调水系统的调试

空调工程水系统应冲洗干净，不含杂物，并排出管道系统中的空气，系统连续运行应达到正常、平稳。系统调试后，各空调机组的水流量应符合设计要求，允许偏差为 20%。

1．冷却水系统的调试

启动冷却水泵和冷却塔,进行整个系统的循环清洗,反复多次,直至系统内的水不带任何杂质,水质清洁为止,在系统工作正常的情况下,用水量仪测量冷却水的流量,并进行调节使之符合要求。

2. 冷冻水系统的调试

冷冻水系统的管路长且复杂,系统内清洁度要求高,因此,在清洗时要求严格、认真,冷冻水系统的清洁工作属封闭式的循环清洗,反复多次,直至水质洁净为止。最后开启制冷机蒸发器、空调机组、风机盘管的进水阀,关闭旁通阀,进行冷水系统管路的充水工作。在充水时要在系统的各个最高点安装自动排气阀、进行排气。

(三) 自动调节和监测系统的检验、调整与联动运行

通风与空调工程的控制和监测设备应能与系统的检测元件和执行机构正常沟通,系统的状态参数应能正确显示,设备联锁、自动调节器、自动保护应能正确动作。

1. 系统投运前的准备工作

(1) 室内校验:严格按照使用说明或其他规范对仪表逐台进行全面性能校验;

(2) 现场校验:仪表装到现场后,还需进行诸如零点、工作点、满刻度等一般性能校验。

2. 自动调节系统的线路检查

(1) 按控制系统设计图纸与有关的施工规程,仔细检查系统各组成部分的安装与连接情况。

(2) 检查敏感元件安装是否符合要求,所测信号是否正确反映工艺要求,对敏感元件的引出线,尤其是弱电信号线,要特别注意强电磁场干扰情况。

(3) 核实敏感元件、调节仪表或检测仪表和调节执行机构的型号、规格和安装的部位是否与设计图纸要求相符。

(4) 敏感元件和测量元件的装设地点,应符合下列要求:

① 要求全室性控制时,应放在不受局部热源影响的区域内;局部区域要求严格时,应放在要求严格的地点;室温元件应放在空气流通的地点。

② 在风管内,宜放在气流稳定的管段中心。

③ "露点"温度的敏感元件和测量元件宜放在挡水板后有代表性的位置,并应尽量避免二次回风的影响。不应受辐射热、振动或水滴的直接影响。

(5) 对自调节系统的联锁、信号、远距离检测和控制等装置及调节环节核对是否正确,是否符合设计要求。

① 对调节器着重于手动输出、正反向调节作用、手、自动的无扰切换。

② 对执行器着重于检查其开关方向和动作方向,阀门开度与调节器输出的线性关系、位置反馈、能否在规定数值起动、全行程是否正常、有无变差和呆滞现象。

③ 对仪表连接线路的检查:着重查错、查绝缘情况和接触情况。

④ 对继电信号检查:人为地施加信号,检查被调量超过预定上、下限时的自动报警及自动解除报警的情况等,此外,还要检查自动联锁线路和紧急停车按钮等安全措施。

3. 调节器及检测仪表单体性能校验:

(1) 敏感元件的性能试验,根据控制系统所选用的调节器或检测仪表所要求的分度

号必须配套,应进行刻度误差校验和支特性校验,均应达到设计精度要求。

(2) 调节仪表和检测仪表,应作刻度特性校验,调节特性的校验及动作试验与调整,均应达到设计精度要求。

(3) 调节阀和其他执行机构的调节性能,全行程距离,全行程时间的测定,限位开关位置的调整,标出满行程的分度值等均应达到设计精度要求。

4. 自动调节系统及检测仪表联动校验:

(1) 自动调节系统在未正式投入联动之前,应进行模拟试验,以校验系统的动作是否正确,是否符合设计要求,无误时,可投入自动调节运行。

(2) 自动调节系统投入运行后,应查明影响系统调节品质的因素,进行系统正常运行效果的分析,并判断能否达到预期的效果。

(3) 自动调节系统各环节的运行调整,应使空调系统的"露点"、二次加热器和室温的各控制点经常保持所规定的空气参数,符合设计精度要求。

(四) 空调房间室内参数的测定和调整

1. 室内温度和相对湿度的测定

室内温度、相对湿度波动范围应符合实际的要求。

室内温度、相对湿度的测定,应根据设计要求来确定工作区,并在工作区内布置测点。一般舒适性空调房间应选择在人经常活动的范围或工作面为工作区。

恒温恒湿房间离围护结构0.5m,离地高度0.5~1.5m处为工作区。

(1) 测点的布置:

① 送、回风口处。

② 恒温工作区内具有代表性的地点(如沿着工艺设备周围布置或等距布置)。

③ 室中心(没有恒温要求的系统,温、湿度只测此一点)。

④ 敏感元件处。

(2) 有恒温恒湿要求的洁净室。室温波动范围按各测点的各次温度中偏离控制点温度的最大值,占测点总数的百分比整理成累计统计曲线,90%以上测点达到的偏差值为室温波动范围,为符合设计要求。区域温度以各测点中最低的一次测试温度为基准,各测点平均温度与平均温度与超偏差值的点数,占测点总数的百分比整理成累计统计曲线,90%以上测点所达到的偏差值为区域温差,应符合设计要求。相对温度波动范围可按室温波动范围的规定执行。

相对温度波动范围可按室温波动范围的规定执行。

2. 室内静压差的测定

静压差的测定应在所有门窗关闭的条件下,由高压向低压、由里向外进行,检测时所使用的微压计,其灵敏度不应低于2.0Pa。

为了保持房间的正压,通常靠调节房间回风量和排风量的大小来实现。

3. 空调室内噪声的测定

空调房间噪声测定,一般以房间中心离地面1.2m高度处为测点,噪声测定时要排除本底噪声的影响。

4. 净化空调系统应进行下列项目的测试

(1) 风量或风速的测试：

单向流洁净室采用室截面平均风速和截面积乘积的方法确定送风量，离高效过滤器 0.3m，垂直于气流的截面作为采样测试截面，截面上测点间距不宜大于 0.6m，测点数不应少于 5 个，用热球风速仪测得各测点的风速读数的算术平均值作为平均风速。

对于单向流洁净室，采用风口法或风管法确定送风量，做法如下：

风口法是在安装有高效过滤器的风口处，根据风口形状连接辅助风管进行测量，即用镀锌钢板或其他不产尘材料做成与风口形状及内截面相同，长度等于 2 倍风口长边尺寸的直管段，连接于风口外部。在辅助风管出口平面上，按最少测点数不少于 6 点均匀布置，使用热球风速仪测定各测点之风速，然后，以求取的风口截面平均风速乘以风口净截面积求取测定风量。

对于风口上风侧有较大的支管段，且已经或可以打孔时，可以用风管法确定风量。测定断面应位于大于或等于局部阻力部件前 3 倍管径或长边长的部位。

对于矩形风管，是将测定截面分割成若干个相等的小截面，每个小截面尽可能接近正方形，边长不应大于 200mm，测点数不宜少于 3 个。

对于圆形风管，应根据管径的大小，将截面划分为若干个面积相等的同心圆环，每个圆环测 4 点。根据管径确定圆环数量，不宜少于 3 个。

(2) 室内空气洁净度等级的测试：

室内空气洁净度等级必须符合设计规定的等级或在商定验收状态下，高于等于 5 级的单项流洁净室，在门开启的状态下，测定距离门 0.6m 室内测工作高度处空气的含尘浓度，亦不应超过室内洁净度等级上限的规定。

检测仪器的选用，应使用采样速率大于 1L/min 的光学粒子计数器，在仪器选用时应考虑粒径鉴别能力，粒子浓度适用范围和计数效率，仪表应有有效的标定合格证书。

采样点均匀分布于整个面积内，并位于工作区的高度(距地坪 0.8m 的水平面)，或设计单位、业主特指的位置。

每个采样点的最少采样时间为 1min，采样量至少为 2L。

每个洁净室(区)最少采样次数为 3 次。当洁净区仅有一个采样点时，则在该点至少采样 3 次。

对预期空气洁净度等级达到 4 级或更洁净的环境，采样量很大，可采用 ISO 14644-1 附录 F 规定的顺序采样法。

检测采样的规定：

采样时采样口处的气流速度，应尽可能接近室内的设计气流速度；

对单向流洁净室，其粒子计数器的采样管口应迎着气流方向；对于非单向流洁净室，采用管口宜向上；

采样管必须干净，连接处不得有渗漏。采样管的长度应根据允许长度确定，如果无规定时，不宜大于 1.5m；

室内的测定人员必须穿洁净工作服，且不宜超过 3 名，并应远离或位于采样点的下风侧静止不动或微动。

记录数据评价。空气洁净度测试中，当全室(区)测点为 2~9 点时，必须计算每个采样点的平均粒子浓度 $C_i$ 值、全部采样点的平均粒子浓度 $N$ 及其标准差,导出95%置信上限值;采样点超过9点时,可采用算术平均值 $N$ 作为置信上限值。

(3) 单向流洁净室截面平均速度,速度不均匀度的检测:

洁净室垂直单向流和非单向流应选择距墙或围护结构内表面大于0.5m,离地面高度0.5~1.5m作为工作区,水平单向流以距送风墙或围护结构内表面0.5m处的纵断面为第一工作面,测定截面的测点数应符合规定。

测定风速应用测定架固定风速仪,以避免人体干扰,不得不用手持风速仪测定时,手臂应伸至最长位置,尽量使人体远离测头。

室内气流流型的测定,宜采用发烟或悬挂丝线的方法,进行观察测量与记录。然后,标在记录的送风平面的气流流形图上,一般每台过滤器至少对应1个观察点。

风速不均匀度 $\beta_0$ 按下列公式计算:

$$\beta_0 = S/V$$

式中　$V$——各测点风速的平均值;
　　　$S$——标准差。

(4) 静压差的检测:

静压差的测定应在所有的门关闭的条件下,由高压向低压,由平面布置上与外界最远的里间房间开始,依次向外测定,检测时所使用的补偿微压计,其灵敏度不应低于2.0Pa。

有孔洞相通的不同等级相邻的洁净室,其洞口处应有合理的气流流向,洞口的平均风速大于等于0.2m/s时,可用热球风速仪检测。

为了保持房间的正压,通常靠调节房间回风量和排风量的大小来实现。

(五) 防排烟系统的测定

1. 防排烟系统联合试运行与调试的结果(风量及正压),必须符合设计与消防的规定。

2. 防排烟系统的风量测定可按照系统风量测定的方法进行。

3. 在风量满足设计要求的情况下,按每次开启三个楼层的加压风口,风口风量及相关区域的正压,应符合设计与消防的规定。

# 第五章 电梯工程

## 第一节 设备进场验收

设备进场验收是指电梯安装前,由电梯供应商、安装单位和监理(建设)单位共同对电梯零部件和随机文件的清点、检查和接收工作,是保证电梯安装工程质量的重要环节。全面、准确地进行设备进场验收能够及时发现问题,解决问题,为即将开始的电梯安装工程奠定良好的基础,同时设备进场验收也是实行过程控制的必要手段和在电梯安装过程中发生纠纷时判定责任的主要依据。

设备进场验收应重点检查以下内容:

一、查验电梯的随机文件是否完整、齐全,随机文件应包括下列资料:

1. 土建布置图:主要包括井道布置、机房布置、井道留孔及机房留孔位置等,以及对安装、承重部位土建结构及强度要求等内容。土建布置图是电梯安装工程的重要依据,应由电梯生产单位和建设单位共同盖章确认。

2. 产品出厂合格证。

3. 门锁装置、限速器、安全钳及缓冲器的型式试验证书复印件。

4. 装箱单:应清晰、准确地说明零部件的名称(或编号)、数量、位置等信息,以便施工现场的清点核对。

5. 安装、使用维护说明书:安装说明书是指导电梯安装的说明性技术文件;使用维护说明书是指导正确使用、维护电梯的说明性技术文件。

6. 动力电路和安全电路的电气原理图:电气原理图是动力电路和安全电路的设计文件,是电梯电气装置分项工程安装、接线、测试及交付使用后维修必备的技术文件。

二、设备零部件应与装箱单内容相符。

三、设备外观不应存在明显的损坏,如人为或意外而造成的明显的凹凸、断裂、永久变形、表面涂层脱落或锈蚀等缺陷。

## 第二节 土建交接检验

电梯安装工程质量和与电梯相关的建筑物土建结构是分不开的,另外为电梯提供必要的、合理的安装空间和场所,也是保证电梯安装工程顺利进行和提高工程质量的前提,因此在电梯安装工程进行以前,应由监理工程师(建设单位项目负责人)、安装单位项目负责人、土建施工单位项目负责人共同进行土建交接检验,应记录检验结果,并签字确认。

土建交接检验应重点检查以下内容:

一、机房(如果有)内部、井道土建(钢架)结构及布置必须符合电梯土建布置图的要求。

测量机房(如果有)、井道结构尺寸应与电梯土建布置图一致;观察机房(如果有)、井道内部表面外观,应平整。应按照土建布置图的要求预留了相关的孔和预埋件等。

二、主电源开关必须符合下列规定:

1. 主电源开关应能够切断电梯正常使用情况下最大电流。
2. 对有机房电梯该开关应能从机房入口处方便地接近。
3. 对无机房电梯该开关应设置在井道外工作人员方便接近的地方,且应具有必要的安全防护。

三、井道必须符合下列规定:

1. 当底坑底面下有人员能到达的空间存在,且对重(或平衡重)上未设有安全钳装置时,对重缓冲器必须能安装在(或平衡重运行区域的下边必须)一直延伸到坚固地面上的实心桩墩上。
2. 电梯安装之前,所有层门预留孔必须设有高度不小于1.2m的安全保护围封,并应保证有足够的强度。
3. 当相邻两层门地坎间的距离大于11m时。其间必须设置井道安全门,井道安全门严禁向井道内开启,且必须装有安全门处于关闭时电梯才能运行的电气安全装置。当相邻轿厢间有相互救援用轿厢安全门时,可不执行本款。
4. 井道尺寸是指垂直于电梯设计运行方向的井道截面沿电梯设计运行方向投影所测定的井道最小净空尺寸,该尺寸应和土建布置图所要求的一致,允许偏差应符合下列规定:

(1) 当电梯行程高度小于等于30m时为0~+25mm;
(2) 当电梯行程高度大于30m且小于等于60m时为0~+35mm;
(3) 当电梯行程高度大于60m且小于等于90m时为0~+50mm;
(4) 当电梯行程高度大于90m时,允许偏差应符合土建布置图要求。

5. 全封闭或部分封闭的井道,井道的隔离保护、井道壁、底坑底面和顶板应具有安装电梯部件所需要的足够强度,应采用非燃烧材料建造,且应不易产生灰尘。
6. 当底坑深度大于2.5m且建筑物布置允许时,应设置一个符合安全门要求的底坑进口;当没有进入底坑的其他通道时,应设置一个从层门进入底坑的永久性装置,且此装置不得凸入电梯运行空间。
7. 井道应为电梯专用,井道内不得装设与电梯无关的设备、电缆等。井道可装设采暖设备,但不得采用蒸汽和水作为热源,且采暖设备的控制与调节装置应装在井道外面。
8. 井道内应设置永久性电气照明,井道内照度应不得小于50lx。井道最高点和最低点0.5m以内应各装一盏灯,再设中间灯,并分别在机房和底坑设置一控制开关。
9. 装有多台电梯的井道内各电梯的底坑之间应设置最低点离底坑地面不大于0.3m,且至少延伸到最低层站楼面以上2.5m高度的隔障,在隔障宽度方向上隔障与井道壁之间的间隙不应大于150mm。

当轿顶边缘和相邻电梯运动部件(轿厢、对重或平衡重)之间的水平距离小于0.5m时,隔障应延长贯穿整个井道的高度。隔障的宽度不得小于被保护的运动部件(或其部分的宽度)每边再各加 0.1m。

10. 底坑内应有良好的防渗、防漏水保护,底坑内不得有积水。

11. 每层楼面应有水平面基准标识。

四、机房(如果有)应符合下列规定:

1. 机房内应设有固定的电气照明,地板表面上的照度不应小于 200lx。机房内应设置一个或多个电源插座。在机房内靠近入口的适当高度处应设有一个开关或类似装置控制机房照明电源。

2. 机房内应通风,从建筑物其他部分抽出的陈腐空气,不得排入机房内。

3. 应根据产品供应商的要求,提供设备进场所需要的通道和搬运空间。

4. 电梯工作人员应能方便地进入机房或滑轮间,而不需要临时借助于其他辅助设施。

5. 机房应采用经久耐用且不易产生灰尘的材料建造,机房内的地板应采用防滑材料。

注:此项可在电梯安装后验收。

6. 在一个机房内,当有两个以上的不同平面的工作平台,且相邻平台高度差大于 0.5m 时,应设置楼梯或台阶,并应设置高度不小于 0.9m 的安全防护栏杆。当机房地面有深度大于 0.5m 的凹坑或槽坑时,均应盖住。供人员活动空间和工作台面以上的净高度不应小于 1.8m。

7. 供人员进出的检修活板门应有不小于 0.8m×0.8m 的净通道,开门到位后应能自行保持在开启位置。检修活板门关闭后应能支撑两个人的重量(每个人按在门的任意 0.2m×0.2m 面积上作用 1000N 的力计算),不得有永久性变形。

8. 门或检修活板门应装有带钥匙的锁,它应从机房内不用钥匙打开。只供运送器材的活板门,可只在机房内部锁住。

9. 电源零线和接地线应分开。机房内接地装置的接地电阻值不应大于 4Ω。

10. 机房应有良好的防渗、防漏水保护。

## 第三节 驱动主机

驱动主机是包括电动机、制动器在内的用于驱动和停止电梯的装置。驱动主机的型式、位置、安装要求由电梯产品设计确定,因此安装施工人员应严格按照生产厂提供的安装说明书进行施工。

### 一、承重钢梁安装

1. 承重梁的安装应符合产品设计要求。

2. 承重梁必须放在梯井的承重结构上,例如圈梁和承重墙上,不允许放在无梁楼板上或不承重的井壁上。

3. 当驱动主机承重梁需埋入承重墙时,埋入端长度应超过墙厚中心至少 20mm,且支承长度不应小于 75mm。

## 二、曳引机安装

### (一) 曳引机进场检验

曳引机在制造厂做过空载和额定载荷试验、动作速度试验,应有产品合格证。在施工现场主要检查曳引机、限速器等设备上的铭牌是否与所选用的电梯型号规格相符,运输中是否有碰撞现象发生,设备到货的完整程度和包装情况。

### (二) 曳引机的固定方法

1. 刚性固定:曳引机直接与承重钢梁或楼板接触,用螺栓固定。此种方法简单方便,但曳引机工作时,其振动值直接传给楼板。由于工作时振动和噪声较大,只限用于低速电梯。

2. 弹性固定:常见的形式是曳引机先装在用槽钢焊制的钢架上,在机架与承重梁或楼板之间加有减振的橡胶垫,能有效地减小曳引机的振动及其传布,使其工作平稳。因此这种方法应用广泛。

### (三) 曳引机安装要求

1. 曳引机的安装应符合产品设计要求。

2. 曳引机的安装允许偏差应符合下列要求:

(1) 曳引轮的位置偏差,在前、后方向不应超过±2mm,在左、右方向不应超过±1mm。

(2) 曳引轮垂直方向偏摆度最大偏差应不大于0.5mm。

(3) 在曳引轮轴方向和蜗杆方向的不水平度均不应超过 1/1000。蜗杆与电动机联结后的不同心度,刚性联结为 0.02mm,弹性联结为 0.1mm,径向跳动不超过制动轮直径的 1/3000。

(4) 曳引机横向水平度可结合测定曳引轮垂直误差及曳引轮横向水平度的同时进行找平,纵向水平度可测铸铁座露出的基准面或蜗轮箱上、下端盖分割处,使其误差不超过底座长和宽的 1/1000。

(5) 导向轮、复绕轮垂直度偏差不得大于 0.5mm,且曳引轮与导向轮或复绕轮的平行度偏差不得大于 1mm。

3. 有齿驱动主机减速箱内油量应在油标所限定的范围内。

4. 机房内钢丝绳与楼板孔洞边间隙应为 20～40mm,通向井道的孔洞四周应设置高度不小于 50mm 的台缘。

## 三、制动器安装

1. 制动器是曳引电梯中重要的安全装置之一,当主电路断电或控制电路断电时,制动器必须动作。制动器的制动力矩应足以使以额定速度运行并载有 125% 额定负载的轿厢制停。

2. 制动器动作应灵活,制动器制动时,两闸瓦紧密、均匀地贴靠在制动轮工作面上,压力分布均匀;松闸时两侧闸瓦应同时离开,闸瓦和制动轮间隙均匀并符合产品设计要求。

## 四、紧急操作装置

1. 电梯应有紧急操作装置,且动作必须正常。

紧急操作装置的作用主要为:当电梯出现故障或停电,轿厢停在两个层站之间时,使用紧急操作装置,移动轿厢就近平层,救出轿厢内被困人员;在电梯安装、检修过程中停电时,移动轿厢;当安全钳动作时,提拉轿厢释放安全钳。

2．手动紧急操作装置:

(1) 如果向上移动具有额定载重量的轿厢所需的操作力不大于400N,电梯驱动主机应装设手动紧急操作装置,以便借用平滑且无辐条的盘车手轮将轿厢移动。

(2) 装设手动紧急操作装置的电梯驱动主机,应能用手松开制动器并需要以一持续力保持其松开状态。

(3) 对可拆卸的手动操作装置,为了方便救援操作,要求拆下的装置(如盘车手轮等)放置于驱动主机附近容易接近位置。

(4) 为了便于按照救援操作说明要求的方法正确、安全的操作,要求紧急救援操作说明贴于紧急操作时容易看见的位置。

3．电动紧急操作装置:

(1) 如果向上移动具有额定载重量的轿厢所需的操作力大于400N,电梯应装设紧急电动运行的电气操作装置,以便借助电梯驱动主机的运行将轿厢移动。

(2) 电梯驱动主机应由正常的电源供电或由备用电源供电(如果有)。

(3) 紧急电动运行的开关,由防止误操作的持续揿压按钮控制轿厢运行,应标明轿厢运行方向,轿厢运行速度不大于0.63m/s。

(4) 紧急电动运行开关操作后,除由该开关控制以外,应防止轿厢的一切运行;紧急电动运行开关本身或通过另一个电气安全装置,可使限速器、安全钳装置、缓冲器上的电气安全装置和极限开关失效。

(5) 紧急电动运行开关及操纵按钮,应设置在使用时易于直接观察电梯驱动主机的地方。

## 第四节　导　　轨

### 一、导轨的主要作用

1．为轿厢和对重在垂直方向运动时导向,限制轿厢和对重在水平方向的移动。

2．安全钳动作时,导轨作为被夹持的支承件,支撑轿厢或对重。

3．防止由于轿厢的偏载而产生的倾斜。

### 二、导轨支架安装要求

1．导轨支架的数量与预埋件的设置应符合土建布置图要求,一般每根导轨至少应有两个支架,其间距不大于2.5m;

2．导轨支架在井道壁上的安装应固定可靠,锚栓(如膨胀螺栓等)固定应在井道壁的混凝土构件上使用,混凝土构件的压缩强度应符合土建布置图要求,其连接强度与承受振动的能力应满足电梯产品设计要求,必要时其连接强度与承受振动能力可用拔出试验进行检验;

3．导轨支架水平度偏差不应超过5mm;

4．导轨支架或地脚螺栓的埋入深度不应小于120mm;

5. 导轨支架与墙面间允许加垫等于导轨支架宽度的方形金属板调整高度,垫板厚度超过 10mm 时,应与导轨支架焊接;

6. 焊接导轨支架时,其焊缝应是连续的,并应双面焊牢。

### 三、导轨安装要求

1. 导轨安装位置必须符合土建布置图要求。导轨安装位置主要控制以下几个尺寸:

(1) 井道宽度和深度两个方向上导轨位置尺寸。主要是轿厢导轨与层门相对位置尺寸、轿厢导轨与对重导轨相对位置尺寸及轿厢、对重导轨间距等。

(2) 井道顶部最后一根导轨的上端部与电梯井道顶之间距离,实际上此距离是对轨长度的要求。为了防止电梯出现故障时,轿厢、对重失控超速上行,冲出导轨,导轨顶部长度应考虑以下几个因素:

① 对于曳引式电梯,当对重或轿厢完全压在它的缓冲器上时,轿厢或对重导轨长度应能提供不少于 $0.1+0.035V^2$(m)的进一步制导行程。当电梯的减速是按 GB 7588—1995 中 12.8 的规定被可靠监控时,$0.035V^2$ 的值可按下述情况减少:电梯额定速度小于或等于 4m/s 时,可减少到 1/2,且不应小于 0.25m;电梯额定速度大于 4m/s 时,可减少到 1/3,且不应小于 0.28m。

② 对于强制式电梯,轿厢导轨的长度,应使轿厢上行至上缓冲器行程的极限位置时,轿厢一直处于有导向状态。当轿厢完全压在它的缓冲器上时,平衡重(如果有)导轨长度应能提供不少于 0.3m 的进一步制导行程。

2. 每列导轨工作面(包括侧面与顶面)与安装基准线每 5m 的偏差均不应大于下列数值:轿厢导轨和设有安全钳的对重(平衡重)导轨为 0.6mm,不设安全钳的对重(平衡重)导轨为 1.0mm。

3. 轿厢导轨和设有安全钳的对重(平衡重)导轨工作面接头处不应有连续缝隙,导轨接头处台阶不应大于 0.05mm。如超过应修平。修平长度应大于 150mm。

4. 不设安全钳的对重(平衡重)导轨接头处缝隙不应大于 1.0mm,导轨工作面接头处台阶不应大于 0.15mm。

5. 两列导轨顶面间的距离偏差应为:轿厢导轨 0~+2mm;对重导轨 0~+3mm。

6. 两根轿厢导轨接头不应在同一水平面上。

7. 导轨应用压板固定在导轨支架上,不应采用焊接或螺栓连接。

## 第五节 门 系 统

门系统是指实现电梯开、关门的部件组合,主要包括层门、轿门及开门机(如果有),门系统的安装质量主要体现在对层门、轿门的要求上。

### 一、一般规定

层门入口的高度和宽度:层门入口的最小净高度为 2m;层门净入口宽度比轿厢净入口宽度在任一侧的超出部分均不应大于 50mm。

### 二、层门组件进场验收

按施工图纸与产品说明书检查地坎、门套、门扇等的尺寸、数量及变形情况。轿门、层门等乘客可见部分的表面应平整、光洁、色泽协调、美观。其涂漆部位，漆层要有足够的附着力和弹性；粘接部位要有足够的粘接强度；铆接部位应牢固可靠，不应有划痕、修补痕等明显可见缺陷。门扇还应检查变形情况，如有轻度扭曲应给予校正。

### 三、层门安装安全要求

1. 层门强迫关门装置必须动作正常。
2. 层门锁钩必须动作灵活，在证实锁紧的电气安全装置动作之前，锁紧元件的最小啮合长度为7mm。
3. 动力操纵的水平滑动门在关门开始的1/3行程之后，阻止关门的力严禁超过150N。

### 四、层门安装质量要求

1. 层门地坎至轿厢地坎之间的水平距离偏差为0～+3mm，且最大距离严禁超过35mm。
2. 门刀与层门地坎、门锁滚轮与轿厢地坎间隙不应小于5mm，一般为5～10mm。
3. 门扇与门扇、门扇与门套、门扇与门楣、门扇与门口处轿壁、门扇下端与地坎的间隙。乘客电梯不应大于6mm，载货电梯不应大于8mm。
4. 层门地坎应具有足够的强度，水平度不得大于2/1000，地坎应高出装修地面2～5mm。

### 五、层门安装观感质量

1. 层门外观应平整，光洁，无划伤或碰伤痕迹。
2. 层门指示灯盒、召唤盒和消防开关盒应安装正确，其面板与墙面贴实，横竖端正。
3. 层站指示信号及按钮应符合图纸规定，位置正确指示信号清晰明亮，按钮动作准确无误，消防开关工作可靠。

## 第六节 轿 厢

轿厢是运载乘客或其他载荷的轿体部件，安装、检修人员也常将轿厢作为井道内一些件安装、检修的操作台。轿厢分项工程的质量直接关系乘客、安装、检修人员的安全及电梯使用性能。同一生产厂的轿厢也有多种种类和型号，它们安装工艺有所差异，因此安装人员应按照电梯安装说明书(或施工工艺)进行施工。

### 一、轿厢组件进场验收

轿厢组件均应按装箱单完好地装入箱内。设备开箱时应仔细地根据装箱单，进行设备到货的数量和型号、规格的验收。

轿厢、轿厢门等可见部分的油漆应涂得均匀、细致、光亮、平整，不应有漏涂、错涂等缺陷。指示信号应明亮，标志要清晰，对可见部件表面装饰层须平整、光洁、色泽协调、美观，不得有划痕、凹陷等伤痕出现。薄膜保护层应完好，产品标牌应设置在轿厢内明显位置。标牌上应标明：产品名称、型号、主要性能、数据、厂名、商标、质量等级标志、制造日期。

施工前还应根据设计图纸、产品说明书检查轿厢立柱、横梁、轿面壁板等的几何尺寸和变形情况，检查自动开门机等运动机构是否灵活、完好。

## 二、轿厢技术要求

1．轿厢内部净高度不应小于 2m，使用人员正常出入轿厢入口的净高度不应小于 2m。
2．轿厢的有效面积，额定载重量，乘客人数应符合相关规范的规定。
3．轿厢应由轿壁、轿厢地板和轿顶完全封闭，只允许有下列开口：
（1）使用人员正常出入口；
（2）轿厢安全窗和轿厢安全门；
（3）通风孔。
4．轿厢门、轿厢壁、轿厢顶和轿厢底应具有同样的机械强度，即当施加一个 300N 的力，从轿厢内向外垂直作用于轿壁的任何位置，并使该力均匀分布在面积为 $5cm^2$ 的圆形或方形截面上时，轿厢壁能够：
（1）承受住而没有永久变形；
（2）承受住而没有大于 15mm 的弹性变形；
（3）试验后，轿厢门功能正常，动作良好。

## 三、轿厢安装质控要点

1．轿厢底盘平面的水平度应不超过 3/1000。
2．当距轿底面在 1.1m 以下使用玻璃轿壁时，必须在距轿底面 0.9～1.1m 的高度安装扶手，且扶手必须独立地固定，不得与玻璃有关。
3．当轿厢有反绳轮时，反绳轮应设置防护装置和挡绳装置，且润滑良好，反绳轮铅垂度不大于 1mm。
4．当轿顶外侧边缘至井道壁水平方向的自由距离大于 0.3m 时，轿顶应装设防护栏及警示性标识。防护栏设计时应满足下列要求：
（1）护栏应由扶手、0.10m 高度的护脚板和位于护栏高度一半处的中间栏杆组成。
（2）考虑到护栏扶手外缘水平的自由距离，扶手高度为：当自由距离不大于 0.85m 时，不应小于 0.7m；当自由距离大于 0.85m 时，不应小于 1.10m。
（3）扶手外缘和井道中的任何部件［对重（或平衡重）、开关、导轨、支架等］之间的水平距离不应小于 0.10m。
（4）护栏入口，应使人员安全和容易地通过，以便进入轿顶。
（5）护栏应装设在距轿顶边缘最大为 0.15m 之内。
5．各种安全保护开关应可靠固定，但不能使用焊接固定，安装后不得因电梯正常运行的碰撞后应钢丝绳、钢带、皮带的正常摆动使开关产生位移，损坏和误动作。
6．轿内造操作按钮动作应灵活，信号应显示清晰，轿厢超载装置或称量装置应动作可靠。

## 第七节 对重（平衡重）

对重是曳引电梯不可缺少的部件，使用对重的目的是为了减轻电动机的负担，提高曳引效率。它可以平衡轿厢的重量和部分电梯负载重量，减少电机功率的损耗。对重是由曳引绳经曳引轮与轿厢相连接，在运行过程中平衡全部轿厢重量和部分额定载重量的装置,是保证曳引能力的重要部件,它用于曳引式电梯;平衡重是为节能而设置的平衡全部或部分轿厢重量的装置,与对重相比,它不平衡载重量,它用于强制式电梯和液压电梯,强制式电梯和液压电梯是否设置平衡重,是由产品设计决定的。

虽然对重(平衡重)的结构、安装比较简单,但是它们对电梯系统的作用很重要。安装施工时,应注意以下几点:

一、设备、材料要求:

1. 对重架规格应符合设计要求,完整、坚固,无扭曲及损伤现象。
2. 对重导靴和固定导靴用的螺丝规格、质量、数量应符合要求。
3. 调整垫片应符合要求。

二、对重(平衡重)块的数量应与电梯安装说明书要求的相符。

三、对重(平衡重)块的固定应牢固可靠。

四、当对重(平衡重)架有反绳轮,反绳轮应设置防护装置和挡绳装置且牢固可靠。挡绳装置与绳之间的间隙,因产品不同而异,因此安装调整后,此间隙值应满足产品安装说明书要求。

五、导靴组装应符合以下规定:

1. 上、下导靴应在同一垂直线上,不允许有歪斜、偏扭现象。
2. 采用刚性结构,能保证对重正常运行,且两导轨端面与两导靴内表面间隙之和不大于2.5mm。
3. 采用弹性结构,能保证对重正常运行,且导动端面与导靴滑块面无间隙,导靴弹簧的伸缩范围不大于4mm。
4. 采用滚轮导靴,滚轮对导轨不歪斜,压力均匀,中心一致,且在整个轮缘宽度上与导轨工作面均匀接触,两侧滚轮对导轨压紧后两滚轮压缩量应相等,压缩尺寸应按制造厂规定。

## 第八节 安全部件

电梯是乘客或运送货物上、下建筑物的交通工具,要求具备较高的安全性、可靠性,安全部件是用来防止电梯发生可能的重大安全事故。

限速器是当电梯的运行速度超过额定速度一定值时,其动作能导致安全钳起作用的安全装置;安全钳装置是限速器动作时,使轿厢或对重停止运行、保持静止状态,并能夹紧在导轨上的一种机械安全装置;缓冲器是位于行程端部,用来吸收轿厢动能的一种弹性缓冲装置。

GB 7588附录——型式试验认证规程,对门锁装置、限速器、安全钳、缓冲器四种安全部件的型式试验作了相应规定。在生产厂组装、调定后,限速器、安全钳、缓冲器分别整体出厂,除特殊要求外,现场安装时,不许对其调定结构进行调整。

**一、限速器**

1. 限速器在设计或选用时,应注意到以下问题:

(1) 限速器动作速度;

(2) 限速器绳的预张紧力;

(3) 限速器绳在绳轮中的附着力或限速器在动作时的张紧力;

(4) 限速器动作的响应时间应尽量短。

2. 设备开箱时应仔细根据装箱单验明限速器中各零、部件到货情况及型号、规格的正确。安装前应检查限速器铭牌,是否与安装的电梯相符。

3. 限速器动作速度整定封记必须完好,且无拆动痕迹。各种限速器在出厂前,均应作严格的检查和试验,限速器的整定值已由厂家调整好,由制造厂试验合格后铅封,施工现场不能随意调整,若机体有损坏或运行不正常,应送到厂家调整,或者更换,而不许可自行调整限速器中的平衡弹簧。

4. 限速器张紧装置与其限位开关相对位置安装应正确。

5. 限速器安装位置正确,底座牢固,限速器运转应平稳,当与安全钳联动时无颤动现象。

6. 限速器动作速度应符合设计要求。当转速达到限速器动作速度的95%时,限位开关应动作。

7. 对重的限速器动作速度应大于轿厢限速器的动作速度,但不应超过10%。额定速度低于0.75m/s的电梯,对重安全钳可允许不设限速器。

8. 限速器是通过限速器钢丝绳来传递轿厢运行速度的,对钢丝绳要求直径不小于7mm,安全系数不小于5,实用时多采用8mm以上的外粗式纤维芯钢丝绳,以保障其有足够驱动安全钳的拉力,限速器绳拉力不宜小于300N,为安全钳起作用所需力的两倍。

9. 通过张紧装置的作用使绳与绳轮之间有足够的压紧力,使绳轮反映电梯的实际运行速度。张紧装置对绳索每分支的拉力不小于150N。

10. 限速器断绳开关、钢带张紧装置的断带开关的动作准确、可靠。限速器绳要无断丝、锈蚀、油污或死弯现象,限速器绳径要与夹绳制动块间距相对应。钢带不能有污迹和锈蚀现象。

## 二、安全钳

1. 各类安全钳的使用条件:

(1) 若电梯额定速度大于0.63m/s,轿厢应采用渐进式安全钳。若电梯额定速度小于或等于0.63m/s,轿厢可采用瞬时式安全钳。

(2) 若轿厢装有数套安全钳,则它们应全部是渐进式的。

(3) 若额定速度大于1m/s,对重(或平衡重)安全钳应是渐进式的,其他情况下,可以是瞬时式的。

2. 安全钳的整定值已由厂家调整好,整定封记应完好,且无拆动痕迹。施工现场不能随意调整,若机体有损坏或运行不正常,应送到厂家调整,或者更换。

3. 安全钳是重要的机械安全保护装置,安全钳与导轨的间隙应符合产品设计要求。为防止电梯在没有安全钳保护下行使,故应对配重轮的下落状态进行巡查。当配重轮下落高度大于50mm时,能立即断开限位开关。

4. 双楔块安全钳钳面到全导轨侧面之间的间隙为2~3mm,单楔块式的安全钳座与导轨侧面的间隙为0.5mm。各安全钳高度应基本一致。检查方法是使轿厢停在底层稍高位置,检验人员站立在地坑内用塞尺测量间隙,四个间隙差值应不大于 0.3~0.5mm。

5. 安全钳口与导轨顶面间隙应不小于 3mm,间隙差值不大于 0.5mm。

6. 安全钳的动作方法:

(1) 轿厢和对重(或平衡重)安全钳的动作应由各自的限速器来控制。

若额定速度小于或等于 1m/s,对重(或平衡重)安全钳可借助悬挂机构的断裂或借助一根安全绳来动作。

(2) 不得用电气、液压或气动操纵的装置来操纵安全钳。

(3) 当轿厢行驶速度超过限定值时,要求限速器动作,夹住限速器钢丝绳,并由限速器钢丝绳拉起连杆机构,迫使安全钳楔块夹住导轨并使限位开关动作,使系统停止运行。试验方法是在轿厢顶上用能指示拉力的拉磅对限速器绳头进行试拉,钢丝绳张紧力应在 150~300N 时动作,切断限位开关,使电梯立即停止运行。

7. 安全钳的释放:

(1) 安全钳动作后的释放需经称职人员进行。

(2) 只有将轿厢或对重(或平衡重)提起,才能使轿厢或对重(或平衡重)上的安全钳释放并自动复位。

8. 安全钳的电气检查:

当轿厢安全钳作用时,装在轿厢上面的电气保护装置应在安全钳动作以前或同时使电梯驱动主机停转。

### 三、缓冲器

1. 缓冲器的类别和性能要求

电梯用缓冲器有两种主要形式:蓄能型缓冲器和耗能型缓冲器。

蓄能型缓冲器指的是弹簧缓冲器,主要部件是由圆形或方形钢丝制成的螺旋弹簧。锥形弹簧目前已很少使用。蓄能型缓冲器只能用于额定速度不超过 1.0m/s 的电梯。

耗能型缓冲器适用于任何额定速度的电梯。

耗能型缓冲器应满足:当载有额定载荷的轿厢自由下落,并以设计缓冲器时所取的冲击速度作用到缓冲器上时平均减速度不应大于 1g,减速度超过 2.5g 以上的作用时间不应大于 0.04s。

2. 弹簧缓冲器

弹簧缓冲器在受到冲击后,它使轿厢或对重的动能和势能转化为弹簧的弹性变形能,由于弹簧的反作用力,使轿厢或对重减速。当弹簧压缩到极限位置后,弹簧要释放缓冲过程中的弹性变形能,轿厢仍要反弹上升产生撞击。撞击速度越高反弹速度越大。因此弹簧式缓冲器只能适用于额定速度不大于 1.0m/s 的电梯。

弹簧缓冲器一般由缓冲橡皮、缓冲座、弹簧、弹簧座组成,在底坑中并排设置二个三个,对重底下常用一个。为了适应大吨位轿厢,压缩弹簧由组合弹簧叠合而成。行程高度较大的弹簧缓冲器,为了增强弹弹簧的稳定性,在弹簧下部设有导套或在弹簧中设导向杆,也可在满足行程的前提下加高弹簧座高度,缩短无效行程。

3. 液压缓冲器

液压缓冲器在制停期间的作用力近似常数,从而使柱塞近似作匀减速运动。

液压缓冲器是利用液体流动的阻尼,缓解轿厢或对重的冲击,具有良好的缓冲性能。在使用条件相同的情况下,液压缓冲器所需的行程比弹簧缓冲器减少一半。

各种液压缓冲器的构造虽有所不同,但基本原理相同。当轿厢或对重撞击缓冲器,柱塞向下运动,压缩油缸内的油,使油通过节流孔外溢,在制停轿厢或对重过程中,其动能转化成油的热能,即消耗了电梯的动能,使电梯以一定的减速度逐渐停止下来。当轿厢或对重离开缓冲器时,柱塞在复位弹簧的作用下向上复位。

4. 缓冲器的选用

缓冲器设于井道底坑中,有轿厢和对重的缓冲器。其作用是减小轿厢或对重在事故情况下蹾底的冲击力。

(1) 弹簧式缓冲器(即蓄能型缓冲器)电梯速度为 1m/s 以下时,多采用弹簧缓冲器。

(2) 液压式缓冲器(即耗能型缓冲器)电梯速度大于 1m/s 者,需要采用液压缓冲器。液压缓冲器是在油缸内充入机械油或汽缸油。当柱塞受压时,油缸内的油压增大,并通过油孔立柱、油孔座和油嘴向柱塞喷射,这时油压产生的阻力缓冲了柱塞上的压力。当柱塞完成了有效工作缓冲行程,并消除了柱塞上的压力后,由于柱塞中复位弹簧的作用,促使柱塞复位,完成一次缓冲行程。液压缓冲器缓冲过程是连续均匀的,因此作用比较平稳。

5. 缓冲器的安装

(1) 缓冲器安装应垂直,油压缓冲器活动柱塞铅垂度不应大于 0.5%。缓冲器中心与轿厢架或对重架上相应碰板中心偏移不应超过 20mm。

(2) 缓冲器安装须合乎设计图纸中关于越程距离要求。

(3) 同一基础上的两个缓冲器顶部与轿底对应距离差不大于 2mm。

(4) 液压缓冲器在使用前一定要按要求加油,油路应畅通,充液量应正确,并检查有无渗油情况及油号是否符合产品要求。

(5) 轿厢在两端站平层位置时,轿厢、对重的缓冲器撞板与缓冲器顶面间的距离应符合土建布置图要求。轿厢、对重的缓冲器撞板中心与缓冲器中心的偏差不应大于 20mm。

(6) 缓冲器应设有在缓冲器动作后未恢复到正常位置时使电梯不能正常运行的电气安全开关。

## 第九节　悬挂装置、随行电缆、补偿装置

### 一、悬挂装置

电梯悬挂装置通常由端接装置、钢丝绳、张力调节装置组成,其安装质量直接关系人身安全和影响电梯的性能。

1. 电梯用钢丝绳

电梯用钢丝绳指的是曳引用钢丝绳。曳引绳承受着电梯的全部重量,并在电梯运行中,绕着曳引轮,导向轮或反绳轮单向或交变弯曲。钢丝绳在绳槽中也承受着较高的比压。所以要求电梯用钢丝绳具有较高的强度、挠性及耐磨性。

2. 影响钢丝绳寿命的因素

(1) 外部因素:拉伸载荷、曲率半径、槽型、曳引轮槽材质、腐蚀等。

(2) 内部因素：钢丝的性能、钢丝的直径、钢丝的捻绕形式等。

3. 钢丝绳报废标准

钢丝绳在曳引轮上的运行寿命将受到磨损和钢丝交变应力的限制。对大多数情况来说，只要观察出外部有明显的钢丝破断现象就应确定更换。

为了保证电梯的正常运行，钢丝绳报废的主要判断准则是，在一段预先选定的长度上检查其可见钢丝破断数目，检查长度为 $6d$ 或 $30d$（$d$ 钢丝绳直径）。当钢丝绳的可见断丝超过规定数目时，则必须更换。

对于 6 股和 8 股的钢丝绳，断丝主要发生在外表。而对于多层绳股的钢丝绳就不同，这种钢丝绳断丝大多发生在内部，因而是"不可见的"断裂。

另外，当钢丝绳出现绳端断丝，断丝局部集聚等现象，也应考虑报废。钢丝绳直径相对于公称直径减少 7% 以上时，即使未发现断丝，该钢丝绳也应报废。

4. 悬挂装置质控要点

（1）曳引式电梯所用钢丝绳的规格、型号应符合设备设计图纸的要求。对运输到施工现场的钢丝绳应作检查，不允许有锈蚀及外观损伤现象发生，产品除有出厂合格证外，还应测量其外径以核对规格是否符合设计要求。

（2）绳头组合必须安全可靠，且每个绳头组合必须安装防螺母松动和脱落的装置。

（3）安装悬挂钢丝绳前一定要使钢丝绳自然悬垂于井道，消除其内应力。

（4）钢丝绳严禁有死弯。

（5）当轿厢悬挂在两根钢丝绳或链条上，且其中一根钢丝绳或链条发生异常相对伸长时，为此装设的电气安全开关应动作可靠。

（6）每根钢丝绳张力与平均值偏差不应大于 5%。

## 二、随行电缆

随行电缆是连接于运行的轿厢底部与井道内控制线固定点之间的电缆。

1. 电缆支架的安装应满足：

（1）避免随行电缆与限速器钢丝绳、选层器钢带、限位极限等开关、井道传感器及对重装置等交叉；

（2）保证随行电缆在运动中不得与电线槽、管发生卡阻；

（3）轿底电缆支架井道电缆支架平行，并使电梯电缆处于井道底部时能避开缓冲器，并保持一定距离。

2. 随行电缆的安装应符合下列规定：

（1）随行电缆端部应固定可靠。

（2）随行电缆在运行中应避免与井道内其他部件干涉。当轿厢完全压在缓冲器上时，随行电缆不得与底坑地面接触。

（3）随行电缆严禁有打结和波浪扭曲现象。

## 三、补偿装置

补偿装置是用来平衡电梯运行过程中钢丝绳和随行电缆重量的装置。电梯在运行中，轿厢侧和对重侧的钢丝绳以及轿厢下的随行电缆的长度在不断变化。随着轿厢和对重位置的变化，这个总重量将轮流地分配到曳引轮的两侧。为了减少电梯传动中曳引轮所承受的载荷差,提高电梯的曳引性能,宜采用补偿链、补偿绳或补偿缆等补偿装置。

1. 补偿绳、链、缆等补偿装置的端部应固定可靠、防止脱落,同时不能与井道和井道内其他装置刮碰、摩擦。

2. 补偿绳应使用张紧轮,张紧轮应安装防护装置。

3. 对补偿绳的张紧轮,验证补偿绳张紧的电气安全开关应动作可靠。

4. 若电梯额定速度大于3.5m/s,还应增设一个防跳装置。防跳装置动作时应使电梯驱动主机停止运转。

## 第十节  电气装置

随着电梯拖动、控制技术的集成化、模块化发展,电梯控制系统[如控制柜(屏)]的设计、组装以及测试等工作已在生产厂内完成,因此电梯的电气装置分项工程主要是电气装置的现场电气配线、接线、接地及与其相关的调试。规范电气装置分项工程质量验收的目的,是为了防止发生损害人身安全及损坏设备等事故;保证实现设备正常运转及维护工作的顺利进行;避免给救援等工作造成困难。

1. 电气设备接地必须符合下列规定:

(1) 所有电气设备及导管、线槽的外露可导电部分均必须可靠接地(PE);

(2) 接地支线应分别直接接至接地干线接线柱上,不得互相连接后再接地;

(3) 接地支线应采用黄绿相间的绝缘导线。

2. 零线和接地线应始终分开。

3. 导体之间和导体对地之间的绝缘电阻必须大于$1000\Omega/V$。且其值不得小于:

(1) 动力电路和电气安全装置电路:$0.5M\Omega$;

(2) 其他电路(控制、照明、信号等):$0.25M\Omega$。

4. 主开关应具有稳定的断开和闭合位置,并且在断开位置时应能用挂锁或其他等效装置锁住,以确保不会出现误操作。主电源开关不应切断下列供电电路:

(1) 轿厢照明和通风;

(2) 机房和滑轮间照明;

(3) 机房、轿顶和底坑的电源插座;

(4) 井道照明;

(5) 报警装置。

5. 机房和井道内应按产品要求配线。软线和无护套电缆应在导管、线槽或能确保起到等效防护作用的装置中使用。护套电缆和橡套软电缆可明敷于井道或机房内使用,但不得明敷于地面。

6. 导管、线槽的敷设应整齐牢固。线槽内导线总面积不应大于线槽净面积60%;导管内导线总面积不应大于导管内净面积40%;软管固定间距不应大于1m,端头固定间距不应大于0.1m。

7. 安装墙内、地面内的电线管、槽,安装要符合《建筑电气工程施工质量验收规范》(GB 50303—2002)的要求,验收合格后才能隐蔽墙内或地面内。

8．控制柜(屏)的安装位置应符合电梯土建布置图中的要求。

9．各安全保护开关应固定可靠,安装后不得因电梯正常运行的碰撞或因钢绳、钢带、电缆、皮带等正常的摆动,而使其开关产生位移、损坏和误动作。

## 第十一节　整机安装验收

电梯作为一种机电产品,须在制造、安装后满足一定的使用功能。由于产品从运输到施工现场的零、部件都是以散件或组件形式出现,只有通过施工现场的组装、安装后才能以整体面貌构成电梯产品,它不同于一般设备的就位安装。在很大程度上,电梯安装工程质量最终决定了能否实现电梯产品设计要求的技术性能、安全性能、运行质量等技术指标,因此电梯整机安装检验的目的主要是检查安全性能有关的安装和调整是否正确及检查其组装件的坚固性、技术性能、整机运行及观感质量等内容,是对安装调试质量总的检验。

**一、验收准备**

1．在验收前,应组织安装人员进行全面的检查,检查是否有遗漏安装的零、部件;导轨接头处压板螺栓应紧固,导轨表面如有杂物应清除,保持清洁并加润滑油,对重架内放置50%配重(约等于轿厢空重);控制屏(柜)内、外接线应正确;清除机房中不必要东西;准备试验用仪器;确认供电电源。

2．电气与机械设备进行过必要的单体检查和调整。

3．电气安全装置检查：

(1) 检查电梯检修门、安全门及检修活板门的关闭情况；

(2) 检查层门、轿厢门关闭、锁闭情况；

(3) 检查钢丝绳、链条等延伸情况；

(4) 检查安全钳、限速器动作,复位情况；

(5) 检查缓冲器复位情况；

(6) 检查极限开关安装位置,可靠程度情况；

(7) 检查主电源开关控制情况；

(8) 检查轿厢位置传递装置正确情况；

(9) 检查平层、再平层开关情况；

(10) 检查检修运行开关、紧急电动运行开关情况；

(11) 检查钥匙开关操作情况；

(12) 检查电梯停止装置情况。

4．给曳引机组各绳轮润滑点加油,如给曳引机组导向轮、反绳轮、曳引轮轴承处加注润滑脂;电动机轴承处加机油;限速器轴承处加润滑脂。润滑油(脂)牌号必须与说明书上要求一致,不得任意使用。

5．电梯沿井道手动盘车,全程应无卡阻现象。

6．检查电源供电电压的频率与容量是否符合要求。

7．进行各系统部件空载(指不挂轿厢曳引绳)或模拟动作试验,应无异常情况。各继电器的工作正常,信号显示清晰。

## 二、电气线路及装置检验

1. 检查全部电气设备的安装及接线应正确无误,接线牢固。照明线路和动力线路分开。

2. 摇测电气设备及线路的绝缘电阻,其阻值应大于 $1000\Omega/V$,并且其阻值不小于:
(1) 动力电路和电气安全装置电路时 $0.5M\Omega$;
(2) 其他电路(控制、照明、信号)时 $0.25M\Omega$。

3. 电梯上所有的电器设备的金属外壳均有良好的接地,其接地电阻值小于 $4\Omega$。

4. 断相、错相保护装置或功能:

当控制柜三相电源中任何一相断开或任何二相错接时,断相、错相保护装置或功能应使电梯不发生危险故障。

注:当错相不影响电梯正常运行时可没有错相保护装置或功能。

5. 短路、过载保护装置:

动力电路、控制电路、安全电路必须有与负载匹配的短路保护装置;动力电路必须有过载保护装置。

6. 在轿厢操纵盘上按步骤操作选层按钮、开关门按钮等,并手动模拟各种开关相应的动作,对电气系统进行如下检查:

(1) 信号系统:检查指示是否正确,光响是否正常。
(2) 控制及运行系统:通过观察控制屏上继电器及接触器的动作,检查电梯的选层、定向、换速、截车、平层等各种性能是否正确;门锁、安全开关、限位开关等在系统中的作用;继电器、接触器、本身机械、电气联锁是否正常;同时还要检查电梯运行的起动、制动、换速的延时是否符合要求;以及屏上各种电气元件运行是否可靠、正常,确无不正常的振动、噪声、过热、粘接等现象。

## 三、曳引能力试验

1. 在电源电压波动不大于 2% 工况下,用逐渐加载测定轿厢上、下行至与重同一水平位置的电流或电压测量法,检验电梯平衡系数应以 40%~50%,测量表必须符合电机供电的频率、电流、电压范围。

2. 轿厢在行程上部范围空载上行及行程下部范围载有 125% 额定载重量下行,分别停层 3 次以上,轿厢必须可靠地制停(空载上行工况应平层,下行不考核平层要求)。轿厢载有 125% 额定载重量以正常运行速度下行时,切断电动机与制动器供电,电梯必须可靠制动。

3. 当对重完全压在缓冲器上,且驱动主机按轿厢上行方向连续运转时,空载轿厢严禁向上提升。

4. 当轿厢面积不能限制载荷超过额定值时,空载轿厢不能被曳引绳提升起。

5. 当轿厢面积不能限制载荷过额定值时,在需用 150% 额定载荷做引静载检查,历时 10min,引绳无打滑现象。

6. 曳引式电梯的平衡系数应在 0.4~0.5 之间,且与电梯产品设计值相符。

电梯的平衡系数是对重平衡额定载重量的那部分重量与额定载重量的比值,是曳引式电梯的重要性能指标之一。通常电梯平衡系数采用电流～载荷法测量,即根据曳引电动机的电流随轿厢载荷的变化曲线测出。

7. 对牵引式电梯的牵引能力试验,应注意试验过程的试验配载量、平层可靠性、断电制停可靠性等数据的正确性。

### 四、限速器安全钳联动试验

1. 限速器、安全钳必须与其型式试验证书相符;
2. 额定速度大于 0.63m/s 及轿厢装有数套安全钳时应采用渐进式安全钳,其余可采用瞬时式安全钳;
3. 限速器上的轿厢(对重、平衡重)下行标志必须与轿厢(对重、平衡重)的实际下行方向相符。限速器铭牌上的额定速度、动作速度必须与被检电梯相符;
4. 限速器与安全钳电气开关在联动试验中必须动作可靠,且应使驱动主机立即制动;
5. 对瞬时式安全钳,轿厢应载有均匀分布的额定载重量,对渐进式安全钳,轿厢应载有均匀分布的 125% 额定载重量。当短接限速器及安全钳电气开关,轿厢以检修速度下行,人为使限速器机械动作时,安全钳应可靠动作,轿厢必须可靠制动,且轿底倾斜度不应大于 5%。

### 五、缓冲实验

1. 缓冲器必须与其型式试验证书相符;
2. 蓄能型缓冲器仅适用于额定速度小于 1m/s 的电梯,耗能型缓冲器可适用于各种速度的电梯。
3. 对耗能型缓冲器需进行复位实验,即轿厢在空载的情况下以检修速度下降缓冲器全压缩,从轿厢开始离开缓冲器,直到缓冲器恢复到原状,所需时间应不大于 120s。

### 六、层门与轿门联锁实验

1. 门锁装置必须与其型式试验证书相符;
2. 每层层门必须能够用三角钥匙正常开启;
3. 在正常运行的轿厢未停止在开锁区域内,层门应不能打开;
4. 当一个层门或轿门(在多扇门中任何一扇门)非正常打开时,电梯严禁启动或继续运行。

### 七、上下极限动作实验

上、下极限开关必须是安全触点,在端站位置进行动作试验时必须动作正常。在轿厢或对重(如果有)接触缓冲器之前必须动作,且缓冲器完全压缩时,保持动作状态。

### 八、安全开关动作实验

1. 限速器绳张紧开关必须动作可靠;
2. 液压缓冲器复位开关必须动作可靠;
3. 有补偿张紧轮时,补偿绳张紧开关必须动作可靠;
4. 当额定速度大于 3.5m/s 时,补偿绳轮防跳开关必须动作可靠;
5. 轿厢安全窗(如果有)开关必须动作可靠;
6. 安全门、底坑门、检修活板门(如果有)的开关必须动作可靠;

7. 对可拆卸式紧急操作装置所需要的安全开关必须动作可靠；

8. 悬挂钢丝绳（链条）为两根时，其防松动安全开关必须动作可靠；

9. 位于轿顶、机房（如果有）、滑轮间（如果有）、底坑的停止装置的动作必须正常。

### 九、电梯运行与荷载试验

（一）运行实验

1. 运行试验分三种工况：

(1) 空载；

(2) 额定载荷的 50%；

(3) 额定载荷的 100%。

2. 每一种工况均在通电持续率 40% 情况下，到达全行程范围，按 120 次/h，每天不少于 8 h，各起制动运行 1000 次，电梯应运行平稳，制动可靠，连续运行无故障。

3. 制动器温升不应超过 60K，曳引机减速器油温升不超过 60K，其温度不应超过 85℃，电动机温升不超过 GB 12974 的规定。

4. 曳引机减速器，除蜗杆轴伸出一端渗漏油面积平均每小时不超过 150cm² 外，其余各处不得有渗漏油。

5. 当电源为额定频率和额定电压、轿厢载有 50% 额定载荷时，向下运行至行程中段（除去加速和减速段）时的速度，不应大于额定速度的 105%，且不应小于额定速度的 92%。

（二）负荷静载试验

使轿厢位于底层切断电源，陆续加入负荷，如搬进砼块、砖等。乘客电梯、医用电梯和 2t 以上的货梯可加到额定载重量的 200%；其他型号电梯加到额定载重量的 150%。保持此状态 10min，观察各承重构件有无损坏现象，曳引绳在槽内有无滑移溜车现象，制动器刹车是否可靠。

（三）超载运行试验

断开超载控制电路，使轿厢承重为额定载重量的 110%，在通电持续率 40% 的情况下，到达全行程范围，起、制动运行 30 次，电梯应能可靠的起动，运行和停止（平层不计），曳引电动机应工作正常，制动器动作应可靠。

### 十、噪声检验

1. 机房噪声：对额定速度小于等于 4m/s 的电梯，不应大于 80dB(A)；对额定速度大于 4m/s 的电梯，不应大于 85dB(A)。

2. 乘客电梯和病床电梯运行中轿内噪声：对额定速度小于等于 4m/s 的电梯，不应大于 55dB(A)；对额定速度大于 4m/s 的电梯，不应大于 60dB(A)。

3. 乘客电梯和病床电梯的开关门过程噪声不应大于 65dB(A)。

### 十一、平层准确度检验

1. 额定速度小于等于 0.63m/s 的交流双速电梯，应在 ±15mm 的范围内；

2. 额定速度大于 0.63m/s 且小于等于 1.0m/s 的交流双速电梯，应在 ±30mm 的范围内；

3. 其他调速方式的电梯，应在 ±15mm 的范围内。

十二、其他技术性能测试

1. 电梯的加速度和减速度的最大值不应超过 $1.5m/s^2$。额定速度大于 $1m/s$ 小于 $2m/s$ 的电梯，平均加速度和平均减速度不应小于 $0.5m/s^2$。额定速度大于 $2m/s$ 的电梯，平均加速度和平均减速度不应小于 $0.7m/s^2$；

2. 乘客、病床电梯在运行中，水平方向的振动加速度不应大于 $0.15m/s^2$，垂直方向的振动加速度不应大于 $0.25m/s^2$。

十三、观感质量检查

1. 轿门带动层门开、关运行，门扇与门扇、门扇与门套、门扇与门楣、门扇与门口处轿壁、门扇下端与地坎应无刮碰现象；

2. 门扇与门扇、门扇与门套、门扇与门楣、门扇与门口处轿壁、门扇下端与地坎之间各自的间隙在整个长度上应基本一致；

3. 对机房(如果有)、导轨支架、底坑、轿顶、轿内、轿门、层门及门地坎等部位应进行清理。